Bakteriologische Diagnostik

mit besonderer Berücksichtigung der Praxis
des Medizinal-Untersuchungsamtes und der
bakteriologischen Stationen

Ein Leitfaden für Ärzte, Studierende
und technische Assistentinnen

von

Prof. Dr. Eduard Boecker und **Dr. Fritz Kauffmann**

Leiter   Assistent
des Untersuchungsamtes am Pr. Institut für Infektionskrankheiten
Robert Koch, Berlin

Berlin
Verlag von Julius Springer
1931

ISBN-13:978-3-642-89341-4   e-ISBN-13:978-3-642-91197-2
DOI: 10.1007/978-3-642-91197-2

Vorwort.

Dieses Buch soll ein diagnostischer Leitfaden für Ärzte, Studierende und technische Assistentinnen der Medizinal-Untersuchungsämter, der bakteriologischen Stationen an Krankenhäusern usw. sein. Es soll Aufschluß geben über das Vorkommen, die Eigenschaften und Erkennungsmerkmale der verschiedenen Krankheitserreger, über die Möglichkeiten eines serologischen Nachweises von Infektionen sowie über die verschiedenen Methoden, die je nach dem vorliegenden Krankheitsverdacht und dem Material bei der Untersuchung einzuschlagen sind. Es sind nur solche Methoden angegeben, die im praktischen Betriebe des Medizinal-Untersuchungsamtes erprobt und ausführbar sind.

In einem dem beschränkten Umfange des Buches entsprechend kurzgefaßten *Allgemeinen Teil* werden die Grundlagen der bakteriologischen und serologischen Diagnostik besprochen, soweit es zum Verständnis der in der Praxis zur Anwendung gelangenden Untersuchungsmethoden geboten erschien. Besondere Abschnitte behandeln die Herstellung und Anwendung von Farblösungen, Fixationsmitteln usw. sowie die Herstellung der Nährböden. Betreffs der speziellen Nährbodentechnik sei auf das Buch von KAHLFELD und WAHLICH verwiesen.

Im *Speziellen Teil* werden die durch bekannte *bakterielle Erreger* und unbekannte *Virusarten* hervorgerufenen Infektionen, die Nahrungsmittelvergiftungen usw. umfassend behandelt. Von den serologischen Reaktionen auf Lues, Tuberkulose, Echinococcus usw. wird nur die Anstellung und Bewertung der Wassermannschen Reaktion besprochen, weil der ohnehin zu einem Spezialgebiet gewordene Gegenstand in einem demnächst erscheinenden Buch von G. BLUMENTHAL, Institut Robert Koch, ausführliche Behandlung erfährt. Von dem Gebiet der *pathogenen Protozoen* werden die wichtigeren der in Europa vorkommenden Infektionen berücksichtigt. Bei den *Pilzen* mußten wir uns auf diejenigen Infektionen beschränken, deren diagnostische Beherrschung vom Medizinal-Untersuchungsamte verlangt werden kann. In einem Anhang werden die wichtigsten parasitischen *Würmer* behandelt.

Berlin, im März 1931.

Die Verfasser.

Inhaltsverzeichnis.

Allgemeiner Teil.

A. Bakteriologische Diagnostik. Allgemeines.

B. Serologische Diagnostik. Allgemeines.

Spezieller Teil.

Inhaltsverzeichnis.   VII

Allgemeiner Teil.

A. Bakteriologische Diagnostik; Allgemeines.

Das Gebiet der bakteriologischen Diagnostik umfaßt

1. den Nachweis von Mikroorganismen und ihrer Stoffwechselprodukte bei Menschen und Tieren, in Nahrungsmitteln, an Gebrauchsgegenständen oder sonst in der Außenwelt.

2. den Nachweis *spezifischer Veränderungen* im Makro-Organismus, die durch bestimmte Erreger hervorgerufen werden.

I. Die diagnostischen Merkmale der Bakterien.

Die exakte Diagnose erfordert in der Regel eine eingehende Untersuchung der in Reinkultur gezüchteten Bakterien hinsichtlich folgender Merkmale:

Morphologisches und färberisches Verhalten.

Beweglichkeit oder Unbeweglichkeit.

Morphologie der Wachstumsverbände auf oder in künstlichen Nährböden.

Abhängigkeit der Züchtbarkeit von verschiedenen Bedingungen.

Stoffwechselprodukte auf oder in künstlichen Nährböden.

Verhalten im Tierversuch.

Verhalten gegenüber spezifischen Immunsera.

Bei einem Teil der Erreger, besonders bei denjenigen, die in mehreren Merkmalen mit anderen Bakterien übereinstimmen, ferner bei den seltener vorkommenden oder besonders wichtigen, sind sämtliche zur Verfügung stehenden diagnostischen Hilfsmittel heranzuziehen. Bei anderen kann sich die Untersuchung mit einigen Merkmalen begnügen, ohne die Sicherheit der Diagnose zu gefährden; sie darf sich sogar auf eine einfache mikroskopische Untersuchung der Erreger, wie sie in Körperflüssigkeiten, Sekreten usw. vorliegen, beschränken.

Bei einigen Infektionskrankheiten, deren Erreger nicht näher bekannt sind, bietet der mit Material vom Erkrankten oder Gestorbenen angesetzte *Tierversuch* die einzige oder wenigstens wichtigste Möglichkeit ihrer ätiologischen Diagnose.

Die Reinkultur.

Die erste Vorbedingung für eine exakte Diagnose ist in zahlreichen Fällen die Erzielung einer *Reinkultur des Erregers*. Auf sie ist der Gang der Untersuchung von vornherein einzustellen. Die Reinkultur ist erforderlich, weil sich die Diagnose zum großen Teil auf Erscheinungen an Bakterienmassen stützt und Gefahr läuft, fehlzugehen, wenn die Bakterienmassen nicht zuverlässig nur aus Individuen einer und derselben Art bestehen.

Das *technische Prinzip der Reinkultur* ist die räumliche Trennung der in einem Material vorliegenden Bakterienindividuen mit Hilfe *fester Nährböden* und die Heranzüchtung räumlich getrennter Nachkommenschaften der isolierten Individuen.

Das fragliche Material wird mit der Öse auf der Oberfläche fester Kulturmedien ausgestrichen und dabei infolge des Abstreifens der Öse an immer neuen Stellen des Mediums allmählich so weit verringert, daß schließlich auch einzelne Bakterien deponiert werden, die dann nach Bebrütung *reine Einzelkolonien* ergeben. Von diesen Einzelkolonien wird durch Ausimpfung auf eine zweite Platte die eigentliche Reinkultur erzielt.

Die Erzielung einer Reinkultur kann im allgemeinen als gesichert gelten, wenn Ausstrichpräparate von den Kolonien ständig ein einheitliches morphologisches und färberisches Verhalten der Bakterien aufweisen und Weiterverimpfungen auf Nährböden der gleichen Art ständig zu Kolonien von gleichem Aussehen führen. Ungleichartigkeit der Bakterien im Ausstrichpräparat, Auftreten differenter Kolonieformen oder von Kolonien, die aus verschiedenen Anteilen zusammengesetzt sind, müssen den Verdacht erwecken, daß die Reinzüchtung noch nicht gelungen ist. Meist führt dann wiederholte Weiterverimpfung auf neue Kulturplatten zum Ziel. Hierbei bedient man sich oft mit Vorteil des Hilfsmittels, daß man Material von den fraglichen Kolonien in Bouillon aufschwemmt, die Aufschwemmung unter wiederholtem Schütteln eine Zeitlang stehen läßt, evtl. auch bei 37° bebrütet und dann von ihr auf Platten ausimpft. In manchen Fällen bleibt nichts übrig, als eine *Einzellkultur* anzulegen, bei der unter mikroskopischer Kontrolle isolierte Bakterienindividuen ausgesät werden (Technik siehe Literatur). In der diagnostischen Praxis ist sie in der Regel zu entbehren.

Literatur.

Levinthal: Z. Hyg. **107,** 380 (1927).

Übersicht über die Morphologie der Bakterien.

Man unterscheidet vier Grundformen der Bakterien: die Kugel = *Coccus*, das Stäbchen = *Bacillus*, die begeißelte Schraube = *Spirillum* und *Vibrio*, die unbegeißelte Spirale = *Spirochaeta*.

Kokken.

Mikrokokken: Kleine, runde oder rundliche Gebilde, die als Einzelindividuen, in Paaren (Diplokokken), in Gruppen von Einzel- und Diplokokken sowie in traubenförmigen Häufchen von zahlreichen Einzelkokken (*Staphylokokken*) auftreten können. Bei einigen Diplokokken sind die Partner an den zugewandten Flächen abgeflacht und bilden als annähernde Halbkugeln einen mehr oder weniger einheitlich erscheinenden, kugeligen bis eiförmigen, Körper. Ähnliche bis kurzstäbchenförmige Gebilde können auch bei der Teilung der Kokken auftreten.

Streptokokken: Die typische Grundform ist eine kürzere oder längere Kette von perlschnurartig aneinander gereihten, gleichartigen, kleinen Kügelchen. Bei Abweichungen vom Grundtypus sind die Kokken oval (Längsachse meist senkrecht zu derjenigen der Kette orientiert) bis abgeplattet (Staketform), oder die Ketten sind deutlich aus Diplokokken zusammengesetzt. Bisweilen sind die Endglieder kolbenförmig verdickt. Einige Arten treten vorwiegend als Diplokokken auf.

Sarcine: Infolge der regelmäßig nach 3 Richtungen erfolgenden Teilung kommt es zur Ausbildung von würfelförmigen Wachstumsverbänden von 4, 8 und mehr Kokken, die an eingeschnürte Warenballen erinnern.

Bacillen.

Von manchen Autoren werden die nicht sporenbildenden Stäbchen als Bakterien, die Sporenbildner als Bacillen bezeichnet. Lehmann und Neumann geben dem Diphtheriebacillus und seinen Verwandten, sowie dem Rotzbacillus den Gattungsnamen *Coryne-*

bacterium (Stäbchen häufig an den Enden kolbig verdickt, aus verschieden färbbaren Partien bestehend; Vorkommen echter Verzweigung) und stellen sie zu den Aktinomyceten. Der Tuberkelbacillus wird als *Mycobacterium* bezeichnet (Vorkommen dichotomer Verzweigung und von Fäden mit und ohne Verzweigung; Säurefestigkeit).

Spirillen und Vibrionen.

Der Körper der *Spirillen* entspricht einem schraubenförmig gewundenen Stäbchen. Die Windungen sind oft in der Seitenansicht so flach, daß ein schwach geschlängeltes Stäbchen vorzuliegen scheint. Der *Vibrio* entspricht einem kurzen Stück einer Schraubenwindung. Auch er erscheint oft als kaum gewundenes Stäbchen. Beide sind begeißelt.

Spirochäten.

Eigenbewegliche, aber geißellose Spiralen mit elastischem Achsenfaden, ohne Membran.

Die Bezeichnungen *Leptospira icterogenes, Spironema recurrentis* und *Treponema pallida* sind unberechtigt, da es sich um Arten der Gattung Spirochaeta handelt.

Kapseln: Verschiedene Bakterien sind ständig oder bei bestimmten Milieubedingungen, z. B. im Tierkörper, von einer weiten Außenhülle umgeben, die vielfach als Schleimkapsel bezeichnet wird, aber meist wohl aus eiweißfreien Kohlehydraten besteht. Ihre biologische Bedeutung ist nicht völlig geklärt. In manchen Fällen steht ihre Ausbildung in deutlicher Beziehung zur Virulenz. (Die *Kohlehydrate* sind bei den Pneumokokken als Träger der Typenspezifität ermittelt.) Im Tuscheausstrich (S. 7) leicht darstellbar, gelingt ihre Färbung zum Teil nur nach intensiver Beizung (S. 34). Die Kapsel, die der Milzbrandbacillus im Tierkörper bildet, reagiert bei Färbung mit rotstichigem Methylenblau (S. 31) in ähnlicher Weise metachromatisch wie das Mucin. Mit den oft sehr ansehnlichen Kapseln darf die *zarte Schleimschicht*, die manche Bakterien als äußerste Schicht des Ektoplasmas umgibt, nicht verwechselt werden.

Geißeln sind feinste, fadenförmige Gebilde der Bakterien, die der Fortbewegung dienen. Man unterscheidet *monotriche* Begeißelung (1 Geißel an 1 Pol), *amphitriche* Begeißelung (je 1 Geißel an je 1 Pol), *lophotriche* Begeißelung (1 Geißelbüschel an 1 oder an beiden Polen) und *peritriche* Begeißelung (Geißeln rings um den Bakterienleib herum angeordnet). Durch Verfilzung und Abwerfung von Geißeln entstehen die sogenannten *Geißelzöpfe*, die in Präparaten Spirochäten vortäuschen können.

Außer durch Abwerfen von ausgebildeten Geißeln können normalerweise begeißelte Bacillen auch generationsweise in geißellosem Zustande auftreten. Darstellung der Geißeln S. 36.

Sporen: Die nur von einem Teil der Bacillen gebildeten Sporen sind rundliche oder ovale, von einer Hülle umgebene Dauerformen, die stets im Zelleib und bei den pathogenen Bacillen nur in der Einzahl gebildet werden. Die Lage ist mittel- oder endständig. Die Sporen sind ungefärbt stark lichtbrechend; zur *Färbung* wendet man Beizen und heiße Farblösungen an (S. 33). Sie sind gegen schädigende Einwirkungen (z. B. Hitze) meist erheblich widerstandsfähiger als die Stäbchen.

An Seidenfäden angetrocknete Sporen von geprüfter Hitzeresistenz werden zur Prüfung von *Dampfdesinfektionsapparaten* verwendet.

Degenerationsformen: In Laboratoriumskulturen neigen Typhus-, Cholera- und andere Keime nicht selten zur Bildung von Scheinfäden. Bei zahlreichen Bakterien treten in den Kulturen früher oder später sogenannte *Involutionserscheinungen* auf, die durch mehr oder weniger verminderte oder veränderte Färbbarkeit, Zwerg- und Riesenformen sowie Mißgestalten mannigfaltiger Art charakterisiert sind.

Bakteriophages Lysin, d'Herelle'sches Phänomen; Variation.

Unter dem bakteriophagen Lysin wird ein durch bakteriendichte Filter filtrierbares Agens verstanden, das in lebenden Bakterienkulturen passagenweise fortzüchtbar ist und bei maximaler Wirkung zu vollständiger Auflösung der Bakterien führt. Ob es sich — wie D'HERELLE annimmt — um einen lebenden Parasiten oder um einen fermentartigen Stoff handelt, ist bisher nicht geklärt. Die Kenntnis des bakteriophagen Lysins ist auch für den praktischen Bakteriologen notwendig, da spezifische Bakteriophagen zur Diagnose fraglicher Stämme verwendet werden können; vor allem aber, weil unter dem Einfluß des bakteriophagen Lysins, besonders in der Coli-Typhus-Ruhr-Gruppe, Veränderungen des normalen Aussehens der Kulturen eintreten können. So kann es zu den sogenannten *Flatterformen* (GILDE-MEISTER), gezackten, zerfressenen, löcherigen, hauchartigen Kolonien, zu *Rauhformen* und zu dickschleimigem Wachstum kommen.

Die Agglutinabilität derartiger Kulturen kann ganz oder teilweise geschwunden sein, es kann auch Spontanagglutinabilität eintreten. Die biochemischen Leistungen, z. B. die Milchzuckerspaltung des Coli, können vermindert oder aufgehoben, das antigene Verhalten und die Virulenz verändert sein.

Ähnliche Variationsformen treten auch ohne Einfluß des bakteriophagen Lysins bei den verschiedensten Bakterien auf, teils aus unbekannten Ursachen, teils bedingt durch ungünstige Nährböden, Milieuwechsel und Alter. Auch hier handelt es sich häufig um die sogenannten Rauhformen. Sie treten bei fast allen Bakterien auf, meist schon äußerlich durch das matte, rauhe, gekörnte Aussehen der oft zackigen Kolonien auffallend, und können sich bei der Agglutination durch ihr spontanes Ausflocken sehr störend bemerkbar machen. Das Wachstum in flüssigen Nährböden ist krümelig statt diffus, die Beweglichkeit meist geschwunden und die Form und Größe der Bakterien gegenüber der Norm verändert. Derartige Veränderungen, die zum Teil praktisch irreversibel sind, können große diagnostische Schwierigkeiten bereiten.

Morphologische und färberische Untersuchung.

Untersuchung in flüssigen Medien unter dem Deckgläschen. Sie wird sowohl an nativem Material, z. B. Reizserum, als auch an Kulturen vorgenommen und betrifft sowohl Morphologie, Wachstumsverbände als auch die Feststellung der Beweglichkeit bzw. Unbeweglichkeit. Zur besseren Sichtbarmachung der Erreger verwendet man in manchen Fällen mit Vorteil das *Dunkelfeld* oder *die Vitalfärbung:* Zusatz von Spuren einer konzentrierten Lösung von Krystallviolett zu der Flüssigkeit unter dem Deckgläschen. Bei Bakterien erfolgt die Untersuchung meist im hängenden Tropfen.

Hängender Tropfen. Bei flüssigen Kulturen wird mit der Öse ein kleines Tröpfchen (je nach der Art des Erregers von der Oberfläche oder vom Grunde oder nach Durchmischen von der gesamten Flüssigkeit) entnommen und auf ein Deckgläschen gebracht, das mit der Tropfenseite nach unten auf die vaselineumrandete Höhlung eines hohlgeschliffenen Objektträgers gelegt wird. Die Untersuchung kann auch von festen Nährböden aus erfolgen, indem man eine Spur des Bakterienrasens in einem Tropfen Bouillon oder NaCl-Lösung verreibt und diesen als hängenden Tropfen verwendet.

Tuschepräparate. Zur Darstellung der natürlichen Gestalt der Mikroorganismen eignet sich besonders gut das Tuscheverfahren (BURRI). In 1 Tropfen *Pelikantusche* Nr. 541 (Grübler) oder *Perltusche* (Günther & Wagner), mit der gleichen Menge Wasser verdünnt, wird eine Spur der zu untersuchenden Kultur verrieben, mit Hilfe eines geschliffenen Objektträgers wie ein Blutpräparat ausgestrichen und an der Luft trocknen gelassen. Untersuchung mit Ölimmersion. Das Tuschepräparat kann auch mit einem beliebigen Farbstoff nachgefärbt werden.

Literatur.

GINS: Zbl. Bakter. **57**, 472 (1911).

Gefärbte Ausstrichpräparate. *Dickflüssiges Material,* wie *Eiter,* wird mit der Öse direkt auf Objektträger, evtl. nach Verreiben in einem Tropfen NaCl-Lösung, ausgestrichen, während *dünnflüssiges Material,* wie *Liquor* oder *Urin,* zunächst zentrifugiert wird, worauf vom Bodensatz eine Öse in einem Tropfen NaCl-Lösung verrieben und ausgestrichen wird. Von *festen Kulturen* wird mit der Öse oder Nadel eine Spur des Bakterienrasens entnommen und in einem Tropfen NaCl-Lösung auf dem Objektträger zu einem dünnen Präparat ausgestrichen. Von *flüssigen Kulturen* wird eine Öse voll direkt auf dem Objektträger ausgestrichen. Die Ausstriche werden an der Luft *getrocknet* und darauf durch dreimaliges, langsames Durchziehen durch die heiße, nicht leuchtende Bunsenflamme *fixiert.* In besonderen Fällen, wie bei Blutausstrichen usw., muß das lufttrockene Präparat mit Äther + Alkohol, Alkohol oder Methylalkohol fixiert werden.

Die *Färbung* erfolgt mit einer der üblichen Farblösungen, wie Methylenblau, Fuchsin usw. Näheres siehe unter Färbung.

Abklatschpräparate. Ein mit der Pinzette gehaltenes, reines Deckgläschen wird über der Flamme sterilisiert und nach dem Abkühlen auf die fragliche Stelle der Plattenkultur aufgelegt, abgehoben und der Abklatsch nach völligem Antrocknen dann weiter wie ein Ausstrich behandelt. Abklatschpräparate ermöglichen nicht nur die Herstellung von Präparaten, bevor noch mit der Öse erfaßbare Kolonien gewachsen sind, sondern geben auch wertvollen Aufschluß über die Lagerung der Bakterien in den jungen Kolonien.

Färbung der Bakterien. Als Färbungsmittel kommen vorwiegend die sogenannten *basischen Anilinfarben* in wässerigen oder wässerig-alkoholischen Lösungen zur Anwendung, die zum Teil mit beizenartig wirkenden Zusätzen versehen sind. Näheres siehe Abschnitt Färbung. Nach der Färbung erfolgt in der Regel einfache Abspülung in Wasser, worauf man das Präparat an der Luft trocknen läßt, nicht, wie oft empfohlen, zwischen Fließpapier unter Andrücken trocknet. Für die Untersuchung wird ein Tropfen Cedernöl aufgetropft (Immersion). Für die Aufbewahrung der Präparate genügt es im allgemeinen, das Öl mit Xylol abzuspülen.

Bakterien werden in zweierlei Absicht gefärbt.

In erster Linie dient die Färbung der besseren *Sichtbarmachung*. Die Geißeln sind überhaupt nur mit Hilfe besonderer Methoden darstellbar.

In zweiter Linie dient der Färbevorgang neben der Sichtbarmachung gleichzeitig der *Analyse* gewisser chemisch-physikalischer Eigenschaften, die für die Diagnose wertvoll sind. Das trifft z. B. für die Feststellung der *Alkoholfestigkeit* bei der Gramfärbung (S. 32) zu. Ferner für die Prüfung der *Säurefestigkeit*, die in der Anwendung des Verfahrens von ZIEHL-NEELSEN (S. 33) einbegriffen ist. Die *unterschiedliche Affinität*, die einzelne Teile mancher Bakterien gegenüber verschiedenen Farbstoffen zeigen, ermöglicht die aufeinanderfolgende oder gleichzeitige Anwendung zweier Farbstoffe und macht sie oft diagnostisch vorteilhaft. Einige Bakterien und die Sporen lassen sich nur bei intensiver Einwirkung (*Hitze, Beize*) färben, behalten aber die aufgenommene Farbe sehr fest und gestatten daher eine kontrastierende Nachfärbung des mit saurem Alkohol sonst entfärbten Präparates. In einigen Fällen dient die sogenannte metachromatische Reaktion der Darstellung von Anteilen der Bakterienzelle (Beispiel siehe S. 4).

Zarte Organismen und die Geißeln werden vielfach mit Hilfe von *Silberreduktionsmethoden* (S. 35) dargestellt.

Prüfung auf Beweglichkeit.

Mit der durch Geißeln bewirkten Eigenbeweglichkeit eines Teiles der Bakterien darf die *Brownsche Molekularbewegung*, die den Bakterien wie anderen kleinen, korpuskulären Elementen in den meisten flüssigen Medien eigen ist, nicht verwechselt werden. Die Molekularbewegung ist manchmal sehr lebhaft, führt aber höchstens zu einem Hin- und Herfahren der Bakterien auf kleinem Raum, niemals zu deutlich fortschreitender Ortsbewegung.

Die Feststellung der Beweglichkeit ist oft von entscheidender Bedeutung; ebenso ist die Bewegungsform von Interesse. Für Choleravibrionen ist eine äußerst behende, mit plötzlichem Richtungswechsel verbundene, sozusagen zuckende Bewegungsform charakteristisch. Die unter Hin- und Herwackeln des Bakterienleibes fischartig fortschreitende Bewegung des Typhusbacillus unterscheidet sich meist deutlich von der wechselvolleren der Paratyphusbacillen.

Untersuchung unter dem *Deckglas* und *im hängenden Tropfen* siehe S. 6.

Die Feststellung der Beweglichkeit begeißelter Bakterien stößt gelegentlich auf Schwierigkeiten, sei es infolge ungünstiger Bedingungen im Medium, die die Geißeln nicht zur Tätigkeit kommen lassen, oder weil die betreffenden Bakterien in geißelloser Form vorliegen. Umgekehrt erfordert die zuverlässige Feststellung der Unbeweglichkeit eine Untersuchung unter Bedingungen, die die Feststellung der Beweglichkeit begünstigen.

In manchen Fällen erweist sich die Untersuchung junger, 6—8stündiger oder bei Zimmertemperatur gewachsener Bouillonkulturen, ferner auch das Kondenswasser in Schrägagarkulturen als vorteilhaft. LEVINTHAL empfiehlt, die direkte Mikroskopierung der Agarkultur heranzuziehen. Zu diesem Zwecke legt man auf den Bakterienrasen ein kurzes Stück einer dünnen Capillare, auf die ein Deckgläschen derart gelegt wird, daß es mit der einen Kante der Capillare aufliegt, während die andere den Bakterienrasen berührt. In den so entstandenen Winkel bringt man einen Tropfen Wasser und mikroskopiert nun direkt die Platte auf dem Objekttisch.

Morphologie der Wachstumsverbände in der Kultur.

Das *Aussehen der Kolonien*, die die Bakterien beim Wachstum auf und in künstlichen Nährböden bilden, sowie die Art des

Wachstums in flüssigen Medien spielen bei der Diagnose eine wichtige Rolle. Auf verschiedenartigen Nährböden zum Teil wechselnd, ist die Wachstumsform auf einem und demselben Medium in der Regel sehr konstant und oft für die Art charakteristisch. Wo sie wechselt, handelt es sich meist um das Auftreten wohlbekannter Varianten, die spontan oder auf Grund bekannter Einwirkungen ausgebildet werden.

Von den zahlreichen Möglichkeiten der Wachstumsformen auf festen Nährböden seien folgende angeführt:

Auf der *Oberfläche* können mehr oder weniger schnell sich ausbreitende, hauchartig dünne bis robuste *Rasen* oder *distinkte Kolonien* auftreten. Die Kolonien sind klein oder groß, scheibenförmig flach oder kalottenförmig erhaben, glattrandig oder am Rande gezackt, ausgefasert, durchscheinend oder dicht, oberflächlich feucht- oder mattglänzend, stumpf bis runzelig, gerieft, im Innern homogen oder von körnigem, gestreiftem Gefüge, in der Konsistenz weich, teigig, schleimig, fadenziehend (zügig), bröckelig, zäh, fest.

Auch die Wachstumsverbände, die *in* festen Nährböden gebildet werden, sind von verschiedener und vielfach für die Art charakteristischer Form.

Flüssige Nährböden werden entweder gleichmäßig getrübt oder bleiben unter Auftreten von körnigen, flockigen, sich an der Wandung oder am Boden der Röhrchen ansammelnden Wachstumsverbänden mehr oder weniger klar. Manche Arten bilden an der Oberfläche zarte bis robuste Kahmhäute.

Abhängigkeit der Züchtbarkeit von verschiedenen Bedingungen.

Die Bedingungen, unter denen die Kultur gelingt, üppiges, kärgliches oder kein Wachstum eintritt, sollen nur insofern besprochen werden, als sich aus ihnen für die Praxis wichtige diagnostische Hinweise ergeben.

Während ein Teil der Bakterien nur geringe Anforderungen an das Kulturmedium stellt, auf gewöhnlichem Agar oder sogar in einfachen synthetischen Medien üppig gedeiht, sind andere in dieser Hinsicht wählerischer, machen z. B. den *Zusatz nativer Körperflüssigkeiten*, wie Blut, Ascites oder anderer, bei den einzelnen Arten zum Teil verschiedener Stoffe notwendig. Gutes Wachstum auf Levinthal-Agar, kein Wachstum auf gewöhnlichem und auf Blutagar (Influenzabacillen) sind unter Umständen für die Diagnose von ausschlaggebender Bedeutung.

Während manche Keime nur bei ungehindertem Zutritt der Atmosphäre gedeihen (*obligate Aerobier*), sind andere nur bei völligem Ausschluß von O_2 züchtbar (*obligate Anaerobier*). Der größere Teil der Bakterien gedeiht in beiden Fällen; bei überwiegendem O_2-Bedürfnis werden sie als *fakultative Anaerobier*, bei O_2-Scheu als *fakultative Aerobier* bezeichnet.

Bei der Mehrzahl der pathogenen Bakterien liegt das Wachstumsoptimum bei 36—38°. Gutes Wachstum bei Zimmertemperatur kennzeichnet vielfach Saprophyten. Bakterien, die auch bei Temperaturen über 36—38° wachsen, werden gemeinhin als *thermophil* bezeichnet. Eigentlich sollten aber nur solche Arten, die bei hohen Temperaturen ihr Wachstumsoptimum haben, mit diesem Zusatz bezeichnet werden. Bei Wasseruntersuchungen wird vielfach bei 37° eintretendes Wachstum als thermophil bezeichnet.

Stoffwechselprodukte in künstlichen Medien.

Das Auftreten bestimmter Stoffwechselprodukte liefert bei zahlreichen Bakterien wichtige diagnostische Merkmale.

Einige Arten sind durch Bildung auffallender *Farbstoffe* ausgezeichnet (*Staphyloc. aureus, citreus; Bac. prodigiosus*).

Nicht selten lenkt ein für bestimmte Bakterien *charakteristischer Geruch* (z. B. bei Ruhrbacillen an denjenigen des Spermas oder Antiformins erinnernd) den Verdacht sofort in eine bestimmte Richtung. Viele banale Saprophyten geben sich schon durch üblen Gestank der Kultur als solche kund.

Die Frage, ob ein Erreger *Gelatine* verflüssigt (Kollolyse) oder nicht, ist manchmal von ausschlaggebender Bedeutung. Sie wird in der Regel in der Stichkultur geprüft, wobei die Verflüssigungszone, die sich um den Stichkanal bildet, bei den verschiedenen Bakterienarten zum Teil verschiedene Form aufweist. *Peptonisierungsvermögen* für geronnenes Eiweiß (Proteolyse; Beispiel siehe S. 180), *Gerinnungsfermente* (Kinasen; Beispiel siehe S. 61) Auftreten von H_2S und von *Indol* (Nachweis siehe S. 24) in Kulturen sind gleichfalls diagnostisch verwertbar..

Das *Vergärungsvermögen* für bestimmte Kohlehydrate wird in flüssigen Medien, z. B. Bouillon, oder in gewöhnlichem Agar geprüft, denen 1—2% des betreffenden Kohlehydrates zugesetzt werden. Der Agar wird in verflüssigtem Zustand, auf etwa 48° abgekühlt, beimpft (sogenannte Schüttelkultur). Gasbildung zeigt sich durch Sprengung der Agarsäule an. Die flüssigen Medien werden in Gärkölbchen beobachtet, oder man gibt in das Reagensglas ein mit der Öffnung nach unten sehendes Miniaturreagensglas, in dem sich das Gas ansammelt.

Zur Prüfung auf *Säurebildung* (meist aus zugesetzten Kohlehydraten) oder Auftreten *alkalischer Reaktion* (meist vom Eiweißabbau herrührend) pflegt man den flüssigen oder festen Nährböden von vornherein farbige Indicatoren, gewöhnlich Lackmustinktur, zuzusetzen. In einigen Fällen ist der nachträgliche Zusatz des Indicators zur bebrüteten Kultur üblich, so z. B. von Methylrot, das bei Anwesenheit von Säure von Gelb zu Rot umschlägt. Die für manche Prüfungen vorgeschlagene Austitration der Reaktionsänderung kann man in der Praxis durchweg entbehren.

Die *Reaktion* im Nährboden ist vielfach das Ergebnis aus gleichzeitiger Bildung von sauren und basischen Stoffwechselprodukten und kann sih im Laufe der Bebrütung je nach dem Überwiegen der einen oder anderen Produkte ändern (z. B. Umschlag in der Lackmusmolke: bei Paratyphus B rot — blau; bei E-Ruhr rot — blau — rot).

Das *Reduktionsvermögen* gewisser Typen der Paratyphusgruppe für Neutralrot wird in der Agarschüttelkultur geprüft. Dem Agar wird gewöhnlich gleichzeitig Dextrose zwecks Prüfung auf Gasbildung zugesetzt: Bildung eines gelblichgrünlich fluorescierenden Farbstoffes.

Auf dem auf S. 168 beschriebenen Tellurnährboden zeigen sich Diphtheriebacillen durch ihr ausgesprochenes Reduktionsvermögen für Kal. tellurosum an (Schwärzung durch metallisches Tellurium).

Das sogenannte *Hämolysierungsvermögen* gewisser Bakterien wird gewöhnlich auf der Blutagarplatte geprüft. In manchen Fällen empfiehlt es sich, hierfür dem Agar statt wie gewöhnlich defibriniertes Blut gewaschene Erythrocyten zuzusetzen. Da die Hämolyse auf der Blutplatte mit den eigentlichen auf bestimmte Erythrocyten spezifisch eingestellten Hämolysinen von Amboceptorencharakter nichts zu tun hat, spricht man zweckmäßiger von *Hämotoxin*. Die vollständige Aufhellung des Blutagars unterhalb und in der Umgebung der Kolonien (Zerstörung von Hämoglobin und Stromata) wird als *Hämopepsie*, die teilweise Aufhellung bei grünlicher Verfärbung als *Hämoglobinopepsie* bezeichnet. Die Prüfung kann auch in flüssigen Medien vorgenommen werden: Zusatz von 0,5 cm³ einer 5% igen Aufschwemmung von gewaschenen Kaninchenerythrocyten zu 0,5 cm³ Bouillonkultur. Geprüft wird, ob nach 2 Stunden 37° Hämoglobin (Oxy-) aus den Blutkörperchen ausgetreten ist. Vgl. auch S. 61. Bei Austritt von Hämoglobin aus den sonst intakt bleibenden Erythrocyten kann man von *Hämoglobinolyse* sprechen.

Ferner gehört hierher noch der Nachweis *spezifischer Toxine* in Kulturen von Diphtheriebacillen usw.

Diagnostischer Tierversuch.

Eine Reinkultur oder verdächtiges Material wird einem geeigneten Versuchstier einverleibt, und dann festgestellt, ob das Tier an einer für den vermuteten Erreger typischen Infektion oder Intoxikation erkrankt, evtl. eingeht und dabei typische pathologisch-anatomische oder immunbiologische Veränderungen aufweist. Die Wahl der Tierart und der Applikationsart richten sich nach dem vermuteten Erreger.

Besondere Bedeutung hat der Tierversuch in jenen Fällen, in denen es sich um ein Virus handelt, das mikroskopisch und kulturell noch nicht erfaßt ist, und bei dem der Tierversuch die einzige oder für die Praxis allein in Betracht kommende Möglichkeit bietet, die Infektion nachzuweisen.

Gelegentlich erweist sich der Tierversuch als leistungsfähiger als die Kultur, so daß es auf dem Wege über das Tier gelingt, zu einer Reinkultur zu gelangen, während der direkte Kulturversuch mißlingt. Oft gelangt man auch nur mit Hilfe des Tierversuches zu einer Reinkultur aus Material, das mit Saprophyten stark verunreinigt ist.

Dem *positiven Ausfall* des Tierversuches kommt im allgemeinen erhebliche, oft ausschlaggebende Beweiskraft zu. Vorsichtige Bewertung ist angezeigt, wo es sich um Erreger handelt, durch die die betreffenden Tiere auch spontan infiziert werden können.

Der Ausfall des Tierversuches hängt neben anderen Bedingungen außer von der Virulenz der Erreger und ihrer Anzahl auch von den Abwehrmöglichkeiten des Tieres bei der gewählten Applikationsart ab. Virulenzverlust und geringe Anzahl der Erreger, andererseits ungewöhnlich große Resistenz beim Tier können gelegentlich auch in solchen Fällen zu negativem Ausfall des Versuches führen, in denen die betreffende Tierart Erregern der vorliegenden Art im Regelfall prompt erliegt. Dem *negativen Ausfall* eines Tierversuches kann daher niemals der gleiche Beweiswert wie der angegangenen Infektion zuerkannt werden.

Diagnostische Tierversuche werden nicht selten durch *Spontaninfektionen*, die während des Versuchsablaufes bei den Tieren auftreten oder manifest werden, in empfindlicher Weise gestört: vorzeitiges Eingehen an *interkurrenten Infektionen* mit anderweitigen Erregern, die mit dem zu prüfenden Material oder von infizierten Stallgenossen her übertragen wurden; Aufflammen *latenter Infektionen* zu tödlicher Allgemeininfektion; anderweitige *chronische Infektionen* mit Sektionsbildern, die denjenigen bei den fraglichen Erregern mehr oder weniger ähnlich sind. Bei Mäusen und Ratten machen sich besonders Spontaninfektionen mit Paratyphusbacillen, bei Kaninchen und Meerschweinchen septikämische Infektionen durch Bacillen der Pasteurella-Gruppe und durch Pneumokokken nicht selten in seuchenhafter Häufung (Stallseuchen) störend bemerkbar.

Wer Tierversuche anstellt, muß ferner mit den wichtigsten, bei den betreffenden Tierarten vorkommenden Parasiten der inneren Organe und den durch sie hervorgerufenen Veränderungen vertraut sein. Wir beschränken uns hier auf einen Hinweis auf die bei Kaninchen oft angetroffenen Infektionen mit den zu den Protozoen gehörenden *Coccidien*: gelblichweißliche Herde in der Leber und im Darm. Bei starkem Befall kommt es unter Umständen zu Abmagerung, Ikterus und tödlichem Ausgang.

Eine weitere Kategorie von Tierversuchen dient dem Nachweis spezifischer Stoffwechselprodukte von Bakterien (z. B. Nachweis von Botulinustoxin).

Bei zufällig inagglutinablen Bakterien läßt sich der Fortfall der für die Diagnose wünschenswerten Agglutination bisweilen dadurch wettmachen, daß man ein Kaninchen mit dem Bacterium i. v. behandelt und dann feststellt, ob sein Serum Bakterien der vermuteten Art agglutiniert.

II. Anlage der ersten Kulturen.

Feste Nährböden. Als Grundlage der festen Nährböden dient heute fast nur noch eine Gallerte von 1,5—4 Teilen Agar (Agar-Agar, Gelose) in 100 Teilen Wasser, die erst kurz unter 100° schmilzt, bei etwa 40° erstarrt, bei den üblichen Bruttemperaturen fest-konsistent bleibt und auch nicht von peptonisierenden Bakterien verflüssigt wird. Bei den üblichen Nährböden enthält der Agar mannigfache, je nach den beabsichtigten Leistungen wechselnde Zusätze: Nährstoffe, Reaktionsindicatoren und unter Umständen auch zur Abwehr unerwünschten Bakterienwachstums hemmende Substanzen. Nährböden mit *Gelatine* als Grundlage werden nur noch in besonderen Fällen (siehe S. 239) angewandt. Da sie bei Temperaturen über etwa 24° flüssig werden, wird für sie ein Brutschrank von 20—22° benötigt. Im Notfalle genügt es, sie im Zimmer zu belassen und im Sommer in einen nicht zu kühlen Kellerraum zu stellen.

Von den verschiedenen Zurichtungen, in denen die festen Nährböden zur Anwendung gelangen, eignen sich die in Deckelschalen (PETRI) ausgegossenen Platten besonders für alle Gelegenheiten, bei denen es sich darum handelt, von einer gesuchten Bakterienart isolierte Kolonien zu erhalten, oder wo größere Mengen einer Reinkultur benötigt werden (z. B. für die Widalprobe). Die einmal erhaltene Reinkultur wird im allgemeinen auf den sogenannten Schrägröhrchen weiter gezüchtet, bei denen die Gefahr einer Verunreinigung durch Luftkeime geringer ist.

Flüssige Nährböden. Als Grundlage dienen Abkochungen von Muskelfleisch (Bouillon), von Organen, Lösungen von Pepton und anderen Eiweißderivaten, Milch u. a. Die Zusätze sind grundsätzlich der gleichen Art wie bei den festen Nährböden.

Die aerobe Züchtung. Von dickflüssigem Material, wie Eiter, wird mit der Öse direkt auf Platten ausgestrichen, derart, daß der Inhalt der Öse in dem oberen Sektor der Platte durch mehrmaliges Hin- und Herstreifen verrieben wird, worauf mehrere, parallel verlaufende, isolierte Striche gezogen werden, um auf diese Weise Einzelkolonien zu erzielen. Dünnflüssiges Material, wie Urin, ist zuerst zu zentrifugieren, worauf von dem Bodensatz aus Kulturen angelegt werden. Enthält das Material sehr reichlich Bakterien, wovon man sich durch ein Präparat überzeugt hat, so geht man mit derselben Öse nach Beimpfung der ersten Platte noch über 1—2 weitere Platten. Enthält das Material eine Unmenge von Keimen, wie z. B. Stuhl, so muß zunächst eine Aufschwemmung in Bouillon oder NaCl-Lösung gemacht werden, von der dann ausgestrichen wird. Oft ist es auch von Vorteil, mit der Öse zuerst nur ein kleines Feld der Platte zu bestreichen, die Öse dann auszuglühen, darauf durch Hin- und Herstreichen auf dem beimpften Feld von neuem mit wenigen Bakterien zu beladen und dann mit ihr den Rest der Platte in Strichen zu beimpfen. An Stelle der Ausstriche mit der Öse wendet man in vielen Fällen, z. B. beim Stuhl, die Ausspatelung mit Glasspateln an. Hierbei wird ein Tropfen des Materials auf die Mitte einer Platte gebracht und mit einem Glasspatel verrieben, der darauf noch über 2—3 weitere Platten ausgestrichen wird. Bei der Anlage von Plattenkulturen von Rachenabstrichen auf Wattetupfern empfiehlt es sich, falls nicht eine dicht wachsende Flora direkt von Vorteil ist (z. B. bei der Diphtherie, S. 170), mit dem Tupfer nur ein kleines Feld zu bestreichen und von diesem aus mit der Öse weiterzuimpfen. Die Beimpfung von flüssigen Kulturen erfolgt gewöhnlich mit der Öse oder der Pipette. In den meisten Fällen werden gleichzeitig feste und flüssige Kulturen angelegt.

In der Praxis des Untersuchungsamtes kommen für die Anlage der ersten Kulturen vor allem folgende Nährböden zur Anwendung:

1. *Bouillon und Serumbouillon* (S. 20).
2. *Gewöhnlicher Agar* (S. 25).
3. *Blutagar* (S. 26).
4. *Levinthal-Agar* (S. 27).
5. *Löffler-Serum* (S. 28).
6. *Drigalski-Agar* (S. 26).

Die beimpften Nährböden werden, falls es sich nicht um Gelatine handelt, in der Regel bei 37° bebrütet und im allgemeinen nach 18—24 Stunden auf Wachstum verdächtiger Keime untersucht. Bezüglich des weiteren Ganges der Untersuchung, der sich nach den fraglichen Erregern und den beabsichtigten Zwecken richtet, sei auf den speziellen Teil verwiesen, betreffend die in vielen Fällen in erster Linie anzustrebende Reinkultur auf S. 2.

Die anaerobe Züchtung. Mit Hilfe der neueren anaeroben Methoden ist die Züchtung von Anaerobiern wesentlich einfacher

und erfolgreicher geworden und bedarf keiner komplizierten
Apparatur mehr. So ist im Betriebe eines Untersuchungsamtes
der Apparat nach Mc. Intosh und Fildes bzw. von Brown, auch
der bisher übliche Maassen-Apparat durchaus zu entbehren.

Die anaerobe Plattenkultur. Im Vordergrunde der anaeroben
Züchtung muß genau so wie bei der aeroben die Erzielung von
Reinkulturen mit Hilfe der Plattenkultur stehen. Als haupt-
sächlichster Nährboden kommt die gewöhnliche Blutagarplatte
mit 5—10% Blut in Betracht. Die Original-Zeissler-Platte mit 2%
Traubenzucker und 16—20% Menschenblutzusatz ist zu entbehren.
Die frischgegossenen Blutplatten werden zur Trocknung mit ge-
schlossenem Deckel einen Tag lang in den 37°-Schrank gestellt.

Die Fortner-Platte. Zwecks Herstellung des anaeroben Zu-
standes bedient man sich am besten der Fortner-Methode. Das
Prinzip beruht auf der sauerstoffzehrenden Wirkung einer Pro-
digiosus-Kultur, die auf derselben Platte wie der strikte Anaerobier
wächst.

Technik. Aus einer gewöhnlichen, getrockneten Blutagarplatte ohne Zucker (flache Schale, nicht über 1 cm hoch) wird
mit einem sterilen Messer in der Mitte ein etwa 0,5 cm breiter
Agarstreifen herausgeschnitten und die Platte so in zwei gleiche
Teile geteilt. Auf den einen Teil wird mit einem kleinen Glasspatel (aus einer Capillare gebogen) in dicker Schicht eine Prodi-
giosus-Kultur (von aerober Agarplatte aus) gespatelt, während
die andere Hälfte mit der Öse von dem zu untersuchenden Material
beimpft wird. Die Schale, deren Deckel durch eine quadratische
Glasplatte ersetzt wird, muß luftdicht mit Plastilin verschlossen
werden.

Als zweite Methode kommt zur Erzielung des anaeroben Zu-
standes das *Pyrogallol-Kalilauge-Gemisch* in Betracht, entweder
in der Anordnung nach Gins in der Form der „Schornsteinplatte“
oder in der gewöhnlichen Petrischale.

Technik. In den schräg gestellten Deckel der Petrischale kommt
in den unteren Sektor ein steriler Objektträger, auf welchen
6—8 cm³ einer 10% Kalilauge gefüllt werden. Oberhalb dieser
Flüssigkeitsmenge, ohne sie zu berühren, gibt man eine gute
Messerspitze von Pyrogallol. Dann stellt man vorsichtig den
Boden der Schale (den beimpften Nährboden enthaltend) in den
Deckel derart, daß der Rand des Bodens auf der einen Seite auf

dem Objektträger aufliegt. Hierauf verschließt man luftdicht mit Plastilin, wobei die Platte noch schräg, ohne gedreht zu werden, stehenbleibt. Erst wenn der Verschluß fertig ist, stellt man die Platte gerade, schwenkt vorsichtig und erzielt so die Mischung von Pyrogallol und Kalilauge. Nach ein- bis mehrtägiger Bebrütung wird die Platte in der Weise geöffnet, daß mit einem Skalpell an der einen Ecke des Objektträgers ein Einstich gemacht wird, durch den die Außenluft eindringen kann. Ohne den Objektträger läßt sich das starke Vakuum in der Platte oft nicht beseitigen, d. h. die Platte nicht oder schwer öffnen.

Die weitere Verarbeitung der Kulturen, die Reinzüchtung, erfolgt in der gleichen Weise wie bei der aeroben Kultur, nur daß man eben immer wieder Fortner-Platten oder Platten mit Pyrogallol-Kalilauge benutzt.

Es sei übrigens darauf hingewiesen, daß man bei allen anaeroben Züchtungsversuchen stets aerobe Kontrollplatten mit demselben Material beimpft, um sich so von der anaeroben Natur der fraglichen Keime überzeugen zu können.

Die flüssige anaerobe Kultur. Als hauptsächlichster Nährboden kommt die *Leberbouillon* in Betracht. Die Leberbouillonnährböden sind vor Gebrauch, besonders wenn sie längere Zeit vorrätig gehalten worden sind, 5—10 Minuten lang aufzukochen. Eine Versiegelung der beimpften Röhrchen mit Vaseline ist bei den sporentragenden anaeroben Bacillen zum Wachstum nicht nötig, gestattet jedoch eine einfache Feststellung der gebildeten Gasmenge. Überimpfungen aus flüssigen Nährböden sollten nur mit Glascapillaren vorgenommen werden. Die Entnahme aus einem versiegelten Röhrchen geschieht in der Weise, daß man mit der blauen Flamme des Bunsenbrenners die Vaselineschicht unter Drehen des schräggehaltenen Reagensglases vom Glase loslöst, worauf man mit der Capillare zwischen Vaseline und Glas in die Flüssigkeit eingehen kann. Ferner kann man auch mit einer spitz ausgezogenen und unten geschlossenen Capillare das feste Siegel durchstoßen, die Spitze der Capillare am Boden des Röhrchens abbrechen, worauf die Flüssigkeit in der Capillare aufsteigt.

In differentialdiagnostischer Hinsicht ist die Leberbouillon besonders deshalb wichtig, als sie die Wirkung der proteolytischen Keime, die Auflösung der Leberstücke und die Schwärzung zur

Anschauung bringt. Die Leberstückchen, besonders gut eignen sich Kaninchenlebern, werden geschwärzt und zum Teil verdaut, unter Bildung von übelriechenden Stoffen.

Der früher vielfach empfohlene Gehirnbrei, der in Herstellung und Gebrauch sehr unhandlich ist, kann ganz entbehrt werden. Ebenso sollte der Traubenzuckeragar in hoher Schicht möglichst wenig angewandt werden, sondern sogleich die anaerobe Plattenkultur versucht werden.

Dagegen ist wichtig ein Milchnährboden, und zwar in Form der *Lebermilch*. In ihr tritt das differentialdiagnostisch wichtige Gerinnungsvermögen mancher Anaerobier in Erscheinung, ebenso auch die evtl. Peptonisierung der Milch, die derjenigen in der Leberbouillon parallel geht.

Die Prüfung auf Beweglichkeit erfolgt von der Leberbouillonkultur oder von der soeben geöffneten Platte in der üblichen Weise als hängender Tropfen. Da jedoch die Beweglichkeit der Anaerobier unter diesen Verhältnissen bald zum Stillstand kommt oder oft nicht sicher nachweisbar ist, sei auf die Methode von Fortner, die Beobachtung der anaeroben Oberflächenkolonie auf hängendem Agar, verwiesen. Die Geißeln und die Geißelbewegung der Bacillen lassen sich auch im Dunkelfeld, besonders gut durch Einschluß in Gelatine oder Gummibrühe (nach Neumann) sichtbar machen. Daneben kommt die Geißelfärbung in Frage.

Literatur.

Fortner: Zbl. Bakter. **115**, 96 (1929).

Anreicherungsverfahren. In vielen Fällen werden neben festen Nährböden auch flüssige Medien beimpft, die Stoffe enthalten, die für die Entwicklung der gesuchten Erreger besonders günstig sind und aus einem Gemisch von mehreren Bakterien zu ihrer Anreicherung führen. Sie enthalten vielfach Zusätze (z. B. Farbstoffe), die den Zweck haben, Begleitbakterien zu hemmen: sogenannte *Elektivnährböden*. Ein fester Elektivnährboden ist die stark alkalische Dieudonné-Blutplatte bei der Choierauntersuchung, die Colibacillen überhaupt nicht zum Wachstum kommen läßt.

III. Nährböden.

Eine eingehende, tatsächlich brauchbare Anweisung für die Herstellung sämtlicher notwendigen Nährböden würde den Rah-

2*

men der vorliegenden „Bakteriologischen Diagnostik" überschreiten. Wir verweisen auf die Spezialdarstellungen der Nährbodentechnik, besonders auf die von KAHLFELD (Laborant an unserem Institut) und WAHLICH verfaßte „Bakteriologische Nährboden-Technik", 2. Aufl., Berlin 1929. Im folgenden bringen wir daher nur für einen Teil der sog. *Spezialnährböden* ausführliche Anweisungen und begnügen uns sonst mit rezeptmäßigen Angaben über die Zusammensetzung.

1. Flüssige Nährböden.

Gewöhnliche Fleischbouillon.

Rind- od. Pferdefleisch	500 g	NaCl	5 g
Pepton	10 g	Aq. dest.	1000 cm³

Unter „*gepufferter Bouillon*" versteht man eine Bouillon, bei der statt 5 g NaCl 3 g NaCl und 2 g Natriumphosphat zugesetzt sind.

Die Bouillon wird je nach der beabsichtigten Verwendung bei ihrer *natürlichen Reaktion* („natursauer", p_H etwa 6,3—6,7) belassen oder durch Zusatz von n-Sodalösung *neutralisiert* (p_H 7,0—7,1), *schwach alkalisch* (p_H 7,4—7,6) oder *stark alkalisch* (p_H 7,8) gemacht.

Bouillon aus Liebigs Fleischextrakt.

Fleischextrakt	10 g	NaCl	5 g
Pepton	10 g	Aq. dest.	1000 cm³

Glycerinbouillon, für Tuberkulosebacillen, gewöhnlich 2—3%.

Natursaure Bouillon	100 cm³	Glycerin	2—3 cm³

Traubenzuckerbouillon, 1—2%.

Schwach alk. Bouillon	100 cm³	Traubenzucker . . .	1—2 g

Serumbouillon, für Streptokokken u. a.

Schwach alkalische Bouillon . . . . 90 cm³
Serum von Rind oder Pferd . . . . 10 cm³

Ascitesbouillon, für Streptokokken u. a.

Schwach alkalische Bouillon . . . . 90 cm³
Ascites . . . . 10 cm³

Leberbouillon, nach TAROZZI, für Anaerobier. Gut bohnengroße Stücke von Meerschweinchenlebern werden in einem etwa 3 fachen Volumen Bouillon gekocht. Nach Abkühlen läßt man die Bouillon durch ein doppeltes Faltenfilter laufen, bis sie völlig klar ist. Die

Leberstückchen werden mit Wasser kräftig abgespült, zu 2—3 in Reagensgläschen gebracht, je etwa 8 cm³ der klaren Bouillon zugesetzt und die Röhrchen an 3 Tagen je 20 Minuten bis $^1/_2$ Stunde im Dampftopf sterilisiert.

Vorrätig gehaltene Röhrchen sind vor der Beimpfung zwecks Vertreibung von aufgenommenem Sauerstoff $^1/_2$ Stunde im Dampftopf zu erhitzen und darauf in Wasser abzukühlen.

In manchen Fällen empfiehlt es sich, sie mit einem abschließenden Vaselinesiegel zu versehen. Die Vaseline (Marke Chesebrough) wird nach Verflüssigung im 60°-Schrank im Erlenmeyerkölbchen zwecks Sterilisierung auf einem Asbestnetz über der Flamme vorsichtig erhitzt und dann zu je 2 cm³ auf die Tarozzibouillon gegossen.

Lebermilch, für Anaerobier. Die Herstellung ist die gleiche wie die der Leberbouillon, nur daß an Stelle der Bouillon Kuhmilch genommen wird.

Hirnbrei, nach HIBLER, für Anaerobier. 2 Teile Brei von frischen, von der Hirnhaut befreiten menschlichen oder tierischen Gehirnen werden mit 1 Teil nichtsaurem Leitungswasser verrieben, durch ein Haarsieb gerührt und 2 Stunden im Dampftopf erhitzt. Am folgenden Tage Abfüllung in Röhrchen zu je 10 cm³; Sterilisierung 2 Stunden bei 110° im Autoklaven.

Rindergalle, für Typhus, Paratyphus u. a.
Rindergalle . . . . 50 cm³ Bouillon . . . . 50 cm³

Brillantgrünbouillon, zur Anreicherung von Paratyphusbacillen. Stammlösung von Brillantgrün (Marke Höchst) 1:1000 in Aq. dest.; im Dunkeln lange Zeit haltbar. Zu 100 Teilen Bouillon wird 1 Teil der Stammlösung zugesetzt: 1:100000.

Tetrathionatbouillon, nach L. MÜLLER, zur Anreicherung von Typhusbacillen. Zu 4,5 g sterilisiertem Calciumcarbonat pulv. gibt man 90 cm³ sterile Bouillon und nach Durchmischung der Reihe nach 10 cm³ einer vorher sterilisierten Lösung von Natriumthiosulfat (pur. cryst. 50 g + Aq. ad 100 cm³) und 2 cm³ einer Lösung von Jod und Jodkali (20 g J + 25 g KJ + Aq. dest. ad 100 cm³). Der Nährboden ist lange Zeit haltbar.

Kombinierter Anreicherungsnährboden, nach KAUFFMANN, für Typhus- und Paratyphusbacillen.

Tetrathionat Original
Brillantgrün 1:100000
Konzentrierte Rindergalle 5%.

Zu einem Kolben von 500 cm³ Tetrathionatnährboden nach der Originalvorschrift werden 5 cm³ einer Brillantgrünstammlösung von 1:1000 und 25 cm³ sterile Rindergalle gegeben. Der Kolben wird gut durchgeschüttelt und muß nun — wie auch der originale Tetrathionatnährboden — direkt aus dem Kolben unter dauerndem Schütteln, um das Calciumcarbonat gleichmäßig verteilt zu erhalten, in Reagensröhrchen je 10—15 cm³ abgefüllt werden. Die Röhrchen werden darauf ¹/₂ Stunde im Dampftopf sterilisiert und sind längere Zeit haltbar. Der frische Nährboden hat eine schwach grüne Farbe, die allmählich einen grünlichbräunlichen Ton annimmt. Es empfiehlt sich aus praktischen Gründen, als Einheit stets einen oder mehrere 500 cm³-Kolben anzusetzen und abzufüllen.

Die Beimpfung des Nährbodens erfolgt in der üblichen Weise durch mehrere Tropfen einer dichten Stuhlaufschwemmung oder des unverdünnten Urins mit einer Pipette. Die Ausimpfung erfolgt nach 3—6stündiger und nach etwa 20stündiger Bebrütung bei 37° mit der Öse, fraktioniert, auf je 1 Drigalskiplatte.

Literatur.

Kauffmann: Zbl. Bakter. 119, 148 (1930).

Rhamnosemolke, nach Bitter, Weigmann und Habs, zur Differenzierung innerhalb der Paratyphusgruppe.

Dinatriumphosphat . .	0,5 g	Pepton	0,05 g
Ammoniumsulfat . . .	1,0 g	Rhamnose Merck .	0,5 g
Natriumcitrat	2,0 g	Aq. dest.	1000 cm³
NaCl	5,0 g		

Sämtliche Zutaten werden gemischt und ¹/₂ Stunde im Dampftopf gekocht, durch ein Papierfilter filtriert, in Röhrchen abgefüllt und an 2 Tagen je ¹/₂ Stunde im Dampftopf sterilisiert.

Als Indicator werden nach 15—20stündiger Bebrütung 2 Tropfen 0,5% alkoholischer Methylrotlösung zugesetzt: Rotfärbung bei Säurebildung (positiv).

Literatur.

Bitter, Weigmann u. Habs: Münch. med. Wschr. 73, 940 (1926).

Rhamnosemolke, nach Lütje (nach einer persönlichen Mitteilung).

Lösung 1.

Dinatriumphosphat . .	0,5 g	NaCl	5 g
Ammoniumsulfat . . .	1,0 g	Pepton	0,05 g
Natriumcitrat (3 bas.).	2,0 g	Aq. dest.	1000 cm³

Von dieser Lösung 1 80 cm³		10% Sodalösung 12 Tropfen	
Bromthymolblaulösung		Rhamnose	0,5 g
(0,04%) . . . . . 20 cm³			

Die Lösung 1 wird nach Zusatz der Bromthymolblaulösung aufgekocht, Rhamnose und Soda dem heißen Nährboden zugesetzt, hierauf abgefüllt auf Reagensgläser und 10 Minuten im Dampftopf sterilisiert. Der fertige Nährboden hat eine tiefblaue Farbe. Bei Säurebildung erfolgt Farbumschlag von Blau über Grün in Gelb.

Glycerinfuchsinbouillon, nach Stern.

Lösung 1.

Fleischextrakt Liebig .	10 g	NaCl	5 g
Pepton	20 g	Aq. dest.	1000 cm³

Die Mischung 1 Stunde im Dampftopf kochen, durch Papier filtrieren und bis zum Phenolphthaleinpunkt basisch machen.

Lösung 2. Gesättigte alkoholische (96%) Fuchsinlösung.

Lösung 3. 10% wässerige Natriumsulfitlösung.

Glycerin oder an Stelle von Glycerin das gewünschte Kohlehydrat, 5 g in Aq. dest. gelöst und 10 Minuten gekocht.

Die im Originalrezept vorgeschriebene Chrysoidinlösung (0,25%) kann fortfallen.

Herstellung:

Lösung 1 . . . . . . 100 cm³		Lösung 3 . . . . 2 cm³	
Lösung 2 . . . 5—6 Tropfen		Glycerin . . . . . 0,5—1,0 g	

Mischen, abfüllen auf Röhrchen und an zwei aufeinanderfolgenden Tagen je $^1/_2$ Stunde im Dampftopf sterilisieren.

Die p_H-Zahl beträgt am besten 8,0. Der Nährboden muß dunkel und kühl aufbewahrt werden.

Literatur.

Stern: Zbl. Bakter. **78,** 481 (1916).

Lackmusmolke, nach PETRUSCHKY.

Wird zweckmäßig fertig von der Firma Kahlbaum-Schering, Berlin, bezogen.

Barsiekowlösungen, modifiziert.

1. Peptonwasser: Pepton Witte . . . . . . 10 g

    NaCl . . . . 5 g

    Aq. dest. . . . . 1000 cm³

2. Lackmuslösung (nach KUBEL-TIEMANN von Kahlbaum-Schering) 50 cm³.

3. Kohlehydrat (Traubenzucker, Milchzucker usw.) 10 g.

Barsiekow-Lösungen, original.

Nutrose . . . . . . 10 g		Kohlehydrat . . . 10 g	
Lackmuslösung . . 50 cm³		Aq. dest. . . . . 1000 cm³	
NaCl . . . . 5 g			

Nach E. GILDEMEISTER kann die Nutrose durch Rinderserum (100 cm³ auf 1000 cm³) ersetzt werden.

Trypsinbouillon, nach M. NEISSER und PRINGSHEIM, zum Indolnachweis.

Trypsin Grübler . . . 0,2 g	Bouillon . . . . . 1000 cm³
Chloroform . . . . . 10,0 g	(schwach alkalisch)

Unter häufigem Schütteln 24 Stunden bei 37° halten. Filtrieren und 1:4 mit NaCl-Lösung verdünnen, abfüllen und an zwei aufeinander folgenden Tagen je $^1/_2$ Stunde im Dampftopf sterilisieren. Als Indicator wird folgende Lösung zur gewachsenen Kultur tropfenweise zugesetzt (zweckmäßig vorsichtig aufgeschichtet):

p-Dimethylamidobenz-	Methylalkohol . . 50,0 cm³
aldehyd . . . . . 5,0 g	Acid. hydrochloric. 40,0 cm³

Bei Vorliegen von Indol tritt Rotfärbung auf (roter Ring bei Aufschichtung).

An Stelle der Trypsinbouillon kann man auch mit Vorteil eine 0,1⁰/₀₀ *Tryptophan-Bouillon* verwenden.

Xylosenährboden, für Typhus-, Paratyphusbacillen.

Xylose . . . . 0,5 g	NaCl . . . . . . 5,0 g
Fleischextrakt Liebig . 1,0 g	Aq. dest. . . . . 100,0 cm³
Pepton Witte . . . . 1,0 g	Bromthymolblau 1/400%

d-Tartratnährboden, für Paratyphusbacillen.

d-Tartrat (Kalium-Natrium-Tartrat der d-Weinsäure) . 1,0 g

Bacto-Pepton . . . . 1,0 g

Aq. dest.. . . . . 100,0 cm³

Bromthymolblau 1% . . . . 0,25 cm³

Das Bacto-Pepton, das nicht durch Witte-Pepton ersetzt werden kann, ist erhältlich von Digestive Ferments Co. Detroit, Michigan, USA. 920 Henry Street. 1 kg kostet etwa 10 Doll.

Nach W. Silberstein (Arbeit im Druck) kann das Bacto-Pepton durch die Trypsinbouillon nach Neisser u. Pringsheim ersetzt werden.

$$\text{Trypsinbouillon } 7,4\ p_H \ . \ . \ . \ . \ . \ . \ . \ 100\ \text{cm}^3$$
$$\text{d-Tartrat.} \ . \ . \ . \ . \ . \ . \ . \ . \ . \ . \ 1\ \text{g}$$
$$\text{Bromthymolblaulösung } 0,1\% \ . \ . \ . \ 2,5\ \text{cm}^3$$

Nach dem Abfüllen 20—25 Min. im Dampftopf sterilisieren.

Peptonwasser, für *Cholera*. Herstellung der Stammlösung:

Pepton Witte	100 g	Salpeter	1 g
NaCl.	100 g	Aq. dest.	1000 cm³
Soda kryst.	20 g		

Zum Gebrauch wird die Stammlösung 1:10 in Aq. dest. verdünnt.

Flüssiger Eiernährboden, nach Weise, für Tuberkelbacillen. Das Gelbei von 2 Eiern (etwa 35 cm³) wird mit 300 cm³ Aq. dest. und Glasperlen geschüttelt und darauf mit $^1/_4$ n-Natronlauge (etwa 9—12 cm³) bis zur optimalen Klärung versetzt. Zufüllen von 700 cm³ Aq. dest., durch Glaswolle filtrieren und auf Kölbchen abfüllen. $^1/_2$ Stunde im Autoklaven bei 110° sterilisieren. Mit $^1/_4$ n-Salzsäure steril bis zu 7,2 p_H zurückkalkalisieren.

2. Feste Nährböden.

Die Grundlage für die meisten festen Nährböden ist der *gewöhnliche Agar (Nähragar)*.

Der gewöhnliche Agar (Nähragar; 2—3%).

Agar	80—120 g	NaCl	12 g
Fleischwasser . . .	4 l	Natriumphosphat . . .	8 g
Pepton	40 g		

Unter *Fleischwasser* wird das mit Fleisch gekochte Wasser, nach Filtration durch Papier, ohne jeden Zusatz, wie es zur Herstellung der Bouillon benutzt wird, verstanden.

Die *Reaktion* wird wie bei der Bouillon je nach der beabsichtigten Verwendung eingestellt.

Traubenzuckeragar, 1—2%.

Gewöhnlicher Agar . 100 g   Traubenzucker. . . 1—2 g

Glycerinagar, 2%.

Gewöhnlicher Agar . 100 g   Glycerin . . . . 2 g

Drigalski-Conradi-Agar, modifiziert.

Gewöhnlicher Agar,   Lackmuslösung . . 150 cm^3
7,5 p_H . . . . . 1000 cm^3 Milchzucker . . . . 15 g

Endo-Agar.

> Gewöhnlicher Agar, 7,5 p_H . . . . 1000 cm^3
> Milchzucker . . . . 15 g
> Alkoholische konz. Fuchsinlösung . 5 cm^3
> Natriumsulfitlösung 10% . . . . . 25 cm^3

Maltose, Mannit- und Saccharose-Agar, für Ruhr u. a.

Gewöhnlicher Agar,   Lackmuslösung . . 150 cm^3
7,5 p_H . . . . . 1000 cm^3 Kohlehydrat . . . 15 g

Neutralrot-Agar, für Typhus u. a.

> Gewöhnlicher Agar (1%!) 7,5 p_H . . . . 100 cm^3
> Traubenzucker . . . . 0,3 g
> Wässerige konz. Neutralrotlösung . . . . 1 cm^3

Bleiacetat-Agar, zum H_2S-Nachweis.

> Gewöhnlicher Agar, 7,5 p_H . . . . 100 cm^3
> 5% Bleiacetatlösung . . . . 2 cm^3

Blut-Agar 5%, für Streptokokken u. a. Zu 95 Teilen verflüssigten, auf 60° abgekühlten, gewöhnlichen Agar werden 5 Teile defibriniertes Blut, meist vom Pferd, zugesetzt und das Gemisch in Platten gegossen.

Für die Kultur von Anaerobiern nach FORTNER verwendet man Petri-Schalen mit niedrigem Rande.

Blutwasser-Agar, nach CASPER, für Gonokokken u. a. In einen Meßzylinder mit 1 Teil Aq. dest. werden 2 Teile Blut direkt aus der Pferdevene laufen gelassen und das Gemisch etwa 30 Minuten in den 60°-Brutschrank gestellt. Die klare Flüssigkeit wird zu gleichen Teilen mit verflüssigtem, gewöhnlichen Agar (7,5 p_H), der vorher bis auf 50° abgekühlt wurde, unter Schütteln gemischt.

Blut-Agar, nach BIELING, für Pneumokokken u. a. In 20 cm^3 steriles Aq. dest. läßt man 40 cm^3 Blut direkt aus der Vene laufen und gibt dann 60 cm³ auf 50—60° abgekühlten, gewöhnlichen Agar (7,5 p_H) hinzu.

Blut-Agar, nach GRIFFITH, für Pneumokokken u. a.

Defibriniertes Pferdeblut . . . . 25 cm³
Chloroform . . . . 0,5 cm³
Pferdeserum inaktiv . . . . 25 cm³
Gewöhnlicher Agar, (2,5%) 7,5 p_H . . . 500 cm³

Zu 25 cm³ defibriniertem Pferdeblut 0,5 cm³ Chloroform geben und bis zur Braunfärbung schütteln. Das Serum wird ¹/₂ Stunde im Wasserbad bei 56° erhitzt. Agar verflüssigen und auf 50—60° abkühlen. Zu dem Agar das Chloroform-Blut, darauf das Serum geben.

Menschenblut-Traubenzucker-Agar, nach ZEISSLER, für Anaerobier.

2% Traubenzucker-Agar . . . . 80 cm³
defibriniertes Menschenblut . . . . 20 cm³

Levinthal-Agar, für Influenzabacillen u. a. Gewöhnlichen (2%) Agar von 7,5 p_H verflüssigen und auf Festigkeit prüfen, indem man ihn unverdünnt und zur Hälfte mit Bouillon verdünnt zu Platten ausgießt und nach Erstarren mit dem Finger über die Platten streicht. Je nach dem Ausfall verdünnt man nun den Agar mit Bouillon; gewöhnlich ist 1,5% Agar der geeignetste.

Verflüssigter, auf 60—70° abgekühlter Agar wird mit 5% defibriniertem Pferdeblut langsam, unter Schütteln, versetzt und dann in einen bereits kochenden Dampftopf gestellt, und zwar: bei 1 l für 8 Minuten, bei 2 l für 10 Minuten, bei 3 l für höchstens 15 Minuten. Unmittelbar darauf wird das Blutagargemisch durch ein im Heißluftschrank sterilisiertes und im 60°-Schrank warm gehaltenes Wattefilter filtriert, der durchfließende Agar in Röhrchen abgefüllt und erstarren gelassen.

Bei Bedarf wird das Röhrchen zur Verflüssigung 2 Minuten, höchstens 3 Minuten, in bereits kochendes Wasser gestellt und darauf die Platte gegossen bzw. das Röhrchen in schräger Lage erstarren gelassen.

Betreffend die in dem Levinthal-Agar vorliegenden Substanzen siehe S. 148. (Levinthal-Agar = Kochblutagar = Influenza-Agar.)

Für die Differentialdiagnose von Meningokokken u. a. wird dem fertigen verflüssigten Nährboden auf 100 cm³ 15 cm³ sterile

Lackmuslösung und 1 g Dextrose, Lävulose oder Maltose, in 10 cm³ Aq. dest. gelöst und ¹/₂ Stunde im Dampftopf erhitzt, zugesetzt.

Blutröstplatte, nach WETHMAR. Sie stellt einen guten Ersatz des Levinthal-Agars dar, dem sie allerdings durch ihre Undurchsichtigkeit unterlegen ist. Nicht zu dünn gegossene 10% Blutagarplatten werden 1¹/₂ Stunde in den 60°-Schrank gestellt. Sie nehmen dabei einen tiefroten bis braunen Farbton an.

Carbolblutplatten, zur Unterdrückung des Proteus. 100 cm³ Agar, 10 cm³ defibriniertes Blut, 1—4 cm³ 5% Carbolkochsalzlösung[1].

Pilon-Agar, für Cholera.

    Blutsoda . . . . 30 Teile

    Gewöhnlicher Agar neutral . . . . 70 Teile

Blutsoda-Herstellung: 1 Teil frisch defibriniertes Rinder- oder Pferdeblut + 1 Teil 12% Sodalösung werden vermischt, 1—2 Tage stehengelassen und darauf 1—1¹/₂ Stunde im Dampftopf sterilisiert. Die Blutsodalösung ist lange haltbar. Bei Bedarf wird sie im Dampftopf 10—15 Minuten erhitzt und mit dem verflüssigten Agar gemischt.

Der Nährboden muß auf seine Brauchbarkeit geprüft werden: Wachstum von Choleravibrionen auf frisch hergestellten Pilonplatten, kein Wachstum von Colibacillen.

Ascites-Agar. Gewöhnlicher Agar, 7,4—7,5 p_H verflüssigt und auf 50—60° abgekühlt 75 cm³, steriler Ascites 25 cm³ (für Gonokokken 75 cm³). Bei der Herstellung der differentialdiagnostischen Platten nach v. LINGELSHEIM werden dem Agar vorher 15 cm³ sterile Lackmuslösung und 1 g Dextrose, Maltose oder Lävulose, in 10 cm³ Aq. dest. gelöst und im Dampftopf sterilisiert, zugesetzt.

Löffler-Serum, für Diphtheriebacillen.

    Rinder- oder Hammelserum . . . . . 7—8 Teile

    1% Traubenzuckerbouillon . . . . . . 2—3 Teile

In Schrägagarröhrchen oder Platten ausgegossen, wird das Gemisch an zwei aufeinanderfolgenden Tagen je 4—6 Stunden auf 85—90° erhitzt, wobei es erstarrt.

Kartoffelglycerinextrakt-Blut-Agar, nach BORDET, für Keuchhustenbacillen.

Kartoffeln . . . . . 500 g   Aq. dest. . . . . . . 1000 cm³
Glycerin . . . . . . 40 g

---

[1] Evtl. ohne Blutzusatz.

Kartoffeln schälen, in Stücke schneiden und mit Glycerin und Wasser zusammen kochen; den Brei durch ein Tuch seihen.

Kartoffelbreiextrakt 1 Teil   0,75% NaCl-Lösung . 1 Teil
Bouillon . . . . . . 2 Teile   Agar . . . . 3—4%

$^1/_2$ Stunde im Autoklaven bei 108° oder 2 Stunden im Dampftopf kochen, in Kolben abfüllen und an drei aufeinanderfolgenden Tagen je $^3/_4$ Stunde im Dampftopf sterilisieren. Der Kartoffelagar ist längere Zeit haltbar. Bei Bedarf wird er verflüssigt, auf 50—60° abgekühlt und die gleiche Menge defibriniertes Kaninchenblut dazugegeben.

Glycerin-Serum, nach KOCH, für Tuberkelbacillen. Zu Löffler-Serum wird vor dem Erhitzen 2—3% sterilisiertes Glycerin zugesetzt.

Eiernährboden, nach LUBENAU, für Tuberkelbacillen.
Eigelb, geschüttelt . . 1 Teil   Glycerinbouillon 4% . 1 Teil
Modifikation nach LEVINTHAL: Statt der 4% Glycerinbouillon wird reines Rinderserum mit 4% Glycerin genommen.

Für die Züchtung von bovinen Stämmen verwendet man neben dem gewöhnlichen auch glycerinfreien Nährboden.

Der in Schrägröhrchen abgefüllte Nährboden wird an 2 Tagen hintereinander je $1^1/_2$ Stunde bei 80° erhitzt, wobei er erstarrt. Seine Oberfläche soll glatt sein. Die fertigen Röhrchen werden zwecks Sterilitätsprüfung 2 Tage bei 37° bebrütet. Der Wattepfropfen der Röhrchen wird mit geschmolzenem Paraffin durchtränkt; er umschließt ein enges mit einem eigenen nicht paraffinierten Wattepfröpfchen versehenes Röhrchen (Luftzutritt).

Eiernährboden, nach DORSET, für Tuberkelbacillen. Ei (Eiweiß und Eigelb) $+$ 10% des Eigewichtes an Wasser. Schräg erstarren lassen (2 Std. 70°).

Eiernährboden, nach KAHLFELD und WAHLICH, 1. Aufl. (irrtümlich nach HOHN genannt), für Tuberkelbacillen.
Ei (Eiweiß u. Eigelb) 3 Teile   5% Glycerinbouillon . 1 Teil

Die Bouillon soll natursauer sein, 6,3 p_{H}. Zu dem schräg erstarrten Nährboden wird künstlich Kondenswasser in Form von natursaurer Bouillon ohne Glycerin gegeben.

Literatur.

HOHN: Zbl. Bakter. **98**, 460 (1926).

Pilznährboden, nach GRÜTZ. Pepton Knoll (unter leichtem Erwärmen in wenigen cm³ Wasser gelöst) 5 g, Nervina-Malz (Firma Christiansen Flensburg) 60 g, Glycerin 5 g, NaCl 5 g, dazu 1,8% Agar (einfacher Agar + Aq. dest. ohne andere Zusätze) 1000 g.

Bierwürzagar, für Pilze. Zu 98 Teilen der 1 Stunde im Dampftopf sterilisierten und nach längerem Absetzenlassen klar filtrierten Würze werden 2 Teile Agar zugesetzt. 1 Stunde im Dampftopf erhitzen, abfüllen in Vorratsröhrchen und im Dampftopf sterilisieren.

Gelatine.

Gelatine	100—180 g	NaCl	5 g
Pepton	10 g	Fleischwasser . . .	1000 cm³

Gelatine, speziell für Wasseruntersuchungen nach der Vorschrift des RGA. 2 Teile Fleischextrakt Liebig + 1 Teil Pepton Witte + 1 Teil NaCl werden in 200 Teilen Wasser gelöst; $^1/_2$ Stunde im Dampftopf erhitzen, erkalten und absitzen lassen, filtrieren. In 900 Teilen dieser Flüssigkeit werden 100 Teile feinster weißer Speisegelatine aufgeweicht und dann durch höchstens halbstündiges Erhitzen im Dampftopf aufgelöst. Zu der siedendheißen Lösung werden 30 Teile n-Natronlauge und dann noch tropfenweise von der Lauge solange zugegeben, bis die Tropfenprobe auf glattem blauviolettem Lackmuspapier neutrale Reaktion zeigt. Nach 15 Minuten Erhitzen im Dampftopf wird die Reaktion nochmals geprüft und evtl. die ursprüngliche neutrale Reaktion wieder hergestellt. Zusatz von $1^1/_2$ Teilen krystallisierter, glasblanker, nicht verwitterter Soda. Nochmalige Erhitzung im Dampftopf 30 bis höchstens 45 Minuten. Filtration durch ein mit heißem Wasser befeuchtetes Filtrierpapier; sofortiges Abfüllen in sterile Reagensgläser zu 10 cm³; Nachsterilisierung der gefüllten Röhrchen im Dampftopf 15—20 Minuten. Die Gelatine muß völlig klar, von gelblicher Farbe sein, darf unter 20° nicht weich, unter 30° nicht flüssig werden. Sie soll blauviolettes Lackmuspapier deutlich stärker bläuen, auf Phenolphthalein noch schwach sauer reagieren.

Literatur.
Veröff. ksl. Gesdh.amt **23**, 108 (1899).

IV. Herstellung und Anwendung von Farblösungen, Fixationsmitteln; Schnittpräparate.

Von den gebräuchlichsten Farbstoffen: Methylenblau, Fuchsin, Gentianaviolett werden gesättigte, alkoholische *Stammlösungen* vorrätig gehalten. Zu etwa 10 g des Farbstoffes kommen 100 cm³ 96% Alkohol. Die Mischung bleibt etwa 2 Tage, unter wiederholtem Umschütteln, stehen, worauf man die klare, überstehende Flüssigkeit entnimmt.

Löfflers Methylenblau. Gesättigte alkoholische Methylenblaulösung 30 cm³ (Methylenblau med. Höchst).

Kalilauge 1% . . . . 1 cm³   Aq. dest. . . . . . 100 cm³

Färbungsdauer bei Bakterienausstrichen im allgemeinen 15 bis 45 Sekunden.

Alkalische Methylenblaulösungen werden bei längerem Stehen gewöhnlich „*rotstichig*" und wirken dann *metachromatisch*, d. h. sie färben gewisse Anteile der Bakterien, Protozoen usw. rötlich. Wenn man rotstichige Methylenblaulösung mit einigen Tropfen Chloroform durchschüttelt, ist das abgesetzte Chloroform rötlich gefärbt. Kapselfärbung nach HEIM siehe S. 34.

Carbolfuchsin, nach ZIEHL. Gesättigte alkoholische Fuchsinlösung 10 cm³ (Diamantfuchsin I).

Acid. carb. liquefact. . 5 cm³   Aq. dest.. . . . . . .100 cm³

Nach dem Zusammengießen gut schütteln.

Die Lösung, die sehr intensiv färbt, wird meist in der Verdünnung 1:10 in Aq. dest. angewandt. Färbungsdauer im allgemeinen 15—45 Sekunden.

Carbolgentianaviolett.

Gesättigte alkoholische Gentianaviolettlösung . . . . 10 cm³

Acid. carbol. liquefact.. . . . . 1 cm³

Aq. dest.. . . . . 100 cm³

Carboltoluidinblau.

Toluidinblau Grübler   5 g   Aq. dest. . . . . . 500 cm³

Alkohol abs. . . . 100 cm³

Nachdem der Farbstoff bei Zimmertemperatur vollständig aufgelöst ist, werden 500 cm³ 5% Phenollösung in Aq. dest. zugesetzt. Nach 1—2 Tagen Filtration. Färbungsdauer bei Keuchhustenbacillen 2—3 Sekunden (siehe S. 151).

Gramfärbung. *Lugolsche Lösung:*

Jodkali . . . . 2 g   Aq. dest. . . . . . 300 cm³
Jod . . . . 1 g

Zur Gramfärbung werden die in der Hitze fixierten Präparate 2 Minuten mit Carbolgentianaviolett gefärbt. Abgießen ohne abzuspülen. Lugolsche Lösung 2 Minuten. Abgießen und mit absolutem Alkohol bis zur Entfärbung unter Auftropfen abspülen, in der Regel 1 Minute, bei sehr dünnen Präparaten kürzer, bei dicken Eiterausstrichen länger. Nachfärben mit Carbolfuchsin verdünnt 1:10 in Aq. dest. Abspülen in Wasser.

Mit Methylenblau oder Fuchsin gefärbte und bereits angesehene Präparate können nach Entfernen des Cedernöles mit Xylol und Abspülen mit Alkohol nach Gram überfärbt werden.

Tabelle der Gramfärbung.

Grampositiv.	*Gramnegativ.*
Staphylokokken, Streptokokken, Pneumokokken, Sarcine, Milzbrand-, Rotlauf-, Diphtherie-Bazillen, Actinomyces, alle Anaerobier mit Ausnahme der fusiformen Bacillen.	Meningokokken, Gonokokken, Pneumobacillus Friedländer, Malta- und Bang-Bacillen, Alkaligenes-, Pyocyaneus-, Proteus-, Strepto-Bacillen, Influenza-, Keuchhusten-, Typhus-, Paratyphus-, Ruhr-, Coli-, Pest-, Pasteurella-Bacillen, Choleravibrionen.

Neisser-Färbung.

1. *Lösung A.*   Methylenblau med. Höchst .   1 g
          Alkohol abs. . . . .   20 cm³
          Eisessig . . . .   50 cm³
          Aq. dest. . . . .   1000 cm³

  Lösung B.   Krystallviolett Höchst . . .   1 g
          Alkohol abs. . . . .   10 cm³
          Aq. dest. . . . .   300 cm³

Bei Bedarf mischt man 2 Teile der Lösung A und 1 Teil der Lösung B. Die Mischung bleibt nur einige Tage brauchbar.

2. *Chrysoidin* 2 g in 300 cm³ kochendem Aq. dest. gelöst.

3. *Ginssche Lösung.* Milchsäure . . . .   1 g
          Lugolsche Lösung . . .   100 cm³

Zur Diphtherie-Färbung kommt die Neissersche Lösung (A + B) 10—20 Sekunden auf das in der Hitze fixierte Präparat; darauf wird mit Leitungswasser abgespült und einige Sekunden mit Chrysoidin nachgefärbt; Abspülen in Wasser. Nach GINS wird das Präparat zur besseren Differenzierung vor dem Chrysoidin 1—2 Sekunden mit Ginsscher Lösung überspült und dann mit Wasser abgespült.

Tuberkelbacillenfärbung, nach ZIEHL-NEELSEN. Die fixierten Präparate werden auf ein geeignetes Gestell gelegt, bis zur vollständigen Bedeckung des Objektträgers mit Carbolfuchsin übergossen und die Farblösung dann durch eine darunter gehaltene und hin und her geführte Flamme bis zum Aufkochen erhitzt. Das Präparat bleibt dann 2 Minuten unter der gleichen Farblösung liegen. Abspülung in Wasser. Entfärbung in 3% Salzsäurealkohol (3% Salzsäure in 70% Alkohol oder in Brennspiritus), bis das Präparat entfärbt ist. Abspülung in Wasser. Kurze Nachfärbung in Löfflers Methylenblau. Abspülung in Wasser.

Anstatt des Salzsäurealkohols kann man auch mit 5% Schwefelsäure kurz (5 Sekunden) differenzieren, darauf mit 70% Alkohol abspülen, bis das Präparat entfärbt ist, und dann mit Wasser abspülen.

Tuberkelbacillenfärbung, nach KONRICH. Färbung der Ausstriche in heißem, nicht kochendem Carbolfuchsin; kräftige Abspülung in Wasser; Übertragung in 10% wässerige Lösung von *Natriumsulfit,* bis völlige Entfärbung eintritt: je nach Dicke des Ausstriches und Alter der Lösung einige Sekunden bis einige Minuten; Abspülen in Wasser; Nachfärbung mit wässeriger *Malachitgrünlösung* (gesättigte wässerige Farbstofflösung 50 Teile + Wasser 100 Teile); Dauer $^1/_4$—$^1/_2$ Minute; Abspülen in Wasser.

Die sonstige Flora erscheint nur sehr schwach grünlich angefärbt, die Tuberkelbacillen rot.

Die Sulfitlösung ist nach 3—4 Tagen neu herzustellen.

Die Methode ist auch für den Nachweis der Tuberkelbacillen in *histologischen Schnitten* verwendbar. Hierbei ist jedesmal neue Sulfitlösung zu nehmen.

Literatur.

KONRICH: Dtsch. med. Wschr. **46,** 741 (1920).

Sporenfärbung. Färben der fixierten Ausstriche mit Carbolfuchsin 1:4 verdünnt, unter starkem Erhitzen. Entfärben mit

60% Alkohol, dem auf 100 cm³ 1 Tropfen Salzsäure zugesetzt ist. Wasserspülung und Nachfärbung mit Methylenblau.

Sporenfärbung, nach MÖLLER. Beizung der fixierten Ausstriche in 5% Chromsäurelösung, je nach Bakterienart und Medium 5 Sekunden bis 10 Minuten; Abspülung in Wasser; Färbung in Carbolfuchsin unter Erhitzen bis zu einmaligem Aufkochen; Differenzierung in 5% Schwefelsäurelösung 5 Sekunden; Abspülung in Wasser; Nachfärbung mit Löfflers Methylenblau.

Kapselfärbung, nach HEIM. Hitzefixation; Färbung mit rotstichigem Methylenblau; kurze Wasserspülung; schnelle Trocknung mit Fließpapier: Bacillenleib blau, Kapseln zart rosa gefärbt.

Literatur.

HEIM: Arch. f. Hyg. **40,** 55 (1901).

Kapselfärbung, nach JOHNE. Die lufttrockenen Ausstriche werden mit einer dünnen Schicht Alkohol übergossen und der Alkohol angezündet. Zwecks Vermeidung zu starker Erhitzung wird die Flamme sofort wieder ausgeblasen, der Alkohol von neuem entzündet, die Flamme wieder ausgeblasen und so fort, bis der Alkohol verbrannt ist. Beizung mit 3% Essigsäure durch kurzes Übergießen; Abspülen mit Wasser und Färbung mit konzentriertem Carbolfuchsin einige Sekunden; Abspülung in Wasser.

Kapselfärbung, nach MUIR.

Beize: gesättigte Sublimatlösung . . . . 2 Teile
20% Tanninlösung . . . . 2 ,,
gesättigte Kalialaunlösung . . . . 5 ,,

Fixierte Präparate 1 Minute mit konzentriertem Carbolfuchsin unter Erhitzen färben. Abspülen mit Alkohol und Wasser. $^1/_2$ Minute Beize. Abspülen mit Wasser etwa 30 Sekunden. Behandlung mit Methylalkohol, bis das Präparat blaßrosa erscheint. Abspülen mit Wasser. Färbung 1 Minute mit Löfflers Methylenblau. Abspülen mit Wasser. Bacillenleib rot, Kapseln blau.

Mansons Boraxmethylenblau.

Methylenblau med. Höchst . . . . 2 g   Borax . . . . . . 5 g
Aq. dest. . . . . . . 100 cm³

Zuerst Borax in kochendem Wasser lösen, dann Methylenblau in die heiße Flüssigkeit geben.

Romanowsky-Färbung, nach Cl. Schilling.

I. Mansons Boraxmethylenblau 1:100 verdünnt.

II. Eosin B. A. Höchst 0,2 g   Aq. dest. 1000 cm³.

1 Teil dieser Eosinlösung + 9 Teile Aq. dest.

Die verdünnten Manson- (I) und Eosinlösungen (II) werden kurz vor dem Gebrauch gemischt oder aus dem *Cl. Schillingschen Färbeapparat* auf das Präparat laufen gelassen.

Bei Protozoenausstrichen Fixation 10 Minuten in absolutem Alkohol oder 2 Minuten in Methylalkohol. Färbung mit obigem Gemisch 20 Minuten; nach 10 Minuten die Farbe wechseln. Abspülung mit Aq. dest.

Giemsa-Färbung, für Spirochäten. Präparate mit Methylalkohol fixieren und über Nacht in eine Giemsalösung von 1 Tropfen Original Giemsa auf 2 cm³ Aq. dest. legen. Abspülen in Wasser.

Die Giemsalösung, die zweckmäßig fertig bezogen wird, hat folgende Zusammensetzung: 0,8 g Azur II (Methylenazurchlorid + Methylenblau med. Höchst aa) + 3 g Azur II. — Eosin + 125 g Glycerin + 375 g Methylalkohol. Sie wird meist in Aq. dest. verdünnt angewandt (1 Tropfen der Lösung auf 1—2 cm³ Aq. dest.) und dient hauptsächlich der differentiellen Färbung von Chromatin, Plastin, Protoplasma u. a. bei Blutkörperchen, Protozoen usw., sowie der Darstellung zarter Organismen, z. B. der Spirochäten. Das für die Verdünnung benutzte Aq. dest. muß absolut säurefrei sein; Collier empfiehlt einen Zusatz von Puffern.

Literatur.

Giemsa: Dtsch. med. Wschr. **31,** 1026 (1905); **33,** 676 (1907).
Collier: Dtsch. med. Wschr. **50,** 1325 (1924) betr. Wasserfehler.

Spirochätenfärbung, nach Fontana. Lösungen:

1. Formalin . . . 20 cm³	2. Acid. tannic. . 5 cm³
Eisessig . . . . 1 cm³	Carbol . . . 1 cm³
Aq. dest. ad . . 100 cm³	Aq. dest. ad 100 cm³

3. Silbernitrat 1,5%; dazu tropfenweise Ammoniak 10% zusetzen bis Klärung erfolgt; dann einige Tropfen Silbernitrat hinzufügen, bis Opalescenz auftritt.

Präparate an der Luft trocknen lassen. Lösung 1 aufgießen, nach 30 Sekunden abgießen, 3 mal erneuern, je 30 Sekunden einwirken lassen. Waschen mit absolutem Alkohol und 3 Minuten einwirken lassen. Abgießen und abflammen. Aufgießen von Lösung 2 und 30 Sekunden bis zur Dampfbildung erhitzen. Abspülen in Leitungswasser und 2mal mit Aq. dest. nachspülen. Aufgießen von Lösung 3 und bis zur Dampfbildung leicht erwärmen, 1 Minute und länger bis Bräunung eintritt. Mit Aq. dest. abspülen, dann in Leitungswasser spülen.

Spirochätenfärbung, nach NOGUCHI. *Fixationsflüssigkeit:*

$$\begin{array}{ll}\text{Na-Diphosphat } 1/15 \text{ molar} & 88 \text{ cm}^3 \\ \text{K-Monophosphat } 1/15 \text{ molar} & 12 \text{ cm}^3\end{array}$$

Von dieser Mischung 10 cm^3 abnehmen und durch 10 cm^3 Formalin ersetzen.

1 Tropfen dieser Lösung mit 1 Tropfen des zu untersuchenden Materials vermischen, 5 Minuten einwirken lassen; ausstreichen und an der Luft trocknen lassen. Färbung mit beliebiger Farbe.

Nachweis von Spirochäten im Gewebe. *Silberimprägnation nach* LEVADITI. Fixation der Gewebsstückchen in 4% Formaldehydlösung (10% Formalin) mindestens 24 Stunden, besser länger. Übertragung in 95% Alkohol, am anderen Tage in Aq. dest., bis die Stückchen untersinken. Übertragung in frisch bereitetes Gemisch von 90 Teilen 1—1,5% AgNO$_3$-Lösung + 10 Teile Pyridin. puriss., in dem die Stückchen 2—3 Stunden bei Zimmertemperatur und dann noch 3—5 Stunden bei 40—50° bleiben (dunkle Flasche mit Glasstopfen). Ausgießen der Lösung; ohne Ausspülen der Flasche hinzugeben eine frisch hergestellte Mischung von 90 Teilen 4% Pyrogallollösung + 10 Teilen Aceton + 17,6 Teilen Pyrid. puriss. Abwarten bis zum nächsten Tage (Zimmertemperatur); falls die Lösung dabei trüb wird, sofort erneuern. Am nächsten Tage gut mit Alkohol auswaschen. Alkohol-Xylol-Paraffinreihe.

Literatur.

LEVADITI u. MANOUÉLIAN: C. r. Soc. Biol. Paris **58**, 134 (1906).

Geißelfärbung, nach ZETTNOW. *Beize:* A. 10 g acid. tannic. leviss. werden in 150 cm^3 kaltem Aq. dest. gründlich durchgeschüttelt und durch Kochen klar gelöst.

B. 2 g Tartarus stibiatus werden in 40 cm^3 Aq. dest. unter leichtem Erwärmen langsam gelöst.

Zu der heißen (40—50°) Tanninlösung läßt man 28 cm^3 der Tartarus stib.-Lösung allmählich zufließen, wobei der sofort entstehende milchige Niederschlag von gerbsaurem Antimonoxyd sich anfangs schnell, bei den späteren Portionen schwerer, aber völlig wieder löst. Man gießt nun von der klaren, bräunlichen, heißen Flüssigkeit eine kleine Menge in ein Reagensglas und läßt in einem Glase kalten Wassers erkalten; dabei soll nach wenigen Minuten die sich abkühlende Beize milchig trübe werden. Tritt nur eine leichte Opalescenz auf, so ist der Antimonzusatz noch nicht ausreichend. Es wird also tropfenweise solange von der Tart. stib.-Lösung zu der heißen Tanninlösung zugesetzt, bis die Reagensglasprobe im kalten Wasser die gewünschte deutliche Trübung ergibt. So wird nun auch die Gesamtmasse der erkalteten Beize zu einer milchigen Flüssigkeit, die sogar bei längerem Stehen leicht gelatinös werden kann. Beim Aufkochen muß sie jedoch immer wieder völlig klar werden. Sollte aus Versehen durch einen Überschuß von Tart. stib. die völlige Klärung beim Erhitzen ausbleiben, so kann die Beize durch messerspitzenweisen Zusatz von Tannin wieder gerettet werden. Sie ist dauernd haltbar und kann durch Zusatz von Krystall-Thymol vor dem Verschimmeln geschützt werden. Vor dem Gebrauch muß die Masse gründlich aufgeschüttelt werden.

Äthylamin-Silberlösung. a) Silbersulfatlösung: Silbernitrat 5 g, Aq. dest. 30 cm³, Natriumsulfat 6 g.

Wenn sich der Niederschlag abgesetzt hat, abgießen. Ersatz der abgegossenen Flüssigkeit durch 20 cm³ Aq. dest. Umrühren. Einige Minuten absetzen lassen. Diese Waschung 2—3 mal wiederholen. Bodensatz (etwa 4 g) mit 500 cm³ Aq. dest. übergießen, mehrere Male umschütteln und 1 Stunde absetzen lassen. Von dieser dauernd haltbaren, in braunen Flaschen aufzubewahrenden Lösung wird nach Bedarf ohne Aufschütteln entnommen.

b) Äthylamin, käuflich etwa 33%. Anstatt Äthylamin kann man auch Ammoniak nehmen.

Lösung a . . . . . 25 cm³ Aq. dest. . . . . . 25 cm³

Zu dieser Mischung wird tropfenweise von der Lösung b, am besten aus einer verdünnten Lösung, zugesetzt, bis der anfänglich entstehende braune Niederschlag sich nicht mehr rasch löst. Die Lösung hält sich im Tropffläschchen monatelang.

Anfertigung des Geißelpräparates: 1. Von *Bouillonkulturen.* Man fügt zu 10 cm³ Bouillonkultur 1 cm³ Formalin, schüttelt durch und gießt nach einigen Minuten (ohne den etwaigen Bodensatz) in ein Spitzglas um und füllt noch 25 cm³ Wasser nach. Man wartet jetzt mehrere Tage, um ein Absetzen der Bakterien zu erzielen, gießt dann vorsichtig ab, entfernt die letzten Reste der Flüssigkeit mit Filtrierpapier. Von dem Bodensatz bringt man 1 Öse in einen Tropfen Wasser auf einem Objektträger und von diesem eine Spur in einen zweiten großen Tropfen daneben. Von diesem zweiten Tropfen aus streicht man eine kleine Öse voll, in Schneckenform, auf ein geglühtes Deckgläschen, fixiert nach Antrocknen 2mal in der Flamme und legt das Gläschen mit der Schichtseite nach unten in eine Blockschale. In diese Blockschale gießt man eine frisch über der Flamme bis zur Klärung aufgekochte Antimon-Tannin-Beize (Vorratsglas schütteln!), worin sich die Beize beim Erkalten trübt. Herausnahme des Deckgläschens, Abspülung unter fließendem Wasser, wobei man die Pinzette einmal wechselt. Der Rest des auf dem Gläschen befindlichen Wassers wird mit Fließpapier vom Rande her entfernt und das Deckglas zum Trocknen senkrecht gestellt. Nun legt man das Deckgläschen, von einer Cornetschen Pinzette gehalten, mit der Schichtseite nach oben, derart hin, daß es etwa 10 cm über einem Bunsenbrenner liegt, dessen *Sparflamme* man jedoch erst entzündet, nachdem man das Deckgläschen mit Äthylaminsilberlösung bedeckt hat. Sobald leichte Dämpfe aufsteigen und eine Schwärzung oder Niederschlagsbildung von Silberoxyd auftreten, gießt man die Flüssigkeit ab und ersetzt sie durch 1% Ammoniaklösung. Nach einigen Sekunden spült man das Deckglas unter der Wasserleitung ab und trocknet es mit Fließpapier.

2. Von *festen Nährböden*. Man bringt mit der Spitze einer Platinnadel, die eine geringe Kulturmenge enthält, in einen Tropfen Wasser so viel Material, daß der Tropfen deutlich trüb wird und überträgt nach einigem Warten (ohne zu verreiben) eine kleine Öse in einen daneben gesetzten größeren Wassertropfen, dem man eine kleine Öse 2% Osmiumsäure zugesetzt hat. Aus diesem Tropfen beschickt man in der oben beschriebenen Weise das zu färbende Deckgläschen und verfährt dann ebenfalls wie oben.

Verstärkungsmethode. Falls die Geißeln zu schwach gefärbt sind, verstärkt man die Färbung durch Auffüllen von 4 Tropfen verdünnter Pyrogallollösung (siehe unten) + 2 Tropfen Silbernitratlösung (siehe unten), mischt beides auf dem bereits gefärbten Deckgläschen und spült nach 30—60 Sekunden mit Wasser ab.

Verstärkungsflüssigkeit. 1. Pyrogallollösung:

Stammlösung: Pyrogallol . . . . . 1 g
Citronensäure . . . 3 g
Alkohol 90—95% . . 20 cm³

Jahrelang haltbar.

Gebrauchslösung: Von der Stammlösung 1 cm³ + 50 cm³ Aq. dest.; mehrere Wochen haltbar.

2. Silbernitratlösung:

Silbernitrat . . . . . 0,25 g   Aq. dest. . . . . 50 cm³
Citronensäure . . . . 0,3 g

Dauernd haltbar.

Färbung von Blutausstrichen. a) Nach MANSON, siehe S. 34. b) Nach CL. SCHILLING, siehe S. 35.

c) Nach GIEMSA. Fixieren der lufttrockenen Präparate mit Methylalkohol etwa 2—5 Minuten oder mit absolutem Alkohol 10—20 Minuten oder mit einem Gemisch von Äther-Alkohol aa einige Minuten. Färben ½ Stunde lang mit einer Lösung von 1 Tropfen Giemsa-Lösung auf 1 cm³ Aq. dest. Abspülen in Aq. dest.

d) Nach PAPPENHEIM. Fixieren der lufttrockenen Präparate mit konzentrierter May-Grünwald-Lösung 3 Minuten lang. Hinzufügen von etwa 20 Tropfen Aq. dest. auf das Präparat und 1 Minute einwirken lassen. Abgießen, ohne abzuspülen. Nachfärben mit verdünnter Giemsa-Lösung (1 Tropfen auf 1 cm³ Aq. dest.) etwa 15 Minuten; Abspülen mit Aq. dest. Trocknen, nicht über der Flamme.

Feuchtfixation von Ausstrichpräparaten. Ausstriche von Stuhl, Protozoenkulturen usw. werden, wenn sie am Rande einzutrocknen beginnen, sofort vorsichtig in Sublimatalkohol (2 Teile wässerige konzentrierte Sublimatlösung + 1 Teil absoluter Alkohol) getaucht. Nach 3—5 Minuten werden sie mit 70% Alkohol abgespült und dann zwecks Entfernung des überschüssigen Sublimats ½ Stunde in 70% Alkohol übertragen, dem Jodtinktur bis zur Südweinfärbung zugesetzt wurde. Auswaschung in 0,5—1% Natriumthiosulfatlösung 10 Minuten; Übertragung in Aq. dest.

Hämatoxylinlösung nach HEIDENHAIN. 1 g Hämatoxylin wird in 10 cm³ Alkohol 96% unter Schütteln gelöst und nach völliger Lösung 90 cm³ Aq. dest. zugesetzt. Vor dem Gebrauch läßt man die Farblösung einige Tage ausreifen.

Färbung von Stuhlausstrichen *auf Amöben und andere Protozoen.* Die Ausstriche werden nach feuchter Fixation in Sublimatalkohol, Behandlung mit Jodalkohol und Natriumthiosulfat (siehe unter Feuchtfixation) mit Aq. dest. abgespült und dann für 1 Stunde bei 37° in eine wässerige frisch bereitete Eisenalaunlösung übertragen. Darauf 1—2 Minuten auswaschen in mäßig strömendem Leitungswasser. Darauf Einlegen in Hämatoxylinlösung nach HEIDENHAIN, die einige Tage gereift, aber nicht zu alt sein soll; Färbung 1 Stunde bei 37°. Abgießen der Farblösung; Abspülen unter der Wasserleitung; Übergießen mit 2% Eisenalaunlösung bei Amöben für die Dauer von $3^1/_2$—4 Minuten, bei Flagellaten von 1—2 Minuten und bei Infusorien von 5 Minuten. Abgießen der Alaunlösung; gründliches Waschen in Leitungswasser. Alkoholreihe, Xylol, Canadabalsam. Beize und Farblösung sind vor Gebrauch stets zu filtrieren. Die Farblösung kann wiederholt gebraucht werden.

Literatur.

NÖLLER: Arch. Schiffs- u. Tropenhyg. **25**, 35 (1921).

Herstellung von Schnittpräparaten. Die Schnitte werden nach der in der Histologie üblichen Technik mit dem Gefriermikrotom oder nach Fixation der betreffenden Gewebsstücke, Einbettung in Paraffin, mit dem Schlittenmikrotom hergestellt. Im letzten Falle ist dafür zu sorgen, daß die Stückchen und Schnitte nicht zu intensiv mit Lösungen behandelt werden, die die Färbbarkeit nach GRAM, ZIEHL-NEELSEN (Tuberkelbacillen) beeinträchtigen können: Alkohol, Äther, Chloroform. Die Gewebsstücke sind daher möglichst klein zu nehmen. Die Fixierung erfolgt in der Regel in 10fach verdünntem Formalin, je nach der Größe 8 bis 24 Stunden. Nach mehrstündigem Auswässern Übertragung in 30% und von da in stufenweise konzentrierteren bis zu wasserfreiem Alkohol. Weiter in Alkohol + Xylol, Xylol, Xylol + Paraffin, geschmolzenes Paraffin (Thermostat von 56—60°). Nach völliger Durchtränkung mit Paraffin Einbettung in Paraffin mit Hilfe von Einbettungsrahmen.

Herstellung von Schnittpräparaten. Die Paraffinschnitte werden auf der Oberfläche von leicht angewärmtem Wasser aufgefangen und von da auf völlig fettfreie Objektträger aufgezogen. Nach dem Antrocknen werden sie in Xylol vom Paraffin befreit und dann über absoluten und verdünnten Alkohol in der Regel in Wasser überführt.

Kern- und Gewebsfärbung von Schnittpräparaten. *Alaunhämatoxylin* nach BÖHMER. Zu einer 1—2% Alaunlösung in Aq. dest. wird von einer gesättigten Lösung von Hämatoxylin in absolutem Alkohol tropfenweise zugesetzt, bis eine violette Lösung entsteht. Die Lösung ist erst nach zweiwöchigem Ausreifen brauchbar. (1% wässerige Eosinlösung; vor dem Gebrauch dreifach zu verdünnen.)

Die Schnitte werden im Hämatoxylin 5—10 Minuten gefärbt, 5 Minuten in Aq. dest. gewässert und dann in verdünnter Salzsäure (5 Tropfen auf 50 cm³ Wasser) oder verdünnter Salzsäure-Alkohol differenziert, bis sie nur noch blaßrosa getönt sind. Nach Wässerung in Aq. dest. (reichliches Quantum) kurze Färbung in Eosin. Längeres Wässern in Leitungswasser. Alkoholreihe, Xylol, Canadabalsam, Deckglas. Färbung: Kerne tiefblauviolett, Protoplasma zart rot, eosinophile Elemente kräftig eosinrot.

Gramfärbung von Schnittpräparaten. Die Schnitte kommen vom Alkohol sogleich in Carbolgentianaviolett: 2 Minuten, werden in Wasser abgespült und dann in Lugolsche Lösung übertragen: 2 Minuten. Darauf Differenzierung in 5% Salpetersäure: 1 Minute, oder in Salzsäurealkohol: ganz kurz. Übertragung in absoluten Alkohol bis zu vollständiger Entfärbung. Kurze Nachfärbung in verdünntem Carbolfuchsin. Alkohol, Xylol, Canadabalsam, Deckglas.

Tuberkelbacillenfärbung in Schnittpräparaten. Für die Fixation werden statt des Formalins vielfach Sublimatgemische vorgezogen z. B. Sublimatalkohol mit einem Zusatz von 2—5% Eisessig. Nachbehandlung der Stücke mit Jodlösung und Natriumthiosulfat (siehe S. 39). Färbung nach KONRICH (siehe S. 33).

B. Serologische Diagnostik; Allgemeines.

Die Erreger rufen im infizierten Organismus die Bildung *spezifischer Antikörper* hervor, die für die Laboratoriumsdiagnostik von besonderer Bedeutung sind.

Die spezifischen Antikörper zeigen eine große *Affinität* zu den Substanzen, durch die sie hervorgerufen wurden, zu den sogenannten *Antigenen*; sie vereinigen sich mit den Antigenen, binden sie, sättigen sie ab und heben dabei ihre schädigende oder sonstige Wirksamkeit auf oder modifizieren sie wenigstens.

Spezifisch werden die Antikörper genannt, weil sich ihre *Affinität* auf das gleiche Antigen beschränkt, durch das ihre Bildung im Organismus veranlaßt wurde. Zu anderen Antigenen besteht keine Affinität; es sei denn, daß ein anderes Antigen zufällig Anteile des ersten Antigens enthält. So werden z. B. die durch Typhusbacillen hervorgerufenen spezifischen Antikörper teilweise auch durch enteritidis Gaertner-Bacillen gebunden, weil beiden Bacillenarten neben durchaus verschiedenen Antigenenanteilen gewisse antigene Anteile gemeinsam sind.

Auf bakterielle Antigene spezifisch eingestellte Antikörper werden nicht nur bei Infektionen gebildet, sondern auch bei parenteraler Einverleibung abgetöteter Bakterien, bakterienfreier Toxine usw. (parenteral = unter Umgehung des Verdauungskanals).

Das Serum *gesunder Menschen* und Tiere enthält nicht selten spezifische Antikörper für gewisse Erreger, für bakterielle Toxine usw., ohne daß eine entsprechende Infektion vorausging oder wenigstens bekannt ist. In der Regel handelt es sich um geringe Mengen, die bei stärkeren Verdünnungen der Sera, bei denen die diagnostischen Reaktionen meist angestellt werden, wirkungslos sind oder sich nur noch schwach bemerkbar machen.

Die *antigene Wirksamkeit* ist ferner nicht auf bakterielle Substanzen beschränkt. Ebenso wie z. B. gegen Typhusbacillen lassen sich durch parenterale Injektionen beispielsweise von *Hammelblutkörperchen, Hefezellen, menschlichem, tierischem* oder *pflanzlichem Eiweiß*, sowie von gewissen *Giften* auf diese Antigene spezifisch eingestellte Antikörper hervorrufen.

Ein Serum, das spezifische Antikörper enthält, wird als *Immunserum* bezeichnet.

Die Anwesenheit bestimmter Antikörper läßt sich meist durch einfache Methoden einwandfrei feststellen. Ihre *diagnostische Bedeutung* besteht darin, daß ihre Feststellung bei Berücksichtigung der quantitativen Verhältnisse den Rückschluß gestattet, daß das betreffende Individuum unter der Einwirkung des entsprechenden Antigens gestanden hat. Bei bakteriellen Antikörpern besagt das aber, daß das betreffende Individuum mit dem entsprechenden Erreger infiziert ist oder — da die Antikörper meist eine Zeitlang erhalten bleiben — infiziert gewesen ist. Voraussetzung ist dabei, daß keine parenterale Behandlung mit den entsprechenden lebenden oder abgetöteten Erregern (*Schutzimpfung*) vorausgegangen ist.

Das *Auftreten* der spezifischen Antikörper stellt eine Teilerscheinung der *Abwehrreaktion* des Organismus auf das Eindringen von Erregern bzw. von körperfremden Substanzen dar. In einigen Fällen geht die *Abwehrfunktion* der Antikörper ohne weiteres aus dem Resultat der zu ihrem Nachweis geeigneten Versuche hervor: z. B. Vernichtung von Bakterien, Entgiftung von Toxinen. In anderen Fällen ist die biologische Bedeutung der Antikörper noch nicht völlig geklärt.

Die in einem frisch entnommenen Immunserum vorhandenen Antikörper bleiben erhalten, wenn das Serum längere Zeit steht, $1/_2$ Stunde auf $56°$ erhitzt oder mit $0,5\%$ Phenol versetzt wird. Die Antikörper, die in derartigen, eines Teiles der sonstigen Wirkungen frischer Sera beraubten, „*inaktivierten*" Immunsera enthalten sind, unterscheiden sich jedoch insofern untereinander, als einige von ihnen zur Entfaltung ihrer spezifischen Wirkung eines Zusatzes von frischem Serum bedürfen. Diese Art von Antikörpern, die sogenannten *Amboceptoren*, werden zwar auch ohne Mitwirkung des frischen Serums an das zugehörige Antigen gebunden, eine weitere Einwirkung auf das Antigen findet aber nur statt, wenn frisches Serum, das als *Komplement* bezeichnet wird, hinzutritt. Die Amboceptoren werden auch als Antikörper 2. Ordnung bezeichnet, im Gegensatz zu denjenigen 1. Ordnung, die ihre Wirksamkeit auch ohne Zusatz von Komplement entfalten.

Antikörper 1. Ordnung sind:

Agglutinine, Präcipitine (siehe S. 44 bzw. 49).

Antitoxine, welche spezifische Toxine, z. B. Tetanus-, Diphtherie-, Botulinustoxin binden und entgiften.

Bakteriotropine, welche Bakterien so verändern, daß sie von Leukocyten leichter gefressen werden können.

Zu den *Antikörpern 2. Ordnung* gehören:

Bakterizidine oder **Bakteriolysine,** die an die spezifisch entsprechenden Bakterien gebunden werden und sie bei Mitwirkung

von Komplement zerstören. Nachweis im *Pfeifferschen Versuch*
(S. 91) oder im Reagensglase nach NEISSER und WECHSBERG.

Hämolysine, die an rote Blutkörperchen der ihnen entsprechenden Tierart gebunden werden und bei Hinzutritt von Komplement Hämolyse verursachen.

Opsonine, die an die ihnen spezifisch entsprechenden Bakterien
gebunden werden und sie wie die Bakterientropine für Leukocyten leichter freßbar machen, aber nur in frischem Serum wirksam sind.

Die für die *praktische Diagnostik* wichtigsten Antikörper sind
die *Agglutinine, Präcipitine, Bakteriolysine* und *Hämolysine.*

Anaphylaxie. Als spezifische Anaphylaxie wird folgende Erscheinung bezeichnet: Der mit Vollbakterien, bakteriellen, tierischen oder pflanzlichen Eiweißen vorbehandelte, *„sensibilisierte"*
Organismus (z. B. Meerschweinchen) reagiert auf eine nach einiger Zeit wiederholte Injektion des gleichen Antigens mit akuten
und oft tödlichen Krankheitserscheinungen. Typische Symptome sind Unruhe, Kratzbewegungen an der Nase, Taumeln,
Husten, Würgen, Atmungsbeschleunigung, Bronchiolenkrampf,
Lungenblähung. Wird der *Chok* überstanden, so sind die Tiere
bei nochmaliger Injektion des Antigens eine Zeitlang geschützt,
wahrscheinlich infolge Schwundes von spezifischen Präcipitinen,
die bei der chokauslösenden Injektion durch das Antigen gebunden wurden. Die Auslösung des Choks beruht wahrscheinlich
auf der Bildung von Präcipitaten im Blut.

Allergie. Als Allergie wird folgende Erscheinung bezeichnet: Ein
Organismus, der durch Infektion oder Vorbehandlung mit einem
Antigen sensibilisiert ist, antwortet auf eine lokale oder allgemeine
Applikation des gleichen Antigens oder von Derivaten desselben
anders als der normale Organismus, d. h. überhaupt oder prompter und stärker mit entzündlicher Reaktion. Eine diagnostisch
wichtige allergische Reaktion ist die *Tuberkulinprobe,* bei welcher
der tuberkulöse Organismus lokal und allgemein deutlich positiv,
der normale nicht reagiert.

I. Agglutination.

Als Agglutination wird folgende Erscheinung bezeichnet: Mikroorganismen, Zellen oder Teile von beiden, die in einem flüssigen

Medium homogen verteilt sind, werden unter der Einwirkung bestimmter Agentien zusammengeballt und treten aus der vorher diffusen Trübung unter mehr oder weniger ausgesprochener *Klärung der Flüssigkeit* in distinkt sichtbaren *Flocken, wolkigen Gebilden* oder *Körnchen* hervor.

Die *agglutinierenden Agentien* können allgemein *physikalisch-chemischer Natur* (z. B. saure Reaktion) sein oder auf *immunbiologischen Vorgängen* beruhen: *spezifische Agglutination.* Die letzte liegt vor, wenn das Serum eines Menschen oder Tieres, die von einem bestimmten Mikroorganismus infiziert sind oder gewesen sind, spezifische agglutinierende Antikörper, *Agglutinine* enthält, die diese Mikroorganismen im Gegensatz zum Serum gesunder Artgenossen agglutinieren. Spezifisch agglutinierende Sera, wie sie bei der natürlichen Infektion entstehen, lassen sich meist auch durch parenterale *Vorbehandlung* mit *abgetöteten* Mikroorganismen hervorrufen. Gewisse spezifische Agglutinine (z. B. für Erythrocyten anderer Artgenossen oder Arten) gehören zur *individuellen* bzw. *erblichen Konstitution.*

Der spezifischen Agglutination liegt als wesentlich spezifischer Vorgang die *Bindung* des Agglutinins an den Mikroorganismus, die Zelle usw. zugrunde; die *Agglutination* als solche ist dabei ein *sekundärer Vorgang*, der unter bestimmten Umständen ausbleiben kann. Die durch ein Bacterium hervorgerufenen Agglutinine beeinflussen in der Regel diese selbst ausschließlich oder in höherem Grade als andere Bakterien. Die spezifische Agglutination läßt sich daher zu diagnostischen Untersuchungen verwenden, und zwar in zweifacher Weise:

1. *Zur Bestimmung einer fraglichen Kultur mit Hilfe bekannter Immunsera.*

2. *Zur Krankheitsdiagnose,* indem man das Patientenserum auf bekannte Stämme einwirken läßt (*Widalsche Reaktion*).

Herstellung agglutinierender Immunsera. Kaninchen oder andere geeignete Tiere, z. B. Pferde, erhalten in Abständen von etwa 5—7 Tagen steigende Dosen von abgetöteten, bei 58° erhitzten oder lebenden Kulturen i. v. eingespritzt. Die Höhe der Dosen, z. B. $^1/_2$, 1, 2, 4, 8 usw. Ösen, richtet sich u. a. nach der Giftigkeit des betreffenden Bacteriums, die Dauer des Behandlungsturnus nach der Tierart, dem Zwecke des Serums u. a. 10 Tage nach der letzten Injektion wird das Tier, evtl. nachdem eine entnommene Serumprobe sich als genügend agglutinierend erwiesen hat, aus der Carotis entblutet und das Serum zur Konservierung mit 0,5% Phenol versetzt. Bei *giftigen*, z. B. Shiga-Stämmen, muß mit erheblich kleineren Mengen, etwa 0,01 Öse abgetöteter Kultur begonnen und vorsichtig gesteigert werden. Um *hochwertige* und haltbare Sera zu erzielen, empfiehlt es sich, die letzte oder die letzten beiden Injektionen mit *lebenden* Bacillen zu machen. In der Regel, z. B. bei den Bacillen der Typhus-Paratyphus-Gruppe, genügen 4—6 Injektionen. Gut agglutinierende Sera lassen sich im allgemeinen nur durch *gut agglutinable* Stämme erzeugen.

Zur Herstellung *typenspezifischer* oder *unspezifischer* Sera der Paratyphusgruppe (in Frage kommen nur die *zweiphasischen* Typen nach F. W. ANDREWES) ist es notwendig, mit Bacillenaufschwemmungen aus einzelnen, mit Hilfe der Probeagglutination identifizierten spezifischen oder unspezifischen Kolonien zu immunisieren.

Technik der Agglutination. 1. Bestimmung einer fraglichen Kultur.

a) Probeagglutination.

Bevor man eine ausführliche Agglutination im Brutschrank ansetzt, macht man eine sogenannte Probeagglutination auf dem Objektträger. In mehrere Tropfen verschiedener Immunsera (1:100) wird mit der Öse je eine kleine Menge der zu untersuchenden Kultur verrieben und mit der Lupe (6fach) abgelesen. Der Tropfen kann auch als hängender Tropfen angewandt und unter dem Mikroskop angesehen werden. Als Kontrollen sind ein Tropfen NaCl-Lösung und ein Tropfen Normalserum (1:50) erforderlich.

b) Ausführliche Agglutination. (Aus-Agglutination.)

Das Immunserum, das nach seiner Herstellung einer genauen Prüfung auf *Spezifität* und *Titer* (d. h. auf die stärkste Verdünnung, die noch deutlich agglutiniert) unterzogen worden ist, wird in fallenden Verdünnungen, z. B. von 1:100, 1:200, 1:400, 1:800, 1:1600, 1:3200, 1:6400, 1:12800, 1:25600 bis 1:51200 (bei einem Titer von etwa 1:50000) in Reagensröhrchen angesetzt, und zwar in einer Menge von je 0,5 cm³. Hierzu kommen je 0,5 cm³ einer dichten, lebenden Bacillenaufschwemmung (in 0,85% NaCl), die einer 24stündigen Agarplatte entstammt. In gewissen Fällen empfiehlt es sich, die Bakterien in jedes Röhrchen der Serumverdünnung direkt vom Kulturrasen mit der Öse einzureiben. Die Bakterien können auch abgetötet (durch Hitze, Formalin oder Phenol) benutzt werden, doch sind frisch hergestellte, lebende Kulturen aus verschiedenen Gründen vorzuziehen. So werden z. B. durch Erhitzung auf 100° die flockig agglutinierenden H-Antigene der Typhus-Paratyphus-Gruppe vernichtet, durch Formalin die körnig agglutinierenden O-Antigene geschädigt. Als Kontrollen sind unbedingt erforderlich:

1. ein Röhrchen mit 0,5 cm³ NaCl + 0,5 cm³ Aufschwemmung,

2. ein Röhrchen mit 0,5 cm³ Normalserum 1:50 + 0,5 cm³ Aufschwemmung. An Stelle des Normalserums kann auch ein anderes, nicht auf den betreffenden Keim passendes Immunserum genommen werden; die Stabilitätsprüfung wird hierdurch noch verschärft.

Nach kräftigem Durchschütteln werden die Röhrchen entweder zunächst bei Zimmertemperatur oder im Brutschrank verschieden lange Zeit gehalten, je nach der Art der benutzten Kulturen. So empfiehlt es sich, in der Typhus-Paratyphus-Gruppe (nach O. Lentz) die Agglutination bereits nach ¹/₂ Stunde Aufenthalt bei Zimmertemperatur erstmalig abzulesen, dann nochmals nach 2 Stunden 37° und weiteren 20 Stunden Zimmertemperatur. Beim Paratyphus tritt nämlich in der Regel schon nach ¹/₂ Stunde eine fast den Titer erreichende, streng spezifische Agglutination ein, die noch durch keine Mitagglutination gestört ist. Sonst genügt es im allgemeinen, nach 2 Stunden 37° erstmalig abzulesen. Die Agglutination von Kokken erfolgt in der Regel langsamer und erfordert oft höhere Temperaturgrade (z. B. 56°).

2. Die Gruber-Widalsche Reaktion.

Das Patientenserum wird zu je 0,5 cm³ in den Verdünnungen meist von 1:25, 1:50, 1:100 oder mehr angesetzt und je 0,5 cm³ Bakterienaufschwemmung zugesetzt. Sonst wird genau so wie bei der soeben beschriebenen Agglutination verfahren. Kontrollen: Bacillen + NaCl-Lösung; Bacillen + spezifisches Immunserum. Hämolytische und durch Fäulnis zersetzte Sera ergeben oft unspezifische Ausflockungen.

Bewertung der Agglutination. Die Ablesung der Agglutination erfolgt am besten mit der Lupe (6fach), indem man die Röhrchen schräg nach aufwärts gerichtet gegen einen dunklen Hintergrund, z. B. das Fensterkreuz, hält. Zuerst sind stets die Kontrollen mit NaCl-Lösung bzw. Normalserum anzusehen, die eine gleichmäßige homogene Aufschwemmung, ohne jede Krümelung, zeigen müssen. Eine positive Agglutination äußert sich in verschieden starker Zusammenklumpung der Bakterien. So werden die beweglichen, begeißelten Bacillen der Typhus-Paratyphus-Gruppe von ihren homologen Immunsera zu losen, wolkigen, grauen, leicht zerschüttelbaren Flocken zusammengeballt = *„flockige"* oder H-Agglutination, im Gegensatz zu den geißellosen, unbeweglichen Ruhrbacillen oder Kokken, bei denen es zu einer festen, scharf konturierten, weißeren, schwer oder gar nicht zerschüttelbaren = *„körnigen"* oder O-Agglutination kommt. Nur die sekundär zusammengeballten gröberen Klumpen der O-Agglutination werden durch das Schütteln in die nicht zerteilbaren kleinen Körner zerschüttelt. Aus differentialdiagnostischen Gründen ist bei allen Agglutinationen auf die quantitativen und qualitativen Verhältnisse besonders zu achten. So wird z. B. ein Typhusstamm von seinem homologen Typhusserum flockig und körnig agglutiniert, flockig bis zum Titer des Serums (z. B. 1:50000), körnig nur bis zu dem meist geringen O-Titer (z. B. 1:1600), während derselbe Stamm von einem Gärtner-Serum nur körnig bis zu dessen O-Titer (z. B. 1:1600) agglutiniert wird. (Typhus- und Gärtner-Bacillen haben dasselbe O-Antigen.) Das H-Antigen der Bacillen ist thermolabil, verträgt noch eine Erwärmung auf 60°, nicht aber auf 100°. Das O-Antigen dagegen ist thermostabil und widersteht einer 1—2stündigen Erhitzung auf 100°.

Im allgemeinen gelingt es, unter Berücksichtigung des Agglutinationstiters, des Typus der Agglutination, sowie des zeitlichen Eintretens der Agglutination die Diagnose zu stellen. Wo dieses nicht möglich ist, kann man den *Castellanischen Absättigungsversuch* heranziehen, der auch imstande ist, eine spezifische Bindung der Agglutinine an die Bacillen nachzuweisen, wenn aus irgendwelchen Gründen die Ausflockung fehlt.

Zum *Absättigungsversuch* wird das verdünnte Serum mit einer dichten Bakterienaufschwemmung versetzt, 2 Stunden bei 37° (evtl. noch 20 Stunden bei Zimmertemperatur) gehalten, klar zentrifugiert und auf seinen Agglutiningehalt hin, im Vergleich zu dem unabgesättigten Serum, im Agglutinationsversuch geprüft.

Im Betriebe eines Untersuchungsamtes kommt dieser Versuch im allgemeinen wenig in Betracht, da er zu umständlich ist, auch nicht immer zu eindeutigen Ergebnissen führt. Größere Bedeutung hat er bei wissenschaftlichen Versuchen über die verschiedenen Antigene der einzelnen Stämme (sogenannte *Receptorenanalyse*).

Paragglutination. Paragglutination liegt vor, wenn verschiedene Keime, z. B. Coli, Proteus und Kokken (aus dem Darm von Gesunden und Kranken isoliert) mit einem oder mehreren Sera, besonders der Typhus-Ruhr-Gruppe mäßige bis sehr starke Agglutination ergeben. Sie beruht zum mindesten bei einem Teil der Fälle darauf, daß die betreffenden Saprophyten spezifische Antigene der Typhus- bzw. Ruhrbacillen enthalten. In diesen Fällen scheint die spezifische Agglutinabilität eine dauernde zu sein. (W. SILBERSTEIN).

Von der echten Paragglutination ist die rein unspezifische, spontane Ausflockung in NaCl-Lösung oder in Normalsera zu unterscheiden, die oft nur vorübergehend und besonders ausgesprochen bei „rauhen" Stämmen auftritt. Derartige Rauhstämme sind evtl. zur Stabilität zu bringen, indem man niedere NaCl-Konzentrationen (0,1—0,4%) anwendet oder die Bacillen nach BRUCE-WHITE mit Alkohol extrahiert.

Säureagglutination. Durch Zusatz verschiedener Säurekonzentrationen zu Bakterienaufschwemmungen tritt bei manchen Stämmen in bestimmten Zonen eine Ausflockung ein, so daß die Säureagglutination in gewissen Fällen zur Diagnose mit herangezogen werden kann. (H. BRAUN und A. J. WEIL).

Literatur.

BRAUN, H., u. A. J. WEIL: Zbl. Bakter. **109**, 16 (1928). — SILBERSTEIN, W.: Z. Hyg. **111**, 79 (1930).

II. Präcipitation.

Spezifische Präcipitation liegt vor, wenn in geeigneten Medien (in der Praxis in NaCl-Lösung) kolloid *gelöste Bakteriensubstanzen, menschliche, tierische* oder *pflanzliche Eiweiße* durch Immunsera von Tieren, die mit den entsprechenden Substanzen vorbehandelt wurden, unter Auftreten von *Trübung, Flocken, Häutchen* u. dgl. zusammen mit dem fällenden Agens des

Immunserums ausgefällt werden. Der Vorgang, bei dem es sich um eine Überführung vom *Sol-* in den *Gelzustand* handelt, ist der spezifischen Agglutination dem Wesen nach weitgehend analog. Manche Erwägungen sprechen für die Annahme, daß die spezifische Agglutination durch Präcipitation von Bakterienbestandteilen bedingt ist, nach deren Eintritt die ursprünglich homogen verteilten Bakterien im Medium nicht mehr stabil sind und ausfallen. Die präzipitierenden Antikörper werden als *Präcipitine,* die antigenen Substanzen als *Präcipitogene* und im Präcipitationsversuch als *präcipitable Substanz* bezeichnet. Die wesentliche, spezifische Grundlage ist auch hier die *Bindung* des Antikörpers an das Antigen. Das Prinzip der *Absättigung* im *Castellanischen Versuch* läßt sich auch hier anwenden. Die Präcipitine bleiben bei Inaktivierung des Serums wirksam.

Die *Herstellung* präzipitierender Sera erfolgt nach dem gleichen Verfahren wie bei den agglutinierenden. Um Sera zu erhalten, die Lösungen bakterieller Substanzen präzipitieren, behandelt man die Tiere im allgemeinen mit den Vollbakterien. Zur Vermeidung unspezifischer *Mitpräcipitationen* sind möglichst hochwertige Sera anzustreben.

Bei der *Ausführung der Reaktion* wird in der Regel eine verdünnte Lösung des Materials, in dem spezifisches Antigen vermutet wird, auf das unverdünnte Immunserum aufgeschichtet. Serum und Lösung sollen möglichst klar sein und sind evtl. durch Zentrifugieren zu klären.

Die spezifische Präcipitation findet in der bakteriologischen Diagnostik hauptsächlich bei der Diagnose des Milzbrandes, sowie bei der Typendiagnose der Pneumokokken Anwendung. Eine wichtige Rolle spielt sie ferner in der *gerichtlichen Medizin,* bei der *Nahrungsmittelkontrolle* sowie bei Untersuchungen über die *verwandtschaftlichen Beziehungen* zwischen den verschiedenen Arten des Tier- und Pflanzenreiches.

III. Komplementbindungsreaktionen; Wassermannsche Reaktion.

Komplementbindung tritt ein, wenn ein inaktiviertes, amboceptorhaltiges Immunserum mit dem entsprechenden spezifischen Antigen und Komplement zusammengebracht wird. Die Kom-

plementbindung wird sichtbar gemacht durch nachträgliches
Hinzufügen des sogenannten *hämolytischen Systems*, d. h. eines
inaktivierten, hämolytischen Kaninchenimmunserums (von einem
mit Hammelblutkörperchen vorbehandelten Tier) und einer Aufschwemmung von Hammelblutkörperchen.

War im ersten Versuch Komplementbindung erfolgt, so bleiben
die Hammelblutkörperchen ungelöst; war dagegen keine Komplementbindung eingetreten, so werden die Hammelblutkörperchen
durch das hämolytische Immunserum und das noch zur Verfügung
stehende Komplement gelöst.

Die Komplementbindungsreaktion (nach BORDET und GENGOU)
ist die Grundlage der *Wassermannschen Reaktion auf Lues*.

Die Wassermannsche Reaktion.

Die Komplementbindungsreaktion auf Lues (Wassermannsche
Reaktion) ist nicht absolut spezifisch für Lues, sondern kann auch
bei anderen Erkrankungen, wie Malaria, Lepra und Trypanoso-
miasis positiv sein. Zu ihrer Beurteilung sind daher anamnestische
und klinische Angaben besonders zu berücksichtigen.

Zu ihrer Anstellung ist die Einsendung von mehreren Kubikzentimeter Blut in sterilem Röhrchen erforderlich.

Das Prinzip der Reaktion beruht darauf, daß inaktiviertes
Serum von Syphilitikern beim Zusammentreffen mit geeigneten
Antigenen Meerschweinchenkomplement bindet, so daß die Lösung
von nachträglich zugesetzten Hammelblutkörperchen durch ein
inaktives, hammelblutkörperchenlösendes Kaninchenimmunserum
ausbleibt. Zur Ausführung der Wassermannschen Reaktion sind
notwendig:

1. Mehrere, mindestens zwei, staatlich geprüfte *Extrakte* (als
Antigen), darunter möglichst ein Luesleberextrakt. Die Extraktverdünnungen sind auf den Flaschen angegeben.

2. *Das menschliche Serum*, das inaktiv, nach $^1/_2$ stündiger Erwärmung auf 55—56° im Wasserbade benutzt wird, und zwar
in der Verdünnung von 1:5 in NaCl-Lösung.

3. *Das Komplement*, frisches Meerschweinchenserum, durch
Herzpunktion oder Entblutung zu entnehmen. Es darf höchstens
1 Tag lang im Eisschrank aufbewahrt werden. Die Gebrauchsdosis beträgt 1:10 in NaCl-Lösung.

4. *Der hämolytische Amboceptor*, der selbst hergestellt sein

kann und einen Mindesttiter von 1:1000 haben muß. Der Amboceptor wird durch Vorbehandlung von Kaninchen mit Hammelblutkörperchen gewonnen und hat die Fähigkeit, bei Anwesenheit von Komplement Hammelblutkörperchen zu lösen. Der Amboceptor muß vor jedem Versuch in einem sogenannten Vorversuch austitriert werden.

5. *Hammelblutkörperchen*, durch Venenpunktion selbst zu entnehmen, durch 3maliges Waschen mit der mehrfachen Menge NaCl-Lösung von anhaftendem Serum gereinigt. Die Gebrauchsdosis beträgt 1:20 in NaCl-Lösung.

Jede der 5 Komponenten enthält aus Sparsamkeitsgründen die Menge von je 0,25 cm³.

Ansetzen des Vorversuches zur Bestimmung der völlig lösenden Dosis. (BLUMENTHAL.)

Röhrchen 1—8 enthalten um das Doppelte fallende Mengen des Amboceptors von 1:200—1:25600 in der Menge von 0,25 cm³.

Zu jedem Röhrchen werden 0,5 cm³ NaCl, 0,25 cm³ Komplement 1:10 und 0,25 cm³ Hammelblutkörperchen 1:20 zugefügt.

Röhrchen 9: Komplementkontrolle, enthaltend 0,75 cm³ NaCl, 0,25 cm³ Komplement 1:10 und 0,25 cm³ Hammelblutkörperchen 1:20.

Röhrchen 10: Blutkontrolle, enthaltend 1,0 cm³ NaCl und 0,25 cm³ Hammelblutkörperchen 1:20.

Ablesung nach 20 Minuten und 1 Stunde 37°-Brutschrank.

Die Gebrauchsdosis des Amboceptors ist die Dosis, die nach 20 Minuten löst, sie muß aber mindestens das 4fache des nach einer Stunde gefundenen Titers betragen. Andernfalls wird sie entsprechend erhöht.

Nach der amtlichen Vorschrift soll unter Verwendung eines Extraktes die eigenhemmende Wirkung der Extraktverdünnungen auf das jeweils benutzte Komplement bestimmt werden; jedoch kann auf diesen zweiten Vorversuch verzichtet werden.

Ansetzen des Hauptversuches. Das zu untersuchende Serum wird 1:5 mit NaCl verdünnt. Will man z. B. mit 2 Extrakten arbeiten, so gibt man zu 0,15 cm³ Serum 0,6 cm³ NaCl-Lösung und verteilt diese Menge auf 3 Röhrchen je 0,25 cm³. Das dritte Röhrchen dient als Serumkontrolle.

Zu Röhrchen 1—2 kommen nun je 0,25 cm³ der beiden Extraktverdünnungen, zu Röhrchen 3 dagegen 0,25 cm³ NaCl.

In alle Röhrchen kommt 0,25 cm³ Komplement 1:10.

Schütteln. 1 Stunde 37°-Brutschrank.

Darauf wird das hämolytische System zugesetzt, d. h. eine Mischung zu gleichen Teilen des im Vorversuch austitrierten Amboceptors (z. B. 1:700) und der Hammelblutkörperchen-aufschwemmung 1:20, je 0,25 cm³ = gesamt 0,5 cm³.

Als Kontrollen werden gefordert:

1. Kontrolle mit positivem (++++) Serum.

2. Kontrolle mit negativem Serum.

3. Extraktkontrolle: 0,25 cm³ Extraktverdünnung + 0,25 cm³ NaCl + 0,25 cm³ Komplement + 0,5 cm³ hämolytisches System.

Schütteln. Brutschrank 37°, bis die Serumkontrollen gelöst sind.

Lumbalpunktate werden nicht inaktiviert.

Der *Ausfall der Reaktion* ist wie folgt zu bezeichnen:

++++ = Blutkörperchen ungelöst, darüberstehende Flüssigkeit farblos.

+++ = Blutkörperchen fast ungelöst, darüberstehende Flüssigkeit schwach rosa gefärbt.

++ = zu etwa ¹/₂ gelöst, sogenannte „Große Kuppe".

+ = zu ³/₄ oder mehr gelöst, sogenannte „Kleine Kuppe".

— = völlig gelöst, klare, lackfarbenrote Flüssigkeit.

Beurteilung der Wassermannschen Reaktion. Das Ergebnis ist als „positiv", „zweifelhaft" oder „negativ" zu bezeichnen. Bei dem biologischen Charakter der Methode soll der Erfahrung und dem Ermessen des Untersuchers ein gewisser Spielraum gelassen werden. Insbesondere wird es sich für die Entscheidung nicht selten empfehlen, mit der gleichen Probe am nächsten Tage die Untersuchung mit absteigenden Serummengen zu wiederholen. Bei dem Ergebnis „zweifelhaft" empfiehlt es sich, die Einsendung einer neuen Blutprobe nach einigen Wochen zu veranlassen. Das Serum ist als positiv zu bezeichnen, wenn bei der Mehrzahl der verwendeten Extrakte (also bei Verwendung von 3 Extrakten bei 2 Extrakten, bei der Verwendung von 5 Extrakten bei 3 Extrakten) völlige oder fast völlige Hemmung der Hämolyse festzustellen war (++++ oder +++). Ist nur bei der Minderheit der verwendeten Extrakte völlige Hemmung festzustellen oder ist bei allen bzw. der Mehrzahl der Extrakte eine Kuppe (++ oder +) vorhanden, so ist das Ergebnis als zweifelhaft zu bezeichnen.

Ergibt sich aus der Anamnese früher festgestellte Lues, so ist das Ergebnis nach der positiven Seite zu deuten.

Auf dem gleichen Prinzip wie die Wassermannsche Reaktion beruhen die Komplementbindungsreaktionen auf *Tuberkulose, Gonorrhöe* und *Echinococcus*.

Literatur.

BLUMENTHAL, G.: Z. Hyg. **101**, 298 (1924).

Spezieller Teil.

Bacillus anthracis; Milzbrand.

Der Milzbrandbacillus ist ein Septikämieerreger, der in der Regel zu Vermehrung im strömenden Blut gelangt, nachdem er sich am Orte seiner ersten Ansiedlung (Haut, Schleimhäute) eine Zeitlang vermehrt und die Abwehrkräfte des Organismus überwunden hat. Die Infektion kann auch auf den Ort der ersten Ansiedlung beschränkt bleiben.

Der Milzbrand ist in erster Linie eine *Tierkrankheit*. Am häufigsten kommt er bei Schafen, Rindern, Pferden vor, nicht ganz so oft bei Ziegen und Rotwild. Kaninchen, Hasen sind weniger empfänglich, ferner Katzen. Schweine erkranken relativ häufig, jedoch oft ohne Septikämie. Erkrankte Tiere scheiden meist massenhaft Bacillen aus, die dann auf dem Fell, auf Weidepflanzen usw. versporen können.

Der Milzbrand beim *Menschen* ist fast stets auf Hantieren mit tierischem Material zurückzuführen. Am häufigsten ist der Hautmilzbrand (*Pustula maligna*), der in der Mehrzahl der Fälle lokalisiert bleibt. Seltener kommt der durch Einatmen von sporenhaltigem Staub hervorgerufene *Lungenmilzbrand* und nach Genuß von rohem Fleisch erkrankter Tiere *Darmmilzbrand* vor.

Morphologie. Unbewegliche, geißellose Stäbchen mit ausgesprochener Neigung zur Fadenbildung (Scheinfäden); an den Enden wie quer abgeschnitten, die Ecken abgestumpft, nach Fixation jedoch scharf vorspringend. Die Länge beträgt bis zu etwa 12 μ, doch sind sie meist weit kürzer, und in längeren Fäden erscheinen sie im Profil oft wie quadratische Plättchen. *Schleimkapselbildung* im Tierkörper. Mittelständige, rundlich ovale, kleine *Sporen*, die im Tierkörper nicht gebildet werden. Auf Agar und in

Bouillon meist prompte Sporenbildung. Sporenlose Stämme kommen nur ausnahmsweise vor (MÜLLER). Für die Feststellung der diagnostisch verwertbaren, genau mittelständigen Lage der einen Spore im Stäbchen dürfen die Sporen noch nicht zu lange gebildet sein, da die Stäbchen sogleich nach ihrer Reifung zu zerfallen beginnen.

Färbung. Gute Färbbarkeit mit den gebräuchlichen Farblösungen. Grampositiv. Kapselfärbung nach JOHNE, MUIR oder HEIM.

Kultur. Gutes Gedeihen auf allen gebräuchlichen Nährböden. Auf *Agar* mittelgroße Kolonien von weißlich grauer Färbung, dichtem Gefüge, matter, trockener Oberfläche, zum Rande hin abgeflacht und von locken-, zopf- oder hornartigen oder feinen faserigen Ausläufern umgeben („Medusenhaupt", „Spiralnebel"). Die Ausläufer bestehen aus Scheinfäden, die locken- und schlingenförmig nebeneinander gelagert sind; einzelne schieben sich weit in die Umgebung vor, biegen sich aber meist wieder zur Kolonie zurück oder wenigstens zur Seite hin; sie neigen nicht zum Zerfall in Einzelstäbchen. Glatter Kolonierand kommt nur ausnahmsweise vor. Die Koloniemasse ist zähfaserig bis schleimig und läßt sich in NaCl-Lösung schwer glatt verreiben. *Gelatine* wird verflüssigt; Aussehen der Kolonien sonst wie auf Agar.

In *Bouillon* Wachstum in langen Scheinfäden, die sich als eine schleimige oder watteartige Flocke am Grunde ansammeln und die Flüssigkeit gewöhnlich völlig klar lassen; kein Oberflächenhäutchen. Lackmusmolke bleibt unverändert oder wird schwach gerötet.

Diagnostischer Tierversuch. Subcutane Injektion des verdächtigen Materials (Aufschwemmung von Organpartikeln oder Kultur, Abschwemmung von Haaren usw.) bei der weißen Maus. Bei Vorliegen von Milzbrand entsteht an der Injektionsstelle ein sulziges Ödem, in dem sich die Bacillen stark vermehren und dann über die Lymphgefäße in den Blutkreislauf gelangen. Allgemeinerscheinungen fehlen nicht selten bis kurz vor dem Tode oder sind geringfügig. In Blutausstrichen sind die Bacillen erst kurz vor dem Tode zu finden, und zwar in gewaltigen Mengen. Sektion: An der Injektionsstelle sulzig-hämorrhagisches Ödem; Milz meist vergrößert, weich, blutreich. Ausstrichpräparate von Injektionsstelle, Blut, Milz zeigen bei nicht zu spätem Todeseintritt zahlreiche, oft zu kurzen Scheinfäden von 2—4 Stäbchen vereinigte Bacillen mit deutlicher Kapsel (HEIM).

Der Tod tritt je nach Virulenz und Menge der Bacillen früher oder später, meist binnen 1—3 Tagen ein. Es kommt aber vor, daß eine frisch isolierte Kultur so wenig virulent ist, daß die Maus erst nach längerer Zeit stirbt oder am Leben bleibt. Bei Versuchen mit Kadavermaterial ist zu berücksichtigen, daß die Bacillen in Kadavern relativ bald absterben können, ohne Sporen zu bilden. Ein negativer Ausfall des Tierversuchs spricht also nicht unbedingt gegen Vorliegen von Milzbrand. Durch Ausstrichpräparate und Anlage von Kulturen ist festzustellen, daß der Tod der Versuchsmaus tatsächlich auf Milzbrandinfektion beruhte.

Thermopräzipitation nach ASCOLI. Ihre Grundlage bildet ein spezifisches Immunserum (Firma Pharmagans, Frankfurt a. M.), das in Extrakten von Milzbrandkulturen und von Teilen an Milzbrand verendeter Tiere Präzipitation hervorruft (SCHÜTZ und PFEILER, STANDFUSS und POHL). Die Reaktion ermöglicht in vielen Fällen die Diagnose auf Milzbrand, in denen die bakteriologische Untersuchung versagt (faule Kadaver, Felle).

Von fraglichen Kulturen wird ein Schrägröhrchen in 10 cm³ NaCl-Lösung abgeschwemmt, die Abschwemmung $^1/_2$ Stunde bei 100° erhitzt und darauf durch Papierfilter geklärt. Organstücke werden zerkleinert, mit einigen cm³ NaCl-Lösung verrieben, 1—2 Minuten aufgekocht und dann filtriert. Bei Fellen empfehlen STANDFUSS und POHL einen *Kälteextrakt*: kleinste Partikelchen werden in Phenolkochsalzlösung 24 Stunden extrahiert. Von den Extrakten gibt man einige Tropfen in ein 3 mm weites Röhrchen und unterschichtet dann vermittels Capillarpipette mit einigen Tropfen Serum. Extrakt und Serum müssen völlig klar sein, sind evtl. durch Zentrifugieren zu klären. Bei Vorliegen von Milzbrand bildet sich an der Berührungsfläche ein scharfer Trübungsring aus. Kontrollen: Extrakt + normales Serum; Milzbrandextrakt (z. B. Organdekokt von Milzbrand-Maus) + spezifisches Serum. Nur deutliche, scharfe Trübungen sind als positiv zu bewerten.

Die Reaktion ist nicht absolut zuverlässig, da sie auch mit sogenannten Pseudomilzbrandbacillen positiv ausfallen kann. Mit Milzbrandextrakten gibt das Serum aber noch in höheren Verdünnungen, z. B. 1:50, positiven Ausschlag (Pfeiler und Dre-scher, Pokschischewsky).

Gang der Untersuchung. a) Von *Karbunkelmaterial, Organen, Blut* usw. werden *Ausstrichpräparate* (Gram, Kapselfärbung) und *Kulturen* auf Agar angelegt und eine Maus subcutan infiziert. Bei Kadavern soll u. a. das Mark kleiner Knochen (z. B. Metatarsalia) untersucht werden. Für Entnahme und Versendung von Blut werden mit Bouillon getränkte und darauf getrocknete Gipsstäbchen, die einzutauchen sind, empfohlen (Forster).

Betreffend Präcipitationsdiagnose siehe S. 56.

b) *Haare, Borsten, Futtermittel* werden in passenden Mengen Wasser aufgeschwemmt, gut durchschüttelt und die Aufschwemmung zwecks Abtötung fremder Bakterien 25 Minuten bei etwa 85° erhitzt. Filtration durch Glaswolle; Zentrifugieren. Vom Sediment Kulturen und Mäuseversuch.

Die beimpften Platten werden auch beim Auftreten anderer Erreger, z. B. von Staphylokokken bei Karbunkeln, bis zu 72 Stunden beobachtet.

Pseudomilzbrandbacillen. Bei Untersuchungen auf Milzbrand begegnen nicht selten milzbrandähnliche, grampositive, sporenbildende Stäbchen. Bei den meisten dieser zur Gruppe der Heubacillen gehörenden oder ihr nahe stehenden Stämme handelt es sich um Saprophyten; einige sind aber möglicherweise pathogen (Pokschischewsky, Neufeld).

Vor allem ist an jungen, noch nicht versporenden Kulturen festzustellen, ob das betreffende Stäbchen beweglich ist. Milzbrandbacillen sind nie beweglich. Evtl. auch Geißelpräparat nach Zettnow. Es kommen jedoch geißellose Pseudomilzbrandbacillen vor. Einige von ihnen bilden ebenfalls mittelständige, kleine Sporen. Bildung eines Oberflächenhäutchens und diffuse Trübung in Bouillon sprechen gegen Milzbrand. Bei letztem sind die Kolonien auf Agar nie feucht und glänzend, vielmehr matt und trocken. Im Gelatinestich fallen viele Pseudomilzbrandbacillen durch raschere und stärkere Verflüssigung auf. Ausschlaggebend ist der typische Ausfall des Tierversuches. Es kommt aber auf den Nachweis gekapselter Stäbchen im verendeten Tier an, da auch einige von den Pseudomilzbrandbacillen zu tödlicher Infektion führen können. Betreffend Thermopräzipitation siehe S. 56.

Literatur.

Müller: Zbl. Bakter. **66**, 501 (1912). — Forster: Zbl. Bakter. **40**, 751 (1906). — Neufeld: Zbl. Bakter. Ref. **57**, 279* (1913). — Heim: Arch. f. Hyg. **40**, 55 (1901). — Pokschischewsky: Arb. ksl. Gesdh.amt **47**, 541 (1914).

Gang der Untersuchung auf Staphylo-, Strepto-, Pneumo-, Meningokokken u. a. Eitererreger.

Das zu untersuchende Material ist in sterilen Röhrchen (Blut, Eiter, Punktionsflüssigkeiten usw.) oder an sterilen Tupfern (Rachenabstriche, Eiter usw.) einzusenden.

Die Untersuchung von Eiter, Punktionsflüssigkeiten, Blut usw. auf Eitererreger ist einheitlich durchzuführen, da sich vorher in der Regel ein besonderer Keim mit Sicherheit nicht vermuten läßt und auch der mikroskopische Befund, z. B. beim Vorliegen grampositiver Kokken, nicht immer so eindeutig ist, daß sich daraus eine bestimmte Diagnose erwarten läßt.

Die Untersuchung von Eiter und Punktionsflüssigkeiten.

Bei dünnflüssigem Material ist zunächst zu zentrifugieren und der Bodensatz sowohl zu mikroskopischen Präparaten als auch zu Kulturen zu verarbeiten. Bei Lumbalpunktaten empfiehlt es sich, nachträglich auf den Rest des Bodensatzes das klare Zentrifugat wieder aufzufüllen und zur Anreicherung in den Brutschrank zu stellen. Dickflüssiges Material kann direkt verarbeitet werden.

a) Anlegen von 3 Ausstrichpräparaten. Färbung mit Methylenblau, nach Gram und auf Tuberkelbacillen.

b) Anlegen von Kulturen. Beimpfung von einem Serumbouillonröhrchen (für Staphylokokken genügt Bouillon), von einer Agar-, einer Blut- und einer Levinthal-Platte. Die gleichzeitige Anlage dieser 3 Platten ist aus differentialdiagnostischen Gründen notwendig. Die Platten sind zur Erzielung von Einzelkolonien fraktioniert zu beimpfen. Nach 24stündiger Bebrütung bei 37° sind die Kulturen mikroskopisch zu untersuchen, evtl. Reinkulturen anzulegen. Bleiben die Kulturen steril, so sind sie mehrere Tage lang zu bebrüten, da empfindliche Keime oft verzögert wachsen. Ist in den flüssigen Nährböden Wachstum erfolgt, so ist, falls die direkten Platten nicht bereits einen spezifischen Erreger aufweisen, auf feste Nährböden auszuimpfen — ebenso aus dem bebrüteten Lumbalpunktat — und daneben mikroskopisch zu untersuchen (Grampräparat).

c) *Ansetzen von Tierversuchen.* Bei Verdacht auf Pneumokokken ist es ratsam, eine Maus i. p. zu impfen. Bei Verdacht auf Tuberkulose ist ein Meerschweinchen subcutan zu impfen (siehe S. 160), evtl. auch ein Spezialnährboden für Tuberkelbacillen zu beimpfen (siehe S. 29).

Die Untersuchung des Blutes.

Von dem im sterilen Röhrchen eingesandten Blut wird nur der Blutkuchen verarbeitet, d. h. in ein Röhrchen oder Kölbchen mit Serumbouillon getan und mehrere Tage bebrütet. Sobald Wachstum eingetreten ist, werden Präparate angefertigt und Abimpfungen auf Agar-, Blut- und Levinthal-Platten vorgenommen, doch sollen Abimpfungen nach einigen Tagen auch gemacht werden, wenn makroskopisch kein Wachstum zu sehen ist. Wo die Verhältnisse es gestatten, empfiehlt es sich, aus der Armvene frisch entnommenes Blut (mehrere cm^3) direkt in Serumbouillon zu geben oder mit verflüssigtem und auf etwa 48° abgekühltem Agar zu mischen und zu Platten auszugießen.

Aus Blutkulturen werden oft Saprophyten, auch Staphylococcus albus, gezüchtet; die Entscheidung, ob es sich dann um den Erreger handelt oder nicht, ist unter Umständen sehr schwierig oder unmöglich. In solchen Fällen ist eine wiederholte Untersuchung unter peinlichster Sterilität anzuraten.

Bei unklaren Fieberzuständen empfiehlt es sich, von dem Serum den Typhus-, Paratyphus- und Bang-Widal anzusetzen, evtl. auch einen Teil des Blutkuchens in Galle zu bebrüten.

Staphylokokken.

Als Staphylokokken werden kleine, runde, grampositive Kokken bezeichnet, welche die Neigung haben, in ungeordneten, *traubenförmigen Verbänden* zu wachsen und weder Ketten noch regelmäßige Vierergruppen und Sarcinepakete zu bilden. Sie können *Gewebsentzündungen* und *Eiterungen* mannigfaltiger Art, wie Furunkel, Abscesse, Osteomyelitis, Peritonitis, Meningitis, Sepsis usw. verursachen. Andererseits werden sie häufig neben Strepto-, Pneumokokken u. a. Erregern als Sekundärinfektion angetroffen. Sie sind in der *Außenwelt,* auch auf der menschlichen Haut, als

Saprophyten weit verbreitet, besonders der *Sta. albus*, so daß bei allen Untersuchungen auf Staphylokokken an die Möglichkeit einer *sekundären Verunreinigung* des Materials besonders zu denken ist. In zweifelhaften Fällen ist die Untersuchung unter peinlichster Sterilität und, wo möglich, unter sofortiger Anlegung von Ausstrichpräparaten an Ort und Stelle wiederholt auszuführen.

Bei den primären Staphylokokkeninfektionen des Menschen handelt es sich am häufigsten um den

Staphylococcus pyogenes aureus. *Morphologie, Färbung.* Kleine, runde Kokken, die im Ausstrichpräparat von Eiter usw. einzeln, in Diploform oder in kleinen Häufchen liegen (von Streptokokken nicht immer sicher zu unterscheiden), während sie in Kulturen in der Regel größere, ungeordnete Haufen von Traubenform bilden. Die Staphylokokken färben sich mit allen gebräuchlichen Farblösungen und sind grampositiv.

Differentialdiagnostisch ist gegenüber banalen Kokken und Sarcinen in morphologischer Hinsicht besonders auf die geringe Größe, die hinter derjenigen der Sarcinen deutlich zurückbleibt, sowie auf die unregelmäßige, traubenförmige Lagerung zu achten. Die Untersuchung auf Traubenbildung wird zweckmäßig an Bouillonkulturen (hängender Tropfen) vorgenommen.

Kulturelles Verhalten. Gutes Wachstum auf allen üblichen Nährböden schwach alkalischer Reaktion; aerob und anaerob. Auf *Agar* runde, mäßig große, gewölbte, trübe, undurchsichtige Kolonien von gelber Farbe. Der *gelbe Farbstoff* wird jedoch von einigen Stämmen nur auf Traubenzuckeragar oder auch erst nach 1—2 tägigem Aufenthalt der Kultur bei Zimmertemperatur (nach 24 stündiger Bebrütung bei 37°) gebildet und ist am leichtesten zu erkennen, wenn man eine größere mit der Öse von der Agarplatte abgekratzte Kulturmenge betrachtet. Im Gegensatz zum aureus soll ein echter Sta. albus prozellanweiß, ohne jede gelbliche oder graue Tönung sein.

Als eine Abart des aureus ist der **Sta. pyogenes citreus**, durch die citronengelbe Färbung seiner Kolonien gekennzeichnet, aufzufassen. Er verhält sich im übrigen ganz wie der aureus.

In *Bouillon* tritt diffuse Trübung mit geringer Bodensatzbildung ein. Aus *Dextrose, Maltose, Saccharose* wird stets *Säure* gebildet, meist auch aus *Lactose* und *Mannit. Indol* wird nicht gebildet. Milch wird zur Gerinnung gebracht. Gelatine (Stichkultur) wird langsam verflüssigt. Citratblut wird zur Gerinnung gebracht. Frisch durch Herzpunktion von Kaninchen gewonnenes und sofort mit einem schon in der Spritze befindlichen gleichen Volumen 2% Natr. citr.-Lösung gemischtes Blut (im ganzen 1 cm³) wird mit einer Öse Kultur beimpft, 3—6 Stunden bei 37°, darauf bis zum anderen Tage bei Zimmertemperatur belassen.

Frisch von menschlichen Infektionen gezüchtete Stämme zeigen auf der Blutagarplatte (mit gewaschenen Kaninchenerythrocyten hergestellt) häufig deutliche *Hämolyse*. Einwandfrei läßt sich die *Hämolysinbildung* nach folgender Methode nachweisen:

5—13 Tage bei 37° bebrütete Bouillon wird durch Reichel-Kerze filtriert. Von dem durch Abimpfung als steril erwiesenen Filtrat werden fallende Dosen (0,5—0,005 cm³), mit NaCl-Lösung auf je 1,5 cm³ aufgefüllt, auf eine Anzahl von Röhrchen verteilt. Zu jedem Röhrchen werden 0,5 cm³ 5% Aufschwemmung von gewaschenen Kaninchenerythrocyten zugesetzt, die Röhrchen 1 Stunde im 37°-Schrank, darauf im Eisschrank gehalten und am anderen Tage auf Eintritt von Hämolyse hin kontrolliert (NEISSER und WECHSBERG).

Neben dem Hämolysin wird das *Leukocidin*, das Leukocyten schädigt, gebildet.

Im allgemeinen stellt man die *Diagnose* Sta. aureus, wenn ein grampositiver Kokkus, aus Eitermaterial isoliert, die typische Farbstoffbildung und Morphologie aufweist.

In den Richtlinien für die bakteriologische Untersuchung des fertigen Pockenimpfstoffes wird für die Diagnose Sta. folgendes verlangt:

„Die verdächtigen Reinkulturen sind auf anaerobes Wachstum in hoher Schicht (Traubenzuckeragar), sowie auf ihr Wachstum in der Gelatinestichkultur, mit Löffler-Serum und auf etwaige Hämolysinbildung zu prüfen. Für die Beurteilung der Kulturen empfiehlt es sich als Anhaltspunkte zu berücksichtigen, daß Sta. im allgemeinen in hoher Schicht anaerob wachsen, Löffler-Serum nicht verändern, dagegen Gelatine trichterförmig verflüssigen und häufig auch Hämolysin bilden."

Tierversuch. Der Tierversuch hat für die diagnostische Praxis nur insofern Interesse, als er bis zu einem gewissen Grade darüber Auskunft geben kann, ob es sich um einen pathogenen Staphylococcus oder um einen Saprophyten handelt. Das empfänglichste

Versuchstier ist das Kaninchen, besonders das junge, das nach i. v. Injektion von 0,1 cm³ Bouillonkultur an Sta.-Sepsis in etwa 4—8 Tagen zugrunde gehen kann. Bei der Sektion ist auf kleine Eiterherde, besonders in den Nieren, zu achten. Durch Tierpassagen läßt sich die Virulenz steigern (J. KOCH).

DREYER empfiehlt die Injektion von 1—2 Ösen Agarkultur (in Bouillon aufgeschwemmt) in das Kniegelenk, in dem beim Vorliegen pathogener Sta. eitrige Entzündung auftritt.

v. DARANYI prüft die Pathogenität von St., indem er 1 Öse 24stündiger Agarkultur in eine etwa 1—2 cm tiefe Hauttasche an der Innenseite des Kaninchenhinterschenkels einbringt, worauf bei pathogenen Stämmen nach 2—3 Tagen Schwellung, Eiterung und Nekrose eintreten, während bei apathogenen Stämmen die Wunde in 2—3 Tagen ohne Eiterung heilt.

Für *weiße Mäuse* sind Sta. im allgemeinen nur mäßig pathogen; sie sterben erst bei i. p. Infektion von beträchtlichen Dosen, von etwa 0,25 cm³ 24stündiger Bouillonkultur.

Agglutination. Nach KOLLE und OTTO agglutinieren Immunsera, die durch Vorbehandlung von Kaninchen mit abgetöteten pyogenen Sta. gewonnen sind, pyogene Sta. spezifisch in beträchtlichen Verdünnungen, nichtpyogene Stämme dagegen nicht oder nur in mäßigem Grade. Sera von nichtpyogenen Stämmen ließen pyogene Stämme unbeeinflußt, agglutinierten aber auch nicht jeden nichtpyogenen Stamm. Daß die Agglutination in der Praxis kaum Verwendung findet, dürfte weniger an dem Vorkommen von Versagern liegen als daran, daß die übrigen Methoden zur Unterscheidung pathogener und saprophytischer Arten im allgemeinen genügen.

Literatur.

v. DARANYI: Zbl. Bakter. **99**, 74 (1926). — NEISSER u. WECHSBERG: Z. Hyg. **36**, 299 (1901). — KOCH, J.: Z. Hyg. **58**, 287 (1908). — DREYER: Zbl. Bakter. **67**, 106 (1913). — KOLLE u. OTTO: Z. Hyg. **41**, 369 (1902).

Staphylococcus pyogenes albus. Weit seltener als der aureus wird der Sta. albus bei menschlichen Sta.-Infektionen als primärer Erreger angetroffen, dagegen häufiger bei Sekundärinfektionen. Als weitverbreiteter, besonders auf der menschlichen Haut vorkommender Saprophyt gelangt er nicht selten in das Untersuchungsmaterial, in dem er sich dann bis zum Eintreffen der Proben im Laboratorium vermehren kann. Es empfiehlt sich daher, festzustellen, ob er bereits unmittelbar nach der Entnahme im Material vorhanden ist; z. B. in sofort hergestellten Ausstrichpräparaten. Gegebenenfalls ist die Untersuchung wiederholt auszuführen.

Manche Autoren stehen auf dem Standpunkt, daß der Sta. albus überhaupt nicht als primärer Erreger vorkommt, und daß es sich bei scheinbar gegenteiligen Befunden um Sta. aureus mit schlechter Farbstoffbildung handelt. Jedenfalls sollte die Diagnose albus nur dann gestellt werden, wenn das mit der Öse zusammengekratzte Material durchaus porzellanweiß ist.

Soweit der albus von pyogenen Infektionen stammt, stimmt er, von der mangelnden Farbstoffbildung abgesehen, in allen Eigenschaften mit dem aureus überein. Bezüglich der Pathogenitätsprüfung, Agglutination usw. haben also die beim aureus gemachten Angaben auch hier Gültigkeit.

Als *Staphylococcus epidermidis albus*, ein sehr häufiger Hautcoccus, wird ein albus bezeichnet, der im Gegensatz zu dem typischen pyogenen albus aus Mannit keine Säure bildet.

Streptokokken.

Als Streptokokken werden kleine, grampositive Kokken bezeichnet, welche die Neigung haben, in *Kettenverbänden* zu wachsen. Sie umfassen sowohl robuste *saprophytische Formen* als auch empfindlichere *pathogene*, zu deren Züchtung dem Nährboden zweckmäßig wachstumfördernde Substanzen, wie Blut, Serum usw. zugesetzt werden. Auf festen Nährböden sind die Kolonien meist klein und zart. Das *Wachstumsoptimum* liegt bei den meisten Formen bei Körpertemperatur; einige *Saprophyten* gedeihen bereits bei Zimmertemperatur recht gut. Wachstum bei fast allen Formen aerob und anaerob; bei der Herauszüchtung verhalten sich einige wie *fakultative Aerobier* (siehe S. 68), andere wie *fakultative Anaerobier*; als *Anaerobier* ist der Strept. putridus (siehe S. 68) zu bezeichnen. *Gelatine* wird bis auf verschwindende, praktisch unwichtige Ausnahmen nicht verflüssigt. Die Streptokokken sind *nicht gallelöslich* und gegen Optochin *unempfindlich*.

Nach ihrem Vorkommen, der morphologischen Erscheinungsform, dem kulturellen Verhalten und der Tierpathogenität werden *verschiedene Typen* unterschieden, deren Abtrennung voneinander infolge der Inkonstanz gerade der hauptsächlichsten Unterscheidungsmerkmale bisher noch nicht befriedigend gelungen ist. Zur Zeit steht es keineswegs sicher fest, ob bestimmte Formen, wie z. B. Str. viridans, conglomeratus, longissimus tatsächlich bestimmten Typen entsprechen, oder ob es sich nur um Erscheinungsformen handelt, unter denen bei gewissen Bedingungen verschiedene Typen oder Arten auftreten können.

Der wichtigste Vertreter der menschenpathogenen Streptokokken ist der

Streptococcus pyogenes hämolyticus. Er ist der Erreger von Entzündungen und Eiterungen mannigfaltiger Art (Angina, Erysipel, Otitis usw.) sowie von Sepsis.

Nach einigen Autoren sind giftbildende, hämolytische Streptokokken die Ursache des Scharlachs. Fest steht jedoch nur, daß gewisse Streptokokkenstämme ein Gift bilden, das in spezifischem Verhältnis zum Scharlach steht. Dieses Gift erzeugt bei Personen, die für Scharlach empfänglich sind, bei i. k. Injektion kleinster Dosen (0,001 cm³) in der Regel eine entzündliche Reaktion, nicht dagegen bei Scharlachgenesenen und Menschen, die Scharlach gehabt haben, da deren Antitoxine das injizierte Toxin neutralisieren: *Dick-Test*. Mit künstlich hergestellten, *antitoxischen Immunsera* (durch Vorbehandeln von Tieren mit dem spezifischen Toxin) werden im sogenannten toxischen Stadium des Scharlachs therapeutische Erfolge erzielt. Fest steht ferner, daß hämolytische Streptokokken eine bedeutende Rolle bei den sekundären Infektionen des Scharlachs spielen. Da aber hämolytische Streptokokken auch bei Gesunden oder anderweitig Kranken sehr häufig im Rachen gefunden werden, hat ihr Nachweis beim Scharlach keinerlei diagnostischen Wert. Umgekehrt bietet der negative Ausfall der Untersuchung von Rachenabstrichen bei Scharlachrekonvaleszenten keine Gewähr, daß von ihnen keine Ansteckung mehr zu befürchten ist. Das Vermögen der spezifischen Giftbildung ist übrigens nicht allein auf die beim Scharlach isolierten Streptokokkenstämme beschränkt.

Morphologie, Färbung. Die hämolytischen Streptokokken sind kleine, runde, auch ovale oder abgeplattete Kokken, die in frischem Material häufig von der Norm abweichen und nicht sicher von Staphylokokken, Pneumokokken oder banalen Kokken zu unterscheiden sind. Zur Darstellung der Kettenbildung sind Präparate aus flüssigen Kulturen anzufertigen. Keine Kapselbildung. Die

Färbung gelingt mit allen gebräuchlichen Farblösungen; grampositiv.

Kultur. Auf *Agar* zarte, grauweißliche Kolonien von wechselnder Erscheinungsform. Auf der *Blutplatte* ist das Aussehen der Kolonien ebenfalls sehr wechselnd: kleinste, farblose bis weißliche Pünktchen; rundliche, farblose bis weißliche, transparente bis dichte, flachbuckelige bis flache, glatte bis rauhe, kleine bis über 0,5 mm große Kolonien. In der Regel kommt es auf der Blutplatte zu starker *Hämolyse* (Hämopepsie siehe S. 13), zu einem hellen, glasklaren Hof um die Kolonie herum. Die Fähigkeit der Hämolyse kann vorübergehend oder dauernd abgeschwächt werden oder verloren gehen. Derartige Stämme „*vergrünen*" dann nur den Nährboden oder lassen ihn ganz unbeeinflußt: *anhämolytische* Streptokokken.

Als *flüssiger Nährboden* eignet sich besonders die *Serumbouillon*, in der hämolytische Streptokokken mit Bodensatz in der Regel unter Klarbleiben der Flüssigkeit wachsen.

Säurebildung erfolgt aus *Dextrose, Lävulose, Mannit* und *Maltose*, nicht immer aus Dulcit und Lactose, nie aus Raffinose und Äsculin.

Tierpathogenität. Für weiße Mäuse sind die hämolytischen Streptokokken bei s. k., besser i. p. Infektion in der Regel pathogen, doch schwankt die Virulenz bei den verschiedenen Stämmen beträchtlich und kann auch bei einem und demselben Stamme wechseln. Fortgesetzte Passagen führen zu Virulenzsteigerung. Mit der „Vergrünung" ist meist deutliche Virulenzverminderung verbunden. Kapseln werden im Tierkörper nicht gebildet.

Streptococcus viridans seu mitior, Schottmüller. Als viridans ist nach einigen Autoren nur der bei Endocarditis lenta gezüchtete Str. zu bezeichnen, der im Gegensatz zu anderen „grünen" Str. schwer züchtbar und sehr hinfällig sein soll. Er bildet kurze Ketten von 4—6 Gliedern kleiner, runder Kokken. Auf der *Blutplatte* erscheinen langsam sehr zarte, festhaftende, grüne bis schwärzliche Kolonien. Untergrund und nächste Umgebung der Kolonien sind, je nach dem Blutgehalt des Agars und der Schichthöhe wechselnd, schwach bis deutlich aufgehellt, in durchscheinendem Licht bräunlich-rötlich, im auffallenden Licht ebenso wie die Kolonien selbst bräunlich- bis schwärzlich-grünlich getönt (*Hämoglobinopepsie*). In der *Serumbouillon* Wachstum mit Bodensatz bei schwacher Trübung bis Klarbleiben der Flüssigkeit. Für weiße Mäuse ist der viridans nur schwach pathogen.

Für den *kulturellen Nachweis*, bei dem es sehr darauf ankommt, das bactericid wirkende Blut zu verdünnen, werden im Fieberanstieg mehrere Kolben Serumbouillon mit je 1—2 cm³ Blut möglichst direkt nach der Entnahme beschickt. Bebrütung bis zu etwa 14 Tagen; wiederholte Ausimpfung auf Blutplatten, die je 5 Tage lang zu beobachten sind.

Manche Autoren bezeichnen auch die grün wachsende Erscheinungsform des *Str. pyogenes hämolyticus* als viridans und machen nicht zu Unrecht geltend, daß zwischen dem viridans Schottmüllers und der grünen Form des hämolytischen Str. keine verläßlichen Unterscheidungsmerkmale bestehen. Mehr oder weniger ausgeprägtes grünes Wachstum auf der Blutplatte ist ferner vielen Streptokokken eigen, die teils wohl charakterisierte Typen (z. B. Str. lactis), teils Formen darstellen, bei denen es noch dahin steht, ob es sich um Degenerations- oder besondere Standortsformen des Str. pyogenes hämolyticus oder um eigene Typen handelt. Grün wachsende Streptokokken, die sich im Mäuseversuch in der Regel als nur schwach pathogen oder apathogen erweisen, werden nicht selten bei lokalen Eiterungen, ferner häufig in Rachenabstrichen gefunden. Gelegentlich kommt es vor, daß solche Formen in der zweiten Passage auf Blutplatten zu deutlicher Hämolyse (Hämopepsie) übergehen.

Auch die morphologische Erscheinungsform der Streptokokken, die Neigung, kürzere oder längere Ketten zu bilden, die Zusammensetzung der Ketten aus gleichartigen Gliedern von runden oder ovalen Kokken oder aus Diplokokken ist keineswegs konstant. Im allgemeinen kommt es bei Wachstum in kürzeren Ketten in der Serumbouillon zu geringerem Bodensatz und deutlicherer Trübung der Flüssigkeit als bei längeren Ketten. Durch besonders lange Ketten sind folgende 2 Formen ausgezeichnet.

Streptococcus longissimus. Häufig in Rachenabstrichen auftretend. Auf der *Blutplatte* grün wachsend; in Bouillon bei völligem Klarbleiben flockiger Bodensatz, der im Ausstrichpräparat (besser noch in einem mit der Pipette entnommenen und unter dem Deckglas beobachteten Tropfen) überaus lange, gestreckte Ketten aufweist. Die Ketten bestehen aus Diplokokken und Kokken, die zum Teil der Kettenachse entsprechend in die

Länge gezogen erscheinen. Mäßige Mäusepathogenität bis Apathogenität.

Streptococcus conglomeratus. Auf Mandeln und im Mund von Gesunden und Kranken häufig gefunden. Auf der *Blutplatte* bräunlichgrün mit schwacher bis deutlicher Aufhellung wachsend; in *Bouillon* bei Klarbleiben am Boden fest zusammenhängende Konglomerate, die sich beim Schütteln zu Schüppchen verteilen und mikroskopisch Haufen von Kokken zeigen, die am Rand zum Teil ihre Zusammensetzung aus Ketten erkennen lassen. Geringe Mäusepathogenität bis Apathogenität. THALMANN unterscheidet zwei Formen, von denen er die eine mit dem longissimus zu einer Unterart vereinigt. Beide Formen gehen in kalt aufbewahrter Bouillonkultur bald ein.

Streptococcus pleomorphus. Als solche werden bei verschiedenen Gelegenheiten (u. a. auch im Gehirn bei Encephalitisleichen) festgestellte Str. bezeichnet, die sich durch ausgesprochene Pleomorphie im Ausstrichpräparat auszeichnen: Häufchen von Diplokokken, Tetraden, Kokken, mißgestaltete Kokken z. B. zur Stäbchenform gestreckte, trommelschlegelförmige usw., im übrigen aber zum Teil voneinander abweichen. Ein Teil der Stämme fiel durch seine intensive, an Prodigiosus erinnernde Rötung der Drigalski-Platte auf.

Enterokokken. Die Enterokokken gehören zur normalen Darmflora, können aber gelegentlich pathogen werden und Appendicitis, Cholecystitis, Pyelitis usw. verursachen.

Sie treten als ovale bis lanzettförmige Diplokokken, zum Teil zu kurzen Ketten verbunden, auf. Auf der *Blutplatte* grauweißliche Kolonien mit schmalem, schwärzlichgrünen Hof; in *Bouillon* diffuse Trübung. Spaltung von *Äsculin*, beträchtliche *Galleresistenz* (Vermehrung in einem Nährboden von 4% Peptonwasser + 0,2% Glucose + 10% oder 20% Galle), häufig Thermoresistenz (auf 60° erhitzte Bouillonkultur), Mannitspaltung. K. MEYER beschrieb hämolytische Enterokokken (Kot, Duodenalsaft, Pyelitisurin), die mit breitem, hämolytischen Hof wuchsen, sich aber durch diffuses Wachstum in Bouillon, Äsculinspaltung, Galle- und zum Teil Thermoresistenz wie Enterokokken verhielten, meist auch von Enterokokkensera agglutiniert wurden. Die Prüfung auf Äsculinspaltung erfolgt zweckmäßig in folgendem Nährboden:

Pepton 1,5 + Natr. taurochol. 0,5 + Äsculin 0,1 + Ferricitrat (MERCK) 0,05 + Aq. dest. 100 cm³. Bei positivem Ausfall tritt tiefe Schwärzung ein.

Literatur.

MEYER, K.: Klin. Wschr. **3**, 2291 (1924) und Zbl. Bakter. **99**, 402 (1926).

Streptococcus mucosus. Seltene bei Pneumonie, Otitis, Meningitis vorkommende Form; von uns gelegentlich auch in Rachenabstrichen angetroffen. Durch mehr oder weniger üppiges, aber zeitlich wechselndes, bisweilen auch nach einigen Passagen sich verlierendes, schleimiges Wachstum sowie *Kapselbildung* im infizierten Organismus ausgezeichnet. Auf der Blutplatte Hämolyse (Hämopepsie); Trübung der Bouillon. Für Mäuse, Meerschweinchen, Kaninchen meist sehr pathogen.

Vom Pneumokokkus Typ III (siehe S. 74) durch Unlöslichkeit in Galle, Optochinunempfindlichkeit und mangelnde spezifische Agglutination im Pneum. Typ III-Serum unterscheidbar.

Streptococcus putridus; anaerobe Streptokokken. Der Streptococcus putridus wird bei Eiterungen, Puerperalsepsis usw. allein oder mit anderen Erregern zusammen gefunden; seine Züchtung gelingt nur unter anaeroben Verhältnissen.

Literatur.

GUNDEL: Zbl. Bakter. **44**, 115 (1930).

Streptococcus epidemicus. Hat in Amerika mehrfach bösartige Tonsillitiden verursacht, die explosionsartig nach Genuß von Milch auftraten. Die betreffende Milch stammte von Kühen, die an einer durch den gleichen Erreger bedingten Mastitis litten. Anscheinend primär menschenpathogen, von Kranken und Bacillenträgern unter dem Molkereipersonal auf die Kühe übertragen. In Deutschland noch nicht beobachtet.

Der Strept. epidemicus stimmt im kulturellen Verhalten, besonders in der Art der Hämolyse, sowie in der (wechselnden) Mäusepathogenität mit dem nahestehenden Strept. pyogenes hämolyticus überein, bildet aber Kapseln (Tuschepräparat, zweckmäßig von 20stündigen Blutagarschrägröhrchen). Säurebildung aus Dextrose, Lactose, Saccharose, Salicin, nicht aus Mannit. Natriumhippuratbouillon: keine Abspaltung von Benzoesäure (Vorschrift bei KLIMMER und HAUPT.)

Literatur.

KLIMMER u. HAUPT: Zbl. Bakter. **101**, 126 (1927).

Streptococcus agalactiae contagiosae (mastitidis). Erreger des bei uns häufig vorkommenden *Gelben Galtes* (Mastitis) der Rinder, für Menschen apathogen. Im Sedimentpräparat oft in charakteristischen Ketten von Staketform mit angeschwollenen Endgliedern auftretend. In Bouillon meist auffallend lange Ketten bildend; nach 24 Stunden voluminöser, beim Schütteln zunächst als Ganzes aufwirbelnder Bodensatz bei klarer Flüssigkeit. Auf Agar etwa 1 mm große, grau durchschimmernde, am Rande meist ausgefranste oder gezackte Kolonien; auf der Blutplatte üppiges Wachstum ohne Hämolyse (zum Teil schwache Aufhellung). Die Kolonien sind meist etwas zügig (schwach fadenziehend). Keine Kapselbildung. Methylenblaumilch (mit 1 Öse Bouillonkultur beimpft) wird nicht verändert, aus Natriumhippurat wird kräftig Benzoesäure abgespalten. (Vorschriften bei KLIMMER und HAUPT.) Für die Maus i. p. und subcutan meist apathogen.

Literatur.

SEELEMANN u. HADENFELDT: Zbl. Bakter. **118**, 331 (1930).

Streptococcus lactis. Gewöhnlicher Saprophyt der sauren Milch, apathogen. Im Sedimentpräparat in Form von Doppellanzettkokken und kurzen Ketten von Diplokokken oder Kokken auftretend. In Bouillon gleichmäßige Trübung, kurze bis mittellange Ketten von gewöhnlich runden Kokken. Auf Agar gutes Wachstum, Kolonien klein; auf der Blutplatte Untergrund meist mit grünlichem Farbton leicht hämolytisch aufgehellt; Kolonien nicht zügig. Methylenblaumilch gerinnt rasch und wird reduziert; Natriumhippurat wird gespalten, meist aber schwächer als durch Str. agalactiae. Bei 15—20° gutes Wachstum in Bouillon.

Streptococcus equi. Erreger der Druse der Pferde. Entspricht im kulturellen Verhalten im allgemeinen dem Strept. pyogenes hämolyticus, doch wächst er auf Agar etwas schlechter und bildet aus Mannit keine oder kaum Säure.

Literatur.

KOCH, J. u. POKSCHISCHEWSKY: Z. Hyg. **74**, 1 (1913).

Diplococcus lanceolatus, Pneumokokken.

Die wichtigste Erkrankung des Menschen, die durch Pneumokokken hervorgerufen wird, ist die genuine Pneumonie. Andere Erkrankungen, bei denen Pn. ätiologisch in Betracht kommen, sind Meningitis, Otitis, Peritonitis, Endocarditis, Sepsis u. a.

Morphologie, Färbung. Die Pneumokokken sind kleine, lanzettförmige oder ovale Kokken, die meist zu zweien gelagert sind, zuweilen aber auch kurze, starre Ketten (besonders der Typ III) bilden. Im infizierten Organismus können sie starke Abweichungen von der Normalform zeigen und im Ausstrichpräparat oft nicht sicher von anderen Kokken unterschieden werden. Besonders starke Abweichungen von der Normalform, unter Umständen sogar Stäbchenformen, treten nicht selten in Punktaten auf, die erst einige Zeit nach der Entnahme untersucht werden (*Verquellung, Autolyse* usw.). Die Pneumokokken besitzen keine Geißeln und sind unbeweglich. Sie färben sich mit allen gebräuchlichen Farblösungen und sind grampositiv. Ein wichtiges differentialdiagnostisches Merkmal ist ihre Fähigkeit der *Kapselbildung* im Tierkörper. Der Nachweis der Kapsel erfolgt durch das Tuschepräparat oder durch die Kapselfärbung (siehe S. 34).

Kultur. Auf gewöhnlichem *Agar* findet nur sehr mäßiges oder gar kein Wachstum statt, dagegen gutes und charakteristisches auf der *Blutagarplatte,* auf der flache, in der Regel gedellte, glatte Kolonien (siehe S. 74) unter leicht grünlich-bräunlicher Verfärbung des Nährbodens (Methämoglobin) entstehen. Ebenso gutes Wachstum findet auf der *Levinthal-Platte* statt. In gewöhnlicher, autoklavierter *Bouillon* wachsen die Pneumokokken schlecht oder überhaupt nicht, gut dagegen in einer aus Rindfleischinfus unter Zusatz von 1% Pepton und 0,5% NaCl hergestellten, sorgfältig neutralisierten und nur durch Kochen sterilisierten Bouillon. Für die Praxis empfiehlt sich vor allem die *Serumbouillon.* Im Gegensatz zum gewöhnlichen Verhalten der Streptokokken wachsen die Pneumokokken hierin mit diffuser Trübung, in Diploform oder in kurzen Ketten, deren einzelne Glieder meist oval und oft mit den etwas zugespitzten Enden voneinander abgewandt sind.

Da in den Kulturen schon frühzeitig *Involutionserscheinungen* und *autolytische Prozesse* eintreten, die zum Absterben führen können, müssen sie mindestens täglich weitergeimpft werden. Für die längere Aufbewahrung von Stämmen in virulentem Zustand empfiehlt sich die *Exsiccatormethode* von F. NEUFELD: Organstückchen einer an Pneumokokkeninfektion eingegangenen Maus werden in einem sterilen Schälchen im Exsiccator aufbewahrt. Zur Wiedergewinnung der Kultur wird ein Organstückchen im Mörser mit etwas Bouillon verrieben, die Aufschwemmung einer

Maus i. p. eingespritzt und dann vom Herzblut der gestorbenen Maus auf eine Blutagarplatte abgeimpft.

Differentialdiagnostisch gegenüber Streptokokken kommen ferner folgende Merkmale in Betracht:

Die *Gallelöslichkeit* (F. NEUFELD), die zweckmäßig in folgender Weise geprüft wird:

1. Röhrchen: 0,5 cm³ Natr. taurochol. 1:10 in Bouillon.
2. Röhrchen: 0,5 cm³ Natr. taurochol. 1:20 in Bouillon.
3. Röhrchen: 0,5 cm³ Natr. taurochol. 1:40 in Bouillon.
4. Röhrchen: 0,5 cm³ Bouillon.

Zu jedem Röhrchen kommen 0,5 cm³ 24stündige Serumbouillonkultur. Nach Durchschütteln und 10 Minuten Aufenthalt bei Zimmertemperatur wird makroskopisch, evtl. auch mikroskopisch abgelesen. Bei positivem Ausfall tritt eine vollkommene Klärung der Flüssigkeit in den Röhrchen 1—3, mindestens 1—2, infolge Auflösung der Kokken ein, während das Röhrchen 4 getrübt bleibt. Da aber avirulente Pneumokokken meist galleunlöslich sind, spricht der negative Ausfall des Versuches nicht gegen das Vorliegen von Pneumokokken.

Die Optochinempfindlichkeit. Der Versuch wird als *Entwicklungshemmungsversuch* im Reagensglase derart angesetzt, daß zu einer Reihe von Serumbouillonröhrchen (2 cm³) mit Zusatz von fortlaufend fallenden Optochindosen je 1 Tropfen einer 24stündigen Serumbouillonkultur, 1:100 verdünnt, gegeben wird. Nach 24 stündiger Bebrütung wird makroskopisch die Wachstumsgrenze bestimmt. Virulente typische Pneumokokken werden bereits durch Optochinkonzentrationen von 1:500 000—1:1000 000 gehemmt, während Strept. meist durch Optochin 1:5000—1:10 000 nicht mehr gehemmt werden. Der negative Ausfall des Versuches spricht jedoch nicht gegen das Vorliegen von Pneumokokken, da avirulente Pneumokokken eine erhebliche Optochinfestigkeit zeigen können.

Die Inulinvergärung. Sie ist nicht absolut zuverlässig, doch vergären die meisten Pneumokokkenstämme im Gegensatz zum hämolytischen Strept. das Inulin. Nährboden: 100 cm³ inaktiviertes Rinderserum + 200 cm³ Aq. dest. + 18 cm³ Lackmustinktur + 3 g Inulin, im Dampftopf sterilisiert.

Der Tierversuch. Die i. p. Infektion der weißen Maus mit geringen Mengen pneumokokkenhaltigen Materials führt in der

Regel innerhalb von 24—72 Stunden zum Tode (Septicämie). Aus den inneren Organen und dem Herzblut lassen sich reichlich Pneumokokken mikroskopisch (Kapseln) und kulturell nachweisen. In Passagekulturen geht die Virulenz sehr rasch verloren und kann nur durch dauernde Tierpassagen gehalten werden.

Serologie, Typendiagnose. Auf Grund von Schutzversuchen mit spezifischen Pneumokokkensera (NEUFELD und HAENDEL) und in Übereinstimmung mit diesen Versuchen auch durch Agglutination und Präzipitation wurde festgestellt, daß die Pneumokokken in serologisch verschiedenen Typen vorkommen. So wird ein Pneumokokkenstamm von seinem homologen Typenserum spezifisch agglutiniert. Wir unterscheiden die Typen I, II und III — den Pn. mucosus — sowie eine Gruppe IV, die verschiedene serologische Typen, meist apathogener Natur, enthält und daher nur geringes praktisches Interesse beansprucht. Von besonderer Wichtigkeit ist der *Typus I*, weil er der bei Pneumonien am häufigsten vorkommende Typus ist.

Die *Typenspezifität* ist an bestimmte Substanzen der Pneumokokken, an *Kohlehydrate*, gebunden, die aber nur bei virulenten und unter günstigen Bedingungen gehaltenen Kulturen voll ausgebildet sind. So tritt *typenspezifische Agglutination* und *Präcipitation* nur ein, wenn das homologe Typenserum auf vollwertige, virulente Pneumokokken trifft. Degenerierte, avirulente Pneumokokken werden allerdings auch agglutiniert, aber nur feinkörnig und nicht nur von dem homologen, sondern übergreifend auch von den Sera anderer Typen. Diese *atypische*, nicht ganz richtig auch artspezifisch genannte *Agglutination* beruht auf dem Zusammentreffen einer allen Pneumokokken gemeinsamen Eiweißsubstanz mit den entsprechenden in allen Pneumokokkensera vorhandenen Agglutininen.

Da die *Typenbestimmung* in der Praxis nur in Hinsicht auf therapeutische Entscheidungen (Wahl des zu injizierenden Serums) Sinn hat und, falls sie überhaupt nützen soll, eilig zu geschehen hat, sind eine Reihe von *Schnellmethoden* ausgearbeitet worden.

Die Technik der Typenbestimmung. Eine einfache und in den meisten Fällen zum Ziele führende Methode der Typenbestimmung besteht darin, daß man eine Sputumflocke (oder anderes Material) einer Maus i. p. injiziert und bereits nach 6—8 Stunden (evtl. nach

24 Stunden) durch Punktion mittels Capillare Peritonealexsudat entnimmt. Bei gestorbenen oder getöteten Mäusen wird das Exsudat mit der Öse aus der Bauchhöhle entnommen. Enthält das Exsudat genügend viele Pneumokokken, so wird ein Tropfen auf einem Objektträger mit je 1 Tropfen unverdünnten Typ I- und Typ II-Serums verrieben, je 1 Öse verdünnten Krystallvioletts (1:10) dazu getan und unter einem Deckglas mikroskopiert. Bei Vorliegen des Typus I oder II tritt sofort in dem entsprechenden Serum eine deutliche Zusammenballung mit auffallender Quellung der Kapseln ein, während der zweite Tropfen als negative Kontrolle dient.

An Stelle der Bauchpunktion kann man auch an der toten Maus die Bauchhöhle mit 4—5 cm³ NaCl-Lösung ausspülen, aus dem Spülwasser zunächst durch schwaches Zentrifugieren die Zellen, dann durch starkes die Kokken herausschleudern, die nun als Sediment in NaCl-Lösung aufgeschwemmt und mit den gleichen Teilen der je nach dem Titer verdünnten Sera versetzt werden. Ablesung nach 1 Stunde 37°.

Der Typ III, der *Pn. mucosus*, ist infolge seiner Schleimbildung für den Agglutinationsversuch nicht geeignet. BLAKE empfiehlt für ihn folgende *Präcipitationsmethode*: Die Bauchhöhle der toten Maus wird mit etwa 5 cm³ NaCl-Lösung ausgespült. Das Waschwasser wird scharf zentrifugiert und der Abguß zu gleichen Teilen mit Typ III-Serum (1:5) und Typ I- und II-Serum (1:10) versetzt. Meist erfolgt im homologen Serum sofortige Präcipitation.

Von anderen Methoden der Typenbestimmung an Patientenmaterial sei noch erwähnt, daß AVERY eine Sputumflocke in einigen cm³ flüssigen Nährbodens während einiger Stunden bebrütet, dann zwecks Auflösung der Pn. Natr. taurochol. zusetzt und darauf die Präcipitationsprobe mit den Sera anstellt; ferner die Präcipitationsprobe nach AVERY und DOCHEZ an dem Urin des Patienten, mit dem die typenspezifische, präzipitable Substanz ausgeschieden wird.

Die Typenbestimmung von *Reinkulturen* erfolgt am besten mit Hilfe der Agglutination von Serumbouillonkulturen im Reagensglase.

Variabilität der Pneumokokken. Die große Neigung der Pneumokokken, bei der Züchtung auf künstlichem Nährboden zu degenerieren und dabei Formen anzunehmen, die mit dem Verlust charakteristischer Eigenschaften verbunden sind (Galle-, Optochin-empfindlichkeit, Virulenz, Typenspezifität), führt nicht selten zu erheblichen diagnostischen Schwierigkeiten. Diese Zustände sind zum Teil reversibler, zum Teil irreversibler Art. Die häufigste Form ist die sogenannte *Rauhform*, bei der die Kolonien, die typischerweise feucht und oberflächlich spiegelnd glatt sind, trocken erscheinen, eine rauhe, stumpfe Oberfläche haben und meist kleiner als sonst sind. Von diesem bereits mit Avirulenz und serologischer Atypie verbundenen Stadium gibt es zahlreiche Übergänge bis zu einem Habitus, der sich mit den derzeitigen Hilfsmitteln in keiner Weise von „*grünen*" *Streptokokken* unterscheiden läßt. Solche Umschläge können offenbar bereits während der ersten Herauszüchtung aus dem Untersuchungsmaterial, vielleicht auch bereits im Organismus eintreten. Jedenfalls ist es dem Praktiker nichts Ungewöhnliches, im Ausstrichpräparat z. B. von Liquor, typisch geformte Diplokokken mit Kapseln zu sehen und dann in der Kultur grüne Streptokokken vor sich zu haben und die mit dem Material gespritzte Maus am Leben bleiben zu sehen.

Pneumococcus mucosus. Er ist durch üppiges, feucht schleimiges Wachstum auf der Blutplatte, durch besonders kräftige Kapseln und durch seine in nativem Zustande häufig angetroffenen kurzen, starren Ketten ausgezeichnet. Er entspricht dem Typus III der Amerikaner und unterscheidet sich durch sein den übrigen Pneumokokkentypen entsprechendes Verhalten (Galle-Optochin-Empfindlichkeit, artspezifische Agglutination) vom Streptococcus mucosus, der ihm äußerlich ähnlich ist, etwa die gleiche Mäusevirulenz besitzt, jedoch meist eine stärkere Hämolyse auf der Blutplatte bewirkt. Näheres siehe bei Strept. muc. (S. 68).

Literatur.

NEUFELD u. SCHNITZER: K. Kr. U. 3. Aufl. 4, 913 (1928).

Sarcine.

Als Sarcine werden Kokken bezeichnet, deren Teilung nach 3 Richtungen des Raumes hin erfolgt und die daher in *Paketform* wachsen. Sie sind im allgemeinen größer als Staphylokokken, von denen sie sich vor allem durch ihre charakteristische Lagerung in geordneten Paketen zu 4, 8 usw. unterscheiden. Viele Sarcine sind Farbstoffbildner. Sie wachsen auf den üblichen Nährböden und färben sich mit den gebräuchlichen Farblösungen; grampositiv. Mit Ausnahme des Micrococcus tetragenus spielen sie in der Pathologie keine Rolle.

Micrococcus tetragenus (Sarcina tetragena). Der Micrococcus tetragenus kommt als *Erreger* bei *Eiterungen, Sepsis, Meningitis, Pneumonie* sowie als Mischinfizient vor. Die meist zu vier liegenden runden Kokken sind von einer Kapsel umgeben. Grampositiv. Sie wachsen auf den üblichen Nährböden schleimig, in weißen, gewölbten, runden Kolonien. *Bouillon* wird diffus getrübt und klärt sich dann unter Bildung eines schleimigen Bodensatzes. Die verschiedenen Zuckerarten werden ohne Gasbildung schwach oder gar nicht gesäuert. Gelatine wird nicht verflüssigt, Indol wird nicht gebildet, Hämolyse fehlt.

Der Micrococcus tetragenus ist pathogen für die weiße *Maus*, die er in 1—7 Tagen tötet; ebenso für *Meerschweinchen*, die er in der Regel innerhalb 8—14 Tagen tötet. Im Blutausstrich findet man zahlreiche, gekapselte Kokkengruppen.

Diplococcus intracellularis meningitidis; epidemische Genickstarre.

Der wichtigste Ansiedlungsort des Meningococcus ist die Schleimhaut des Nasenrachenraumes, auf der er völlig oder nahezu symptomlos vegetieren kann, unter Umständen aber auch Schnupfen mit mehr oder weniger profuser, mitunter leicht eitriger Sekretion oder Angina hervorruft. Bei einem Teil der Infektionen kommt es zu Allgemeininfektionen, deren wichtigste Manifestation die übertragbare Genickstarre ist. Übertragen wird in eigentlichem Sinne nicht die Genickstarre, sondern die nasopharyngeale Infektion.

Bei Meningitis finden sich die Meningokokken in dem durch Leukocyten fast stets getrübten Liquor in sehr wechselnder Anzahl; bisweilen in gewaltigen, an eine Reinkultur erinnernden Mengen, oft aber auch so spärlich, daß sie erst durch die Kultur nachgewiesen werden. In typischen Fällen findet man einen Teil der Meningokokken innerhalb von Leukocyten, es besteht ausgesprochene Phagocytose; andererseits können aber auch fast alle Kokken frei zwischen den Zellen liegen. Eine prognostische Bedeutung kommt diesem verschiedenen Verhalten nicht zu.

Beim Kranken werden die Meningokokken im Nasenrachenraum selten vermißt. Bei einem Teil der Genesenen lassen sie sich hier noch längere Zeit nachweisen (Dauerausscheider). Bei Gesunden, die in keiner Beziehung zu Meningitisfällen stehen, fehlt der Meningococcus im Nasenrachenraum oder wird nur selten angetroffen. Dagegen ist der Prozentsatz an positiven Befunden bei Gesunden in der Umgebung von Meningitiskranken relativ hoch.

Die Allgemeininfektion kann sich auf den Blutkreislauf allein beschränken (Meningokokkensepsis). Von anderen Manifestationen seien Epididymitis und Otitis erwähnt.

Auf dem Boden der Meningokokkeninfektion kommt es nicht selten zu Sekundärinfektionen mit anderen Eitererregern, die zum Teil im Liquor zusammen mit den primären auftreten, sie aber auch gänzlich verdrängen und dann eine Meningitis anderer Herkunft vortäuschen können.

Morphologie. Unbeweglicher, geißelloser Coccus, der in der Regel als Diplococcus auftritt. Der Umriß des einzeln liegenden Coccus ist rund bis schwach elliptisch; die beiden Kokken eines Diplococcus sind dagegen, ähnlich wie beim Gonococcus, an ihren zugewandten Flächen abgeflacht und liegen, durch eine gerade Linie voneinander getrennt, eng zusammen. Häufig kommen Tetraden vor, von 2 Paaren von Diplokokken gebildet, die aber je von verschiedener Größe sein können. Gelegentlich trifft man auch Triaden an. Ketten werden nie gebildet.

Die Kokken einer Kultur oder im Ausstrich vom Lumbalpunktat sind meist ungleich groß. Zusammen mit der Anordnung in Diplokokken, Tetraden usw. resultiert hieraus ein charakteristisches Bild, das noch dadurch bunter wird, daß die Kokken sich meist verschieden intensiv färben: unter einer Mehrzahl von ungefähr gleich stark gefärbten Individuen fallen einzelne auf, die die Farbe besonders stark aufgenommen haben, und andererseits solche, die nur ganz blaß gefärbt sind. In Ausstrichen vom Liquor nicht selten Anzeichen von Zerfall.

Färbung. 1:10—1:20 verdünnte Fuchsinlösung. Gramnegativ. Bei Ausstrichpräparaten vom Liquor darf die Fuchsinlösung nur ganz kurz einwirken, da sonst das Plasma der Leukocyten intensiv rot wird, und phagocytierte Meningokokken zu wenig hervortreten.

Kultur. Die Meningokokken sind gegen Milieuveränderungen sehr empfindlich und gehen bei verzögerter Verarbeitung des Materials leicht zugrunde. Charakteristisch ist auch ein unvermitteltes Abreißen von Kulturen. Laboratoriumskulturen sind jeden zweiten Tag weiterzuimpfen.

Auf der gewöhnlichen Agarplatte tritt bei frisch gezüchteten Stämmen meist kein Wachstum ein; ältere lassen sich bisweilen an dieses Medium gewöhnen. Auf Ascites- und Levinthal-Agar runde, schwach gebuckelte, oberflächlich glatte, klar oder stumpf spiegelnde, am Rande glatte oder höchstens schwach gewellte, grau bis schwach gelblich schimmernde Kolonien von 1—3 mm Durchmesser. Auf Blutagar sehen die Kolonien etwa wie aufgespritzte, kleine Tröpfchen von verdünnter Milch aus oder sind farblos. Wo die Kolonien dicht stehen, tritt bei manchen Stämmen schwache Hämolyse mit leicht bräunlicher Tönung des Untergrundes ein.

Auf Levinthal-Agar, besser Ascitesagar mit Zuckerzusatz (S. 27—28; vgl. Tabelle S. 82), bilden die Meningokokken in der Regel aus Dextrose und Maltose Säure, aus Lävulose dagegen nicht.

Von flüssigen Nährböden tritt in Bouillon kein oder nur kümmerliches, in Serum- oder Ascitesbouillon gutes bis üppiges Wachstum ein, meist mit Bildung eines zarten Oberflächenhäutchens.

Agglutination. Durch i. v. Behandlung von Kaninchen, Pferden usw. mit Meningokokken lassen sich spezifische Sera herstellen, die die homologen Stämme nach dem körnigen Typus mit sekundärer Zusammenballung der Granula verkleben. Bei der diagnostischen Verwendung solcher Sera werden Verdünnungen von 1:10 bis je nach dem Titer 1:320—640 angesetzt und gleiche Volumina einer nicht zu dünnen Aufschwemmung des Stammes zugesetzt. Bei der Verreibung ist die Kulturmasse oft von eigenartig zäh-filziger Konsistenz, gibt aber eine homogene Aufschwemmung ab. Ablesung nach 2 Stunden 56° (Wasserbad) und nach weiteren 22 Stunden im 37°-Schrank. Außer der NaCl-Kontrolle ist noch eine Reihe mit normalem Serum anzusetzen, das die Aufschwemmung unbeeinflußt lassen muß.

Bei kreuzweiser Agglutination und Absättigung von monovalenten Sera erweisen sich die Meningokokken als serologisch zum Teil verschieden; sie lassen sich in Typen einteilen, zwischen denen teils nähere, teils entferntere Beziehungen bestehen. Bei der Diagnose unbekannter Stämme sind daher mehrere monovalente oder zweckmäßiger ein polyvalentes Serum zu verwenden.

Da aber mit dem Vorkommen von Typen, die im Serum nicht berücksichtigt sind, zu rechnen ist, schließt der negative Ausfall der Agglutination auch beim polyvalenten Serum die Diagnose Meningokokken nicht aus. Wegen der serologischen Verwandtschaft, die zwischen manchen Meningokokken und den Gonokokken besteht, kommt die Agglutination für die Differentialdiagnose zwischen beiden Arten nicht ohne weiteres in Betracht. Die sonst differentialdiagnostisch in Frage kommenden Diplokokken (mucosus, crassus u. a.) werden von Meningokokkensera nicht oder nur schwach und atypisch (z. B. in filzigen Schlieren) agglutiniert.

Widal. Beim Erkrankten treten spezifische Agglutinine sehr unregelmäßig oder überhaupt nicht auf, können auch während der Krankheit wieder verschwinden. Der Widal hat daher für die Praxis nur bescheidenen Wert. Wo er deutlich positiv ausfällt, ist er von diagnostischer Bedeutung; ein negativer Ausfall besagt dagegen wenig. Der Widal ist mit mehreren Stämmen, zweckmäßig mit Vertretern der verschiedenen serologischen Typen anzusetzen, evtl. mit dem Epidemiestamm.

Gang der Untersuchung: a) Lumbalpunktat. Gleichgültig, ob es sich um Untersuchung auf Meningokokken oder auf andere Bakterien handelt, verfährt man folgendermaßen: Feststellung des Trübungsgrades und der Färbung; Zentrifugieren; Abgießen der klaren Flüssigkeit in steriles Gläschen; Herstellen von 3 Ausstrichpräparaten vom Bodensatz; Färbung mit verdünnter Fuchsinlösung, nach GRAM und nach ZIEHL-NEELSEN; mikroskopische Untersuchung; Beimpfung von einer gewöhnlichen Agar-, einer Levinthal- und einer Blutagar-Platte mit dem Bodensatz; Zurückgießen der klaren Flüssigkeit zum Satz; Bebrütung des letzten und der Platten; Kulturdiagnose. Falls die Platten nach 24 Stunden ohne Wachstum sind oder nur banale Keime (Verunreinigung) aufweisen, Ausimpfung vom bebrüteten Liquor auf weitere 3 Platten wie oben; bei Verdacht auf Tuberkulose evtl. Meerschweinchen impfen oder Kultur auf Tb. anlegen; bei Verdacht auf Pneumokokken eine Maus i. p. impfen.

Auf Grund des Ausstrichpräparates vom Sediment ist in vielen Fällen eine Wahrscheinlichkeitsdiagnose möglich. Wenn gramnegative, typisch semmelförmige Diplokokken und Tetraden, zum Teil von den Leukocyten phagocytiert, vorliegen, ist die Gefahr einer Fehldiagnose gering. Sind keine intracellulären Kokken zu zu finden, ist Vorsicht bei der Beurteilung angezeigt und die Kultur abzuwarten, bei der durch Benutzung vorgewärmter Platten einige Stunden gewonnen werden.

Bei der Kulturdiagnose sind Aussehen der Kolonien, Ausbleiben des Wachstums auf der Agarplatte, mikroskopisches Präparat und Agglutination durch spezifisches Serum ausschlaggebend (vgl. jedoch unter Agglutination). Differentialdiagnostisch kommen außer Gonokokken die sogenannten Pseudomeningokokken in Betracht (s. unten).

b) Blutuntersuchung. Einige Kubikzentimeter Venenblut, bei älteren Blutproben der Blutkuchen, kommen in einen Kolben mit 50 cm³ Serum- oder Ascitesbouillon, von dem nach 1-, 2- und 3tägiger Bebrütung auf Platten ausgeimpft wird.

c) Punktionseiter, Hirnhäute und Gehirn. Ausstrichpräparate, Kultur wie unter a.

d) Rachenabstriche. Entnahme vermittels einer am Ende mit einem Wattebausch versehenen Drahtsonde, die so gekrümmt ist, daß man hinter dem Gaumensegel abstreichen kann. Da im Rachen mehrere Arten ähnlicher Diplokokken (Pseudomeningokokken) vorkommen, ist unbedingt der kulturelle Nachweis, daß es sich um Meningokokken handelt, zu fordern. Ferner ist die spezifische Agglutination durch Meningokokkenserum und das Verhalten auf den Zuckerplatten zu prüfen.

Literatur.

v. Lingelsheim: Klin. Jb. **15**, 373 (1906).

Pseudomeningokokken. In dieser Gruppe wird eine Anzahl von gramnegativen bis gramlabilen Kokken und Diplokokken vereinigt, die bei der Untersuchung von Liquor oder Rachenmaterial angetroffen werden und wegen ihrer Ähnlichkeit mit den Meningokokken gelegentlich Schwierigkeiten bereiten können. Bei den meisten von ihnen handelt es sich um Saprophyten der oberen Luftwege; einige sind aber zweifellos imstande, bei Hinzutreten begünstigender Momente (Kopftrauma, andere Infektionen) Einzelfälle von Meningitis hervorzurufen oder sich bei schon bestehender Meningitis als Sekundärinfektion auf den Hirnhäuten und im Liquor anzusiedeln. Zu den Pseudomeningokokken der letzten Art gehört der

Diplococcus crassus. Tritt als Einzelcoccus, Diplococcus und in Tetraden auf, die in der Regel größer und plumper als beim

Meningococcus sind, ihm jedoch infolge der sehr verschiedenen Größe der Individuen recht ähnlich sehen können. Ältere Kulturen erinnern im Ausstrich allerdings oft an Staphylokokken. Gram-Färbung: Bei Einhaltung der vorgeschriebenen Entfärbungszeit ist ein Teil der Kokken deutlich grampositiv, ein anderer gramnegativ, ein dritter gramlabil. Infolge dieses Verhaltens können die Kokken bei nicht ganz exakter Färbung gleichmäßig grampositiv oder umgekehrt sämtlich gramnegativ erscheinen und im letzten Falle Meningokokken vortäuschen. Auf gewöhnlichem Agar wächst der Diplococcus crassus zunächst kümmerlich, gewöhnt sich aber bald an diesen Nährboden.

Auf Ascites- und Levinthal-Agar sind die Kolonien kleiner, kompakter, nicht so üppig wie beim Meningococcus, in der Aufsicht weißgrau, in durchfallendem Lichte leicht bräunlich getrübt und meist deutlich körnig. Betreffend das Verhalten auf den Zuckerplatten siehe die Tabelle auf S. 82. Wird von Meningokokkensera nicht agglutiniert, doch tritt leicht Spontanagglutination ein, weshalb stets eine Kontrollreihe in normalem, besser in anderem spezifischen (z. B. Typhus-) Serum anzusetzen ist.

Literatur.

v. Lingelsheim: Klin. Jb. **15**, 373 (1906).

Diplococcus mucosus. Saprophyt der Rachenschleimhaut, von mehreren Autoren bei eitriger Meningitis und bei Meningismus mit klarem Liquor im Liquor festgestellt und als Erreger angesprochen.

Gramnegative Kokken, die überwiegend als Diplokokken, daneben vereinzelt in Tetraden und in kurzen Ketten auftreten. Größe sehr variabel. Ein Teil der Kokken nimmt etwas längliche, ovale Form an, und der Trennungsspalt der Diplokokken ist nicht immer gut ausgeprägt. Hierdurch kann stäbchenförmiges Aussehen zustande kommen, das manchmal stark in den Vordergrund tritt. Zum Teil von einem hellen, kapselartigen Hof umgeben. Im Liquor, in dem auch intracelluläre Lagerung beobachtet wurde, bis auf einzelne, etwas gestreckte Formen in Form und Größe meist nicht von Meningokokken zu unterscheiden.

Auf gewöhnlichem Agar gutes Wachstum: rundliche, etwas schleimige, leicht verstreichbare, ziemlich flache, grauweiße Kolonien. Bouillon wird diffus getrübt mit geringem Bodensatz, ohne Oberflächenhäutchen. Zuckerplatten vgl. Tabelle auf S. 82. In

NaCl glatt verreibbar. Keine Agglutination in Meningokokken-serum.

Literatur.

FRENZEL: Zbl. Bakter. **83**, 509 (1919).

Micrococcus catarrhalis. Gewöhnlicher Saprophyt der normalen Schleimhäute der oberen Luftwege, bei Katarrhen verschiedener Herkunft meist vermehrt, zum Teil wohl auch selbst fieberhafte Bronchitis und eitrigen Schnupfen hervorrufend; oft in ausgesprochener Phagocytose angetroffen (gonokokkenähnliche Bilder im Sekretausstrich); ferner als Erreger eitriger Meningitis und septischer Allgemeininfektionen beschrieben. Gramnegativ, etwas größer als Meningokokken, von meist gleichmäßiger Größe, zum Teil in Diplokokken, selten in Tetraden angeordnet. Wenn die letzten vorliegen (erste Kulturgeneration) und die Kokken verschieden groß sind, besteht Ähnlichkeit mit Meningokokken.

Gutes Wachstum auf gewöhnlichem Agar auch bei Zimmertemperatur (20°). Auf Agar, Ascites- und Levinthal-Agar in der Aufsicht weiße, in der Durchsicht braungekörnte, kompakte Kolonien mit trockener, etwas unebener Oberfläche. Bei der Abnahme zeigen die Kolonien ein festes, zähes Gefüge, weichen der Öse gern als Ganzes aus oder zerbröckeln. Auf den Zuckerplatten keine Säurebildung aus Dextrose, Maltose und Lävulose (Tabelle auf S. 82).

Keine spezifische Agglutination durch Meningokokkenserum, aber ausgesprochene Neigung zur Spontanagglutination.

Diplococcus pharyngis siccus. Feine, gramnegative Diplokokken, deren stark gerunzelte Kolonien sich durch große Trockenheit, festes Gefüge und Unverreibbarkeit in NaCl auszeichnen. Auf den 3 Zuckerplatten Säurebildung (Tabelle auf S. 82).

Micrococcus pharyngis cinereus. Plumpe, gramnegative, als Diplokokken, häufiger in lockeren Häufchen angeordnete Kokken, kulturell dem M. catarrhalis ähnlich, auf den Zuckerplatten ebenfalls keine Säure bildend, aber kümmerlicher und in grauen bis grauweißen Kolonien wachsend.

Von v. LINGELSHEIM im Liquor bei Meningitis angetroffen (Sekundärinfektion).

Micrococcus pharyngis flavus. In dieser Gruppe werden verschiedene, gramnegative Diplokokken der Rachenschleimhaut vereinigt, die sich durch gelbliche bis grüngelbliche Färbung ihrer Kolonien auszeichnen.

Die Feststellung der Farbstoffbildung geschieht am besten auf der Löfflerschen Serumplatte. v. Lingelsheim unterscheidet nach dem morphologischen und kulturellen Verhalten 3 Arten: flavus 1—3. Einige flavus-Arten sind bei Meningitis neben echten Meningokokken im Liquor, ferner auch im Blute bei Endokarditis lenta nachgewiesen worden.

Über einen weiteren, meningokokkenähnlichen Erreger bei einem Falle von Meningitis berichtet Reuss. Die Kokken verhielten sich gramlabil, meist grampositiv und wuchsen auf gewöhnlichem Agar gut, unterschieden sich aber vom Diploc. crassus durch fehlende Säurebildung auf den Zuckerplatten.

Auch uns sind gelegentlich gramnegative Kokken im Liquor begegnet, die sich nicht mit einer der beschriebenen Arten identifizieren ließen. In allen Fällen, in denen meningokokkenähnliche Kokken im Liquor festgestellt werden, muß man sich die Frage vorlegen, ob es sich nicht lediglich um eine nachträgliche Verunreinigung der Liquorprobe durch Saprophyten handeln kann.

Literatur.

Reuss: Zbl. Bakter. 87, 532 (1922).

Säurebildung auf den Zuckerplatten
nach v. Lingelsheim.

	Maltose	Dextrose	Lävulose
Meningococcus	(+)	+	—
D. crassus	+	+	+
D. mucosus	?	?	?
M. catarrhalis	—	—	—
D. phar. siccus	+	+	+
M. phar. cinereus ...	—	—	—
Gonococcus	—	+	—

Micrococcus gonorrhoeae; Gonorrhöe.

Der Gonococcus ist in erster Linie ein Schleimhautparasit, der auf und in dem Epithel wuchert und katarrhalische Entzündung mit reichlicher Auswanderung polynucleärer Leukocyten während des akuten Stadiums hervorruft, gelegentlich in die oberflächlichen, selten in die tieferen Lagen des submucösen

Bindegewebes vordringt, aber auch auf dem Wege über die Lymphbahnen in den Blutkreislauf gelangen und nach Art der *pyämi-
schen Infektion* zu metastatischen Prozessen führen kann (Endokarditis, Arthritis usw.).

Die akute Gonorrhöe geht nicht selten in eine mit Exacerbatio-
nen oder auch mehr oder weniger symptomlos verlaufende *chronische Infektion* über. Bei dieser sind die Gonokokken vielfach
auf kleine Herdchen beschränkt, die in Ausbuchtungen der
Schleimhäute oder in Drüsengängen ihren Sitz haben.

Die *kindlichen Schleimhäute* sind besonders empfänglich. In
Kinderheimen usw. kommt es daher gelegentlich zu epidemischem
Auftreten von Go.-Vulvovaginitis.

Bösartig und sofortige therapeutische Maßnahmen erfordernd
sind die besonders bei Säuglingen und Kleinkindern vorkommenden
Gonokokken-Blennorrhöen des Auges.

Morphologie. Der Gonococcus ist ein unbeweglicher, geißelloser Coccus, der fast stets als *Diplococcus* auftritt: zwei im Profil
plump-nierenförmig erscheinende, tatsächlich aber Stücken einer
dicken Kugelschale entsprechende Kokken legen sich mit den
konkaven Seiten zu einem Diplococcus zusammen. Dieser erscheint bald als ein einheitliches Gebilde, das von einem feinen
Spalt nach Art einer Semmel oder Kaffeebohne halbiert wird,
bald mehr als ein Paar eng zusammenliegender Einzelkokken.
Der Umriß ist im ersten Falle kreis-kaffeebohnenförmig, im
letzten etwas in der Quere zu einem Oval ausgezogen. Die
Maße betragen bei der Kaffeebohnenform etwa $1,6 \times 0,8\,\mu$, bei
ganz jungen Diplokokken mit eben sichtbarem Spalt etwa 0,8
$\times 0,6\,\mu$.

Im ganzen machen die Gonokokken im Sekretausstrich und
in jungen Kulturen einen ziemlich monomorphen Eindruck. In
älteren Kulturen treten im Zentrum der Kolonien Degenerationserscheinungen auf: stark gequollene, schlecht färbbare Formen,
später auch ganz kleine „*Mikrogonokokken*", während die Rand-
partien der Kolonien noch normale Diplokokken aufweisen.

In *Sekretausstrichen* bei akuter Gonorrhöe ist die *intracelluläre
Lagerung* der Diplokokken in den Leukocyten, die nicht selten
fast ganz mit ihnen angefüllt erscheinen, besonders charakteristisch. Bei ganz frischen Fällen liegen die Gonokokken größtenteils außerhalb der noch spärlichen Leukocyten; sie liegen einzeln

oder in Gruppen frei im Sekret oder in pflasterähnlichen Verbänden auf Epithelzellen. Auf dem Höhepunkt des Eiterflusses sind die kokkenhaltigen Leukocyten bisweilen schwerer auffindbar. Während der Ausheilung und bei der chronischen Gonorrhöe tritt die Phagocytose mehr in den Hintergrund, und die schleimig-eitrigen Sekrete und Urinfilamente weisen meist nur freie Diplokokken, einzeln oder in kleinen Gruppen, auf.

Färbung. Gute Färbbarkeit mit den gebräuchlichen Farblösungen; charakteristischer tiefblauer Farbton mit Löfflers Methylenblau. Gramnegativ. Die Behauptung, der Gonococcus könne auch in grampositiver Form auftreten, ist unbewiesen.

Kultur. Sie gelingt auf geeigneten Nährböden leicht. Optimale Temperatur 35—36°; bei Zimmertemperatur kein Wachstum. Reaktion am besten p_H 7,3—7,6. Auf der gewöhnlichen *Agarplatte* findet kein Wachstum statt, allenfalls noch in der ersten Kultur, wenn reichlich Eiter mit ausgestrichen wurde. Auf *Levinthal-Agar* gutes Wachstum in durchscheinenden bis klaren, leicht gelblich getönten, flachgewölbten, bisweilen auch mit knopfartiger Erhebung des Zentrums versehenen, am Rande fast stets fein gezackten, zunächst kleinen, nach 2—3 Tagen bis zu 2 bis 3 mm großen Kolonien, die, feucht bis etwas schleimig, bei dichter Aussaat konfluieren. Üppiger ist das Wachstum auf der *Blutagarplatte* (J. Koch, 5% Pferdeblut) und vor allem auf der *Blutwasseragarplatte* (Casper). Hier haben die Kolonien ein blaßbläuliches, glasiges Aussehen mit blauweißlichem, dichterem Zentrum.

Agglutination. Der praktischen Verwendung agglutinierender Sera steht die Schwierigkeit entgegen, daß manche Gonokokken bereits von normalem Serum agglutiniert werden. Ferner reagieren auch manche Meningokokkenstämme mit ihnen. Die Gonokokken sind in serologischer Hinsicht nicht alle identisch, gehören *verschiedenen Typen* an, von denen einer bei weitem am häufigsten (etwa 70%) vorkommt.

Widal. Spezifische Agglutinine treten selten, am ehesten bei längere Zeit bestehenden eitrigen Prozessen und auch nur in geringer Menge auf. Für die Praxis ist der Widal daher ohne Bedeutung.

Komplementbindungsreaktion. Die von A. Cohn ausgebaute Komplementbindungsreaktion zum Nachweis spezifischer Amboceptoren entspricht der Wassermannschen Reaktion bei der Lues.

Als Antigen dient abgetötete Kultur. 48—72stündige Reinkulturen auf Levinthal-Agar werden in NaCl-Lösung abgeschwemmt (je Platte 15 cm) und die Suspensionen nach Zusatz
von 5% Phenol in braunen Flaschen gesammelt, in denen man
sie im Eisschrank 2—3 Monate reifen läßt. Wegen der serologischen Verschiedenheit der Typen werden 10—12 Stämme zu
einem Antigen vereinigt. Ferner verwendet man zweckmäßig
jedesmal mehrere Antigene.

Die Hämolyse tritt weit schneller als bei der Wassermannschen
Reaktion ein. Man muß daher achtgeben, daß man den Zeitpunkt abfaßt, in dem schwache Hemmungen vorübergehend in
Erscheinung treten, und in dem Moment ablesen, in dem die
doppelten Serummengen und die negativen Serumkontrollen
lösen, was je nach der Güte des Komplements nach 20—60 Minuten
erfolgen kann.

Ein negativer Ausfall der Komplementbindungsreaktion, der
insbesondere auch bei frischer, unkomplizierter Gonorrhöe vorkommen kann, besagt nichts. Der positive Ausfall spricht dagegen mit hoher Wahrscheinlichkeit (nach A. COHN 5—7% unspezifische Hemmungen) für Gonokokkeninfektion. Im allgemeinen ist das Resultat um so eher positiv, je intensiver die
Infektion ist (siehe auch bei HODER).

Gang der Untersuchung. Das für die mikroskopische Untersuchung bestimmte Material wird sogleich nach Entnahme auf
Objektträger ausgestrichen. Die Ausstriche werden nach Hitzefixation zuerst mit LÖFFLERS Methylenblau gefärbt. Falls sich
typische oder verdächtige Befunde ergeben, folgt Umfärbung
nach GRAM, die in keinem Falle unterbleiben sollte. Wo mehrere
Präparate zur Verfügung stehen, färbt man sie teils sogleich nach
GRAM.

Allgemein mache man es sich zur Regel, statt eines summa-
rischen Urteils eine kurze Schilderung des Befundes abzugeben;
z. B. „Gonokokken negativ; zahlreiche Epithelzellen, wenige
Leukocyten; reichliche, gemischte Bakterienflora.‘‘

In besonderen Fällen wird zur Erhärtung der Diagnose zweckmäßig das *Kulturverfahren* hinzugezogen. Die Gonokokken sind
sehr hinfällig, und eine Versendung des Materials kann den Erfolg
des Kulturversuches in Frage stellen. Am besten verwendet man
Platten, die noch frisch und feucht sein sollen. Die Diagnose

erfolgt nach 24—48 Stunden 37° auf Grund des Aussehens der Kolonien und des mikroskopischen Präparates. Betreffs der Differentialdiagnose gegenüber Meningokokken und Micr. catarrhalis vgl. die betreffenden Kapitel. Auf Levinthal-Agar mit 1% Zucker bilden die Gonokokken im Gegensatz zu den Meningokokken, die sowohl Dextrose als auch Maltose zerlegen, nur aus Dextrose Säure.

Bei Verdacht auf chronische oder latente Gonorrhöe und bei zweifelhaften Befunden ist ferner die Komplementbindungsreaktion hinzuzuziehen. Sie wird zweckmäßig einem Spezialisten überlassen.

b) Allgemeininfektion, Abscesse usw. Eiter, Punktate werden mikroskopisch und kulturell untersucht. Für die Kultur aus dem Blut werden 1—2 cm³ Venenblut unmittelbar in 37° warme Ascitesbouillon gebracht. Ausimpfung nach 24—72 Stunden 37°. Entnahme möglichst während eines Schüttelfrostes.

c) Blennorrhöe. Entnahme von der Innenseite und dem inneren Winkel des herabgezogenen unteren Lides. Für die Praxis genügt im allgemeinen zunächst die mikroskopische Untersuchung. Wegen der Möglichkeit einer Verwechslung mit Micr. catarrhalis ist Vorsicht bei der Beurteilung angezeigt und nach Möglichkeit die Kultur hinzuzuziehen.

Literatur.

Koch, J., u. A. Cohn: K. Kr. U. 3. Aufl. 4, 667 (1928). — Casper: Klin. Wschr. 8, 1576 (1929). — Cohn, A.: Dermat. Wschr. 89, 1370 (1929) Dermat. Z. 55, 115 (1929). — Hoder: Münch. med. Wschr. 77, 1093 (1930).

Vibrio cholerae; Cholera asiatica.

Die asiatische Cholera, bei der im Vordergrund der klinischen Erscheinungen profuse „reiswasserartige" Durchfälle, Erbrechen und Wadenkrämpfe stehen, ist in Deutschland seit längerer Zeit nicht mehr aufgetreten. Die soeben erwähnten Symptome können auch aus anderen Ursachen, z. B. bei schweren, akuten Nahrungsmittelvergiftungen (Paratyphus usw.) auftreten. So wird gelegentlich der Verdacht auf Cholera ausgesprochen, und dadurch die in diesem Falle gesetzlich vorgeschriebene Untersuchung auf Cholera veranlaßt. Es empfiehlt sich aber, stets bei Verdacht auf Cholera gleichzeitig auch Drigalski-Platten und den kombinierten Anreicherungsnährboden (siehe S. 21—22) zu beimpfen, um die evtl. vorhandenen Keime der Typhus-Paratyphus-Ruhr-Gruppe sogleich mitzuerfassen.

Entnahme und Versand choleraverdächtigen Materials.

Vom *Lebenden* sind 10—20 cm³ der Ausleerungen (Stuhl und Erbrochenes), von der *Leiche* eine etwa 10 cm lange Darmschlinge aus dem untersten Teil des Dünndarmes unmittelbar vor der Ileocöcalklappe zu entnehmen. Das Material ist in der für infektiöse Proben notwendigen Weise besonders sorgfältig zu verpacken und mit einem Schein zu versehen, der die einzelnen Bestandteile der Sendung, Name, Geschlecht, Alter des Kranken oder Verstorbenen, Ort der Erkrankung, Heimats- oder Herkunftsort bei den von auswärts zugereisten Personen, Krankheitsform, Tag und Stunde der Erkrankung evtl. des Todes, Zeitpunkt der Materialentnahme, Name und Wohnort des Arztes, welcher das Ergebnis der Untersuchung mitgeteilt erhalten soll, enthalten muß. Die Sendung, die die Aufschrift: „Vorsicht! Menschliche Untersuchungsstoffe!" tragen soll, ist als „Dringendes Paket" aufzugeben und der Untersuchungsstelle telegraphisch anzuzeigen.

Morphologie. Frisch isolierte Choleravibrionen erscheinen im gefärbten Präparat in der Regel als kleine, schwach gekrümmte, kommaförmige Gebilde. Ihre Länge beträgt im Mittel etwa 1,5 μ. Bereits bei frisch isolierten Stämmen kommen in Größe, Form und Krümmung nicht selten erhebliche Abweichungen von der typischen Grundform vor (KOLLE). In noch höherem Grade gilt das von Kulturen, die einige Tage alt geworden sind. Hier treten häufig schraubenförmig gekrümmte bis gerade, robuste Scheinfäden und schließlich als Ausdruck der eingetretenen Involution dickere, gerade Stäbchen und Fäden, geblähte ei- bis kugelförmige Gebilde usw. auf. Längere Zeit im Laboratorium fortgezüchtete Kulturen lassen die typische Kommaform häufig ganz vermissen und bestehen aus geraden Stäbchen mit Neigung zur Bildung von Scheinfäden. Ein wesentliches Unterscheidungsmerkmal gegenüber manchen, sonst ähnlichen Vibrionen ist die eine endständige Geißel, mit der sie sich sehr schnell fortbewegen können. Die Beweglichkeit von Reinkulturen im hängenden Tropfen ähnelt der eines tanzenden Mückenschwarmes, wobei sich die einzelnen Individuen so schnell bewegen, daß man ihre Bahn mit dem Auge kaum verfolgen kann. Ältere Kulturen können ihre Beweglichkeit ganz oder teilweise einbüßen. Die Choleravibrionen bilden keine Sporen und keine Kapseln.

Färbung. Sie färben sich gut mit den üblichen Farblösungen, z. B. mit verdünntem Carbolfuchsin, und sind gramnegativ.

Kultur. Die Choleravibrionen gedeihen auf allen gebräuchlichen Nährböden, besonders bei deutlich alkalischer Reaktion (p_H 7,6). Sie vertragen eine stärkere Alkalität als die Mehrzahl der Darmbakterien, so daß man für Cholerauntersuchungen mit Vorteil den stark alkalischen Blutagar von DIEUDONNÉ oder PILON verwendet. Auf festen Nährböden werden in der Regel stark *lichtbrechende Kolonien* gebildet, eine Eigenschaft, die jedoch auch anderen Vibrionen zukommt.

Auf *Gelatine* treten binnen 24 Stunden (22°) kleinste, *glänzende Pünktchen* auf. Unter dem Mikroskop sind sie von einem zackigen Rand umgeben, und ihre Oberfläche erscheint wie mit Glassplitterchen bestreut (R. KOCH). Während des zweiten Tages werden die Kolonien größer, bekommen meist einen leicht gelblichen Farbton, wobei die Verflüssigung der Gelatine, infolge deren die Kolonie allmählich einsinkt, deutlich wird. Bei Fortzüchtung treten in wechselndem Grade, bei älteren Kulturen unter Umständen vorwiegend, neben dem beschriebenen Kolonietypus mehr *bräunliche, trübe Kolonien* auf (KOLLE und GOTTSCHLICH). Im *Gelatinestich* entsteht ein nach unten spitz endigender Trichter, in dem sich unten gelbliche Knäuel mit darüberstehender verflüssigter Gelatine anhäufen. Ältere Kulturen lassen das Verflüssigungsvermögen nicht selten fast ganz vermissen.

Auf *Agar* werden transparente, blaßgraue, in auffallendem Lichte bläulich irisierende Kolonien gebildet. Neben diesem Typus treten auch hier trübere, leicht gelblich getönte Kolonien auf.

Bouillon wird unter Bildung eines oberflächlichen Häutchens getrübt. Besonders gut eignet sich jedoch das *Peptonwasser* zur Züchtung und Anreicherung der Choleravibrionen. Zur Prüfung auf Beweglichkeit ist ein Tropfen von der Oberfläche zu entnehmen. Aus *Dextrose* wird Säure gebildet. Die sogenannte *Cholerarotreaktion* (Auftreten von violettroter Färbung bei Zusatz von Salzsäure oder Schwefelsäure zur Bouillon- oder Peptonkultur) ist nicht für Cholera spezifisch.

Die Choleravibrionen bilden kein Hämolysin, dagegen verdauen

sie die Blutkörperchen, so daß dadurch eine Aufhellung der Blutplatte um die Kulturen herum entstehen kann.

Agglutination. Durch Vorbehandlung von Kaninchen und
Pferden gelingt es, hochwirksame, spezifisch agglutinierende
Immunsera zu erzeugen. Wegen ihrer im allgemeinen höheren
Spezifität sind Kaninchensera vorzuziehen; Pferdesera agglutinieren manche Colistämme, sowie den auf alkalischen Nährböden
gut wachsenden Bac. faecalis alkaligenes nicht selten in unangenehm
hohem Grade.

Auch im Blutserum von Kranken und Genesenen sind unter
Umständen spezifische Agglutinine, Präcipitine und Bacteriolysine
enthalten, so daß man die Gruber-Widalsche Reaktion sowie den
Pfeifferschen Versuch mit derartigen Sera anstellen kann. (Näheres
siehe in den folgenden amtlichen Vorschriften.)

Frische Cholerastämme sind in der Regel für junge Meerschweinchen bei i. p. Infektion virulent: bei 0,1—1 Öse bereits
nach einigen Stunden Abfall der Körpertemperatur; allgemeine
Prostration; Kollapstod binnen 24 Stunden.

Gang der Untersuchung auf Cholera (nach den *amtlichen* Vorschriften).

I. Untersuchung von Darminhalt, Darmentleerungen und Erbrochenem.

Ansetzen der ersten Kulturen:

a) Peptonlösung. Etwa 1 cm³ des Materials wird in einem
Kölbchen mit 50 cm³ Peptonlösung, das vorher auf 37° vor-
gewärmt wird, gebracht. In besonders wichtigen Fällen werden
3 Kölbchen beimpft. Steht eine größere Menge Material, z. B.
eine Darmschlinge, zur Verfügung, so kann nach Ausführung der
anderen Untersuchungsverfahren das ganze Material in einen
Kolben mit 500 cm³ Peptonlösung gebracht werden.

b) Plattenkulturen. 4—6 Ösen oder einige Tropfen des nötigenfalls mit steriler NaCl-Lösung oder Peptonlösung verdünnten
Materials werden auf eine *Pilonplatte* (an Stelle der in den Vorschriften angegebenen Dieudonné-Platte wird besser Pilonagar
verwandt) gebracht und mit einem Glas- oder Platinspatel verrieben. Mit demselben Spatel werden dann eine weitere Pilon-
und 2 *Agarplatten* nacheinander bestrichen. In wichtigen Fällen
empfiehlt es sich, 2 Plattenreihen anzulegen. Die Platten müssen,

falls sie nicht bereits trocken sind, im Brutschrank getrocknet werden.

Die Pilonplatten sind jedesmal auf ihre Eignung für Choleravibrionen hin durch Beimpfung mit einem Cholerastamm zu prüfen.

Mikroskopische Untersuchung. Ausstrichpräparate, möglichst von einer Schleimflocke, werden mit 1:10 verdünnter Carbolfuchsinlösung unter leichter Erwärmung kurz gefärbt, sowie ein hängender Tropfen in Peptonlösung angelegt und sogleich nach $^1/_2$ stündigem Aufenthalt bei 37° untersucht. Findet man dabei reichlich Vibrionen von charakteristischer Form, so kann der Verdacht auf Cholera ausgesprochen werden.

Untersuchung und weitere Verarbeitung der ersten Kulturen.

Nach 5—8 stündiger Bebrütung bei 37° werden von der Oberfläche des *Peptonkölbchens* vorsichtig, ohne die Flüssigkeit zu schütteln, etwa 4 Ösen oder ein größerer Tropfen auf eine Pilonplatte gebracht und mit einem Spatel auf diese, sowie danach auf 2 Agarplatten verteilt. Eine zweite Aussaat wird aus demselben Peptonkölbchen, falls bis dahin nicht eine positive Diagnose gestellt ist, nach 18—24 stündiger Bebrütung angelegt.

Waren mehrere Peptonkölbchen angelegt, so sind sie vor der Aussaat mikroskopisch zu untersuchen, und die Platten aus demjenigen Kölbchen anzulegen, welches am verdächtigsten erscheint.

Die *Plattenkulturen* werden nach 8—16 stündiger Bebrütung untersucht. Finden sich dabei verdächtige Kolonien, die sich bei mikroskopischer Prüfung als aus Vibrionen bestehend erweisen, so werden sie der *Agglutination* unterworfen. Zur Vorprüfung kann man von den verdächtigen Kolonien eine *Probeagglutination* auf dem Objektträger in Choleraserum, 1:100 verdünnt, machen.

Die *endgültige Agglutinationsprobe* wird mit abgestuften Serumverdünnungen entweder im hängenden Tropfen oder im Reagensglase ausgeführt. Diese Agglutination im Reagensglase ist in allen wichtigen, ersten Fällen mit Reinkulturen auszuführen.

Eine Reinkultur der Choleravibrionen ist zum mindesten von jedem ersten Fall in einer Ortschaft aufzubewahren.

Beurteilung der Befunde. Die *Feststellung der Cholera* hängt von dem positiven Ausfall der Agglutination ab.

Als *negativ* ist das Ergebnis der Untersuchung erst dann anzusehen, wenn auch die zweite, nach 18—24 Stunden vorgenommene Aussaat aus dem Peptonkölbchen keine Cholerakolonien ergeben hat.

II. Untersuchung von Wasser.

1 l des zu untersuchenden Wassers wird mit 100 cm³ der 10fach konzentrierten Peptonstammlösung versetzt und gründlich durchgeschüttelt, dann in Kölbchen zu je 100 cm³ verteilt und nach etwa 8—24stündigem Aufenthalt bei 37° in der Weise untersucht, daß mit Tröpfchen, welche aus der obersten Schicht entnommen sind, mikroskopische Präparate, und von demjenigen Kölbchen, das am verdächtigsten ist, Pilon- und Agarplatten angelegt und, wie S. 90 gesagt, weiter untersucht werden.

III. Feststellung abgelaufener Cholerafälle.

a) Anstellung der *Gruber-Widalschen Reaktion*. In der üblichen Weise wird das Patientenserum mit einer bekannten Cholerakultur angesetzt. Zeigt die Agglutination kein eindeutiges positives Ergebnis, so ist mit dem Serum

b) der *Pfeiffersche Versuch* in folgender Weise anzustellen: Es werden Verdünnungen des Serums mit 20, 100 und 500 Teilen Fleischbrühe hergestellt und davon je 1 cm³ mit je 1 Öse einer 16—20stündigen Agarkultur virulenter Choleravibrionen vermischt, einem Meerschweinchen von 200 g Gewicht in die Bauchhöhle eingespritzt. Eine Kontrolle erhält 1 Öse Kultur in 1 cm³ Fleischbrühe, ohne Serum, i. p. injiziert. Von allen Meerschweinchen sind alsbald nach der Einspritzung, sowie 20 Minuten und 1 Stunde danach, mittels feiner Glasröhrchen Tropfen der Bauchflüssigkeit zur Untersuchung im hängenden Tropfen zu entnehmen (*Vorsicht!*). Tritt bei den Serumtieren typische *Körnchenbildung* oder *Auflösung* der Vibrionen ein, während beim Kontrolltier reichlich bewegliche oder in der Form erhaltene Vibrionen vorhanden sind, so ist anzunehmen, daß die Person, von welcher das Serum stammt, die Cholera überstanden hat. Ein negativer Ausfall macht den Verdacht nicht hinfällig.

In der entsprechenden Weise war der

Pfeiffersche Versuch zur Identifizierung einer fraglichen Kultur

vor seiner Ablösung durch die Agglutination für die Choleradiagnose amtlich vorgeschrieben.

Technik. Für die Anstellung des Pfeifferschen Versuches ist Kaninchenserum zu benutzen. Dasselbe muß möglichst hochwertig sein, mindestens sollen 0,0002 g des Serums genügen, um bei Injektion von einer Mischung einer Öse (1 Öse = 2 mg) einer 18 stündigen Choleraagarkultur von konstanter Virulenz und 1 cm³ Nährbouillon die Choleravibrionen innerhalb 1 Stunde in der Bauchhöhle des Meerschweinchens zur Auflösung unter Körnchenbildung zu bringen, d. h. das Serum muß mindestens einen bactericiden Titer von 1:5000 haben.

Für den Versuch sind 4 Meerschweinchen von je 200 g Gewicht erforderlich.

Tier A erhält das 5fache der Titerdosis, also 1 mg von einem Serum mit Titer 1:5000.

Tier B erhält das 10fache der Titerdosis, also 2 mg.

Tier C dient als Kontrolltier und erhält das 50fache der Titerdosis, also 10 mg von normalem Kaninchenserum.

Sämtliche Tiere erhalten diese Serumdosen gemischt mit je 1 Öse der zu untersuchenden, 18 Stunden bei 37° auf Agar gezüchteten Kultur in 1 cm³ Fleischbrühe in die Bauchhöhle eingespritzt.

Tier D erhält nur 1 Öse der zu untersuchenden Kultur (in Bouillon) in die Bauchhöhle zum Nachweis, ob die Kultur für Meerschweinchen virulent ist.

Die weitere Untersuchung geschieht in der S. 91 geschilderten Weise. Bei Tier A und B muß nach 20 Minuten, spätestens nach 1 Stunde typische Körnchenbildung oder Auflösung der Vibrionen erfolgt sein, während bei Tier C und D eine große Menge lebhaft beweglicher oder in ihrer Form gut erhaltener Vibrionen vorhanden sein muß. Damit ist die Diagnose Cholera gesichert. Es empfiehlt sich als Kontrolle einen Versuch mit einem bekannten Cholerastamm mitlaufen zu lassen.

Agglutination. Zur Anstellung der Agglutination bedarf es eines hochwertigen Serums. *Kaninchenserum* soll mindestens einen Agglutinationstiter von 1:2000, *Pferdeserum* einen solchen von 1:5000 haben und in der Verdünnung 1:100 sofort (in der Probeagglutination) eine echte Cholerakultur agglutinieren.

Bei jeder Untersuchung müssen *Kontrollversuche* angestellt werden, und zwar:

1. mit der verdächtigen Kultur und mit normalem Serum derselben Tierart, aber in 10fach stärkerer Konzentration;

2. mit derselben Kultur und mit NaCl-Lösung.

Erforderlichenfalls ist der Agglutinationstiter des Serums mit einer sicheren Cholerakultur nachzuprüfen.

Bei Anstellung der Agglutination mit sehr jungen, wenige Stunden alten, frisch aus dem Körper gezüchteten Cholerakulturen tritt zuweilen in NaCl-Lösung, auch ohne Zusatz von spezifischem Serum, Flockenbildung ein. In solchen Fällen ist die Agglutination mit der Kultur zu wiederholen, nachdem diese im ganzen 12—15 Stunden bei 37° gestanden hat.

a) *Agglutination im hängenden Tropfen.* Es ist in einem ersten Tropfen diejenige Verdünnung des Serums mit NaCl-Lösung zu benutzen, bei welcher die Testkultur gerade noch augenblicklich zur Haufenbildung gebracht wird, und in einem zweiten Tropfen eine Verdünnung mit einem 5fach stärkeren Gehalt an Serum. Es muß mit dem spezifischen Serum in diesen beiden Konzentrationen sofort, spätestens aber innerhalb der nächsten 20 Minuten nach Aufbewahrung im Brutschrank bei 37° eine bei schwacher Vergrößerung deutlich erkennbare Häufchenbildung eintreten, während in den Kontrollen die gleichmäßige Trübung bestehen bleibt. Bei diesem Untersuchungsverfahren ist zu berücksichtigen, daß es Vibrionenarten gibt, welche sich im hängenden Tropfen so schwer verreiben lassen, daß leicht Häufchenbildung vorgetäuscht wird.

b) *Agglutination im Reagensglase.* Wie üblich mit abgestuften Serumdosen zu je 1 cm³ (in NaCl-Lösung). In jedes Röhrchen wird 1 Öse Kultur sorgfältig verrieben. Ablesung sofort und nach ¹/₂stündigem, höchstens 1stündigem Aufenthalt im Brutschrank von 37°.

Der Ausfall des Versuches ist nur dann als beweisend anzusehen, wenn unzweifelhafte Haufenbildung (Agglutination) in einer regelrechten Stufenfolge bis annähernd zur Grenze des Titers erfolgt ist, während die Kontrollröhrchen gleichmäßig getrübt bleiben.

Choleraähnliche Vibrionen. In den Stühlen von Cholera nostras-Fällen, in Wasser, Schlamm usw. werden zuweilen, meist allerdings erst durch die Peptonanreicherung, choleraähnliche Vibrionen gezüchtet, die sich jedoch durch ihre negative Agglutination in Choleraserum, durch den negativen Pfeifferschen Versuch, teils durch den Nachweis mehrerer Geißeln oder durch ihre Leuchtfähigkeit von echten Choleravibrionen unterscheiden lassen.

Nicht völlig geklärt ist die Bedeutung der sogenannten „*El-Tor-Stämme*" (von GOTTSCHLICH aus dem Darm gestorbener Mekkapilger gezüchtet), die von echtem Choleraserum agglutiniert werden, dagegen im Gegensatz zur Cholera Hämotoxin bilden. Daß diese El-Tor-Stämme beim Menschen echte Cholera verursachen, ist nicht erwiesen.

Als *Paracholera* bezeichnet STUTZER eingeißelige, den Choleravibrionen im kulturellen Verhalten sehr ähnliche, im Tierversuch mäßig virulente, aber mit Choleraserum höchstens andeutungsweise reagierende Vibrionen, die in Südrußland während Choleraepidemien und zu anderen Zeiten bei Darmstörungen isoliert wurden. Es handelt sich zum Teil um phosphorescierende Wasservibrionen, die bei massenhaftem Auftreten und Diätfehlern Gastroenteritis und choleraähnliche Anfälle hervorrufen können.

Für die von manchen russischen Forschern geäußerte Vermutung, daß es sich um eine Variation des Vibrio cholerae handelt, liegt kein Grund vor.

Literatur.

STUTZER: Zbl. Bakter. **113**, 28 (1929).

Gang der Untersuchung auf Typhus, Paratyphus, Ruhr.

Da bei den verschiedensten Erkrankungen, bei Störungen der Magen-Darmtätigkeit sowie bei unklaren fieberhaften Zuständen sehr häufig Blut, Stuhl und Urin mit der allgemein gehaltenen Vermutungsdiagnose: „*Typhus, Paratyphus, Ruhr?*" eingesandt werden, ist es erforderlich, die hierzu notwendigen Untersuchungsmethoden zunächst gemeinsam zu besprechen.

1. Die Untersuchung des Blutes.

a) Kulturell. Direkte Einsaat von einigen cm^3 Blut (aus der Armvene, auf der Höhe des Fiebers entnommen) in ein *Galleröhrchen*, das etwa 1 Woche lang bebrütet und wiederholt auf Platten ausgeimpft werden muß. Erhält man das Blut geronnen in sterilen Röhrchen, so überträgt man den Blutkuchen in ein Galleröhrchen oder Kölbchen, während man das Serum zur Anstellung des Widal verwendet. Es empfiehlt sich, die Galle in ein und demselben Röhrchen mit Schräg-Drigalski-Agar zusammen zu verwenden, da auf dem die Galleoberfläche überragenden Agarstückchen ein Wachstum ohne weiteres zu sehen ist. Bei Verdacht auf Streptokokken- u. a. Sepsis ist ein Teil des Blutkuchens in

ein Kölbchen mit Serumbouillon zu bringen. Ergibt die Ausimpfung aus dem Galleröhrchen verdächtige Kolonien, so wird
am besten eine Probeagglutination auf dem Objektträger mit
Typhus- und Paratyphussera vorgenommen. Zur weiteren Prüfung
kann man von derselben Kolonie einige cm³ Bouillon sowie eine
Agarplatte beimpfen, um nach 4 stündiger Bebrütung der Bouillon
die Prüfung auf Beweglichkeit, sowie die „bunte Reihe" anzusetzen. Die angelegte Agarplatte dient am folgenden Tage zur
ausführlichen Agglutination.

b) Serologisch. Der Widal wird, falls ein Verdacht auf Ruhr
nicht geäußert wird, mit folgenden Stämmen angesetzt:

Typhus, Paratyphus Schottmüller, Paratyphus Gärtner, Paratyphus A. Falls genügend Serum vorhanden ist, empfiehlt es sich,
je 2 Typhus- und Schottmüller-Stämme zu verwenden.

Beim Vorliegen von Ruhrverdacht ist der Widal zum mindesten mit 1 Shigastamm und 1 Stamm der Flexner-Gruppe anzusetzen (siehe unter Ruhr). Bei Verdacht auf *Nahrungsmittelvergiftung* kommen besonders noch die Stämme Paratyphus
Breslau, Newport, Suipestifer u. a. in Betracht.

Sind von dem Kranken oder aus Krankheitsfällen, die mit
diesem Falle im Zusammenhange stehen, bereits irgendwelche
pathogenen Keime gezüchtet, so sollen derartige Stämme beim
Widal vorwiegend berücksichtigt werden.

Da sich unter dem Bilde von typhös-paratyphösen Erkrankungen nicht selten *Bang-Infektionen* verbergen, ist es ratsam,
in allen Fällen 1 Bang-Stamm zum Widal zu verwenden.

2. Die Untersuchung des Stuhles und Urines.

a) Direkte Aussaat auf Platten (Drigalski- oder Endo-Agar).
Von einer Aufschwemmung des Stuhles in etwa 10 cm³ Bouillon
wird 1 Tropfen fraktioniert über 3 Platten gespatelt, vom Urin
werden direkt 1—2 Tropfen genommen.

b) Anreicherungsverfahren. Neben dem gewöhnlichen Platten-
verfahren sollte in allen Fällen ein Anreicherungsverfahren be-
nutzt werden. Als kombiniertes Anreicherungsverfahren für
Typhus- und Paratyphusbacillen kommt neuerdings das von
Kauffmann beschriebene Verfahren in Betracht, das aus einer
Kombination von Tetrathionat, Brillantgrün und Galle besteht.
(Tetrathionat Original + Brillantgrün 1 : 100 000 + Galle 5 %, siehe

S. 21—22.) Zu 10 cm³ des Nährbodens werden einige Tropfen
der Stuhlaufschwemmung oder einige Tropfen Urin gegeben und.
nach 3—5 und 20 stündiger Bebrütung bei 37° von der Oberfläche
mit der Öse auf 1 Platte ausgeimpft. (Näheres siehe bei KAUFF-
MANN.)

Literatur.

KAUFFMANN: Zbl. Bakter. **119**, 148 (1930).

Für die weitere kulturelle Untersuchung sind minimal erforderlich: 1 Schrägagarröhrchen oder 1 Agarplatte (für die Agglutination), 1 Bouillonröhrchen, Lackmusmolke, Barsiekow-Milch-
und Traubenzucker, Bleiacetatagar, Neutralrotagar, Trypsin
bouillon, Saccharose, sowie bei Ruhrverdacht Barsiekow-Mannit
und Maltose.

Findet man auf den bebrüteten Drigalski-Platten bei der
Durchsicht verdächtige Kolonien, so legt man entweder zunächst
Reinkulturen an und wenn möglich sofort die bunte Reihe. Man
kann auch von einer Kolonie mehrere cm³ Bouillon beimpfen,
diese einige Stunden bebrüten und hiervon die bunte Reihe anlegen.

Für die *Diagnose* Typhus, Paratyphus, Ruhr sind erforderlich:

1. typisches kulturelles Verhalten,
2. typische Agglutination in den entsprechenden Immunsera
(bei negativem Ausfall in NaCl-Lösung und einem anderen Immunserum).

Bacillus typhi; Typhus.

Als Infektionsquelle kommen Typhuskranke, Dauerausscheider,
Bacillenträger, infizierte Nahrungsmittel, besonders Milch und
Wasser in Frage. Als Dauerausscheider werden Personen be-
zeichnet, die noch längere Zeit nach Ablauf der Erkrankung, als
Bacillenträger solche, die dauernd oder zeitweise Typhusbacillen
ausscheiden, ohne selbst nachweislich krank gewesen zu sein.

Bezüglich der Maßnahmen bei Bacillenträgern siehe HEGLER
und ECKMANN.

Literatur.

HEGLER: Z. ärztl. Fortbildg **21**, 509 (1924). — ECKMANN: Med. Welt **4**,
1692 (1930).

Es sei hier noch bemerkt, daß gelegentlich Typhusbacillen auch
bei Gesunden einmalig gefunden werden können, ohne daß man
deswegen an einen Irrtum zu denken braucht.

Beim Lebenden kommt für den diagnostischen Nachweis von
Typhusbacillen in der ersten bis zweiten Krankheitswoche vor-

wiegend das Blut in Betracht. Die Untersuchung des Stuhles und Urines führt meist erst von der zweiten bis dritten Krankheitswoche zu positivem Resultat und muß bei negativem Ausfall wiederholt vorgenommen werden. Auch Duodenalsaft ist zur Untersuchung geeignet, besonders bei der Untersuchung auf Bacillenträger. Bei Leichenmaterial sind Darminhalt, Dünndarm- und Dickdarmschleimhaut, Milz, Gallenblase, Knochenmark und Gehirn zu untersuchen.

Morphologie, Färbung. Die Typhusbacillen sind kleine, zarte, bewegliche Stäbchen, mit mehreren peritrichen Geißeln, ohne Sporen und ohne Kapseln. Sie färben sich mit allen gebräuchlichen Farblösungen und sind gramnegativ.

Kultur. Gutes Wachstum auf den üblichen Nährböden. Auf Agar runde, kleine, gewölbte Kolonien, spiegelnd und durchsichtig. Auf *Drigalski-Agar* oder *Endo-Agar* farblose, klare, glänzende Kolonien.

In *Bouillon* diffuse Trübung. Zur Prüfung auf Beweglichkeit ist ein Tropfen von der Oberfläche der Bouillon zu entnehmen.

Die *Lackmusmolke* wird mäßig gerötet und bleibt bei weiterer Bebrütung rot. Aus *Traubenzucker*, *Mannit* und *Maltose* wird Säure, jedoch kein Gas gebildet. *Milchzucker*, *Saccharose* und *Inosit* werden nicht angegriffen. Gegenüber *Arabinose* und *Xylose* ist das Verhalten wechselnd; die Mehrzahl der Stämme ist in Arabinose negativ, in Xylose dagegen positiv. Dieses Verhalten der Typhusstämme ist von epidemiologischer Bedeutung, da hierdurch Zusammenhänge von Infektionen aufgeklärt werden können. Der *Bleiacetatagar* wird geschwärzt, *Gelatine* wird nicht verflüssigt und *Indol* nicht gebildet.

Serologie. Die Typhusbacillen bestehen aus *thermostabilem* (O) und *thermolabilem* (H) Antigen. Das thermostabile Antigen ist mit demjenigen der Gärtner-Bacillen identisch, daher werden Typhusbacillen auch von Gärtner-Sera körnig agglutiniert. Frische Typhusstämme sind in der Regel gut agglutinabel und zeigen eine überwiegend flockige Agglutination. Es kommen jedoch auch schlecht agglutinable Stämme vor, denen das thermolabile Antigen mehr oder weniger weitgehend fehlt. Solche Stämme werden dann nur von den O-Agglutininen des Serums agglutiniert, die bei den üblichen Seren meist nur in geringer Menge, z. B. im Titer von 1:400—1:1600 vorhanden sind. Der Verlust des thermolabilen Antigens kann vorübergehend oder dauernd sein. Außerdem kommen gänzlich inagglutinable Stämme vor, die aber evtl. im Absättigungsversuch noch Agglutinin binden und serologisch als Typhusstämme diagnostiziert werden können. Ferner kommen spontan agglutinierende Stämme vor, die in den meisten Fällen schon äußerlich als „rauhe" Stämme zu erkennen sind.

Schließlich sei noch darauf hingewiesen, daß das thermolabile Antigen des Typhus mit demjenigen der spezifischen Phase des Paratyphus Stanley-Bacillus identisch ist. Zum serologischen Nachweis des Typhus gehört daher das Eintreten von flockiger und körniger Agglutination.

Der Typhus-Widal. Die Ablesung erfolgt zweckmäßig nach $^{1}/_{2}$stündigem Aufenthalt bei Zimmertemperatur oder 37°, nach 2stündigem Aufenthalt bei 37° und darauffolgendem Aufenthalt von 20 Stunden bei Zimmertemperatur. Als positiv wird das Auftreten einer deutlichen Agglutination bezeichnet, die nach 2 Stunden 37° mindestens den Titer 1:50+, 1:100 ± und nach 24 Stunden den Titer 1:100+ erreicht hat.

Der *Typus der Agglutination* ist in der Regel ein gemischter: körnig und flockig; doch kommt auch der körnige bzw. der flockige Typus allein vor. Man denke daran, daß eine rein körnige Agglutination des Typhus durch eine Gärtner-Infektion bedingt sein kann, eine rein flockige durch eine Stanley-Infektion.

Nicht selten kommt es vor, daß der Widal nicht nur für Typhus positiv ausfällt, sondern auch andere Erreger, z. B. Paratyphus Schottmüller mitreagieren, unter Umständen bis zu Titern, die als positiv bezeichnet werden müssen. Es erhebt sich dann die Frage, ob es sich um eine Mischinfektion (die vorkommen kann) handelt oder um eine unspezifische Reaktion des menschlichen Organismus auf die Typhusinfektion. Als dritte Möglichkeit ist in Betracht zu ziehen, daß durch die Typhusinfektion ein von einer früheren Schottmüller-Infektion noch in Resten bestehender Schottmüller-Widal verstärkt wurde oder auch der umgekehrte Vorgang vorliegt. Bisweilen ergibt sich bei Ausagglutinationen des Serums mit den betreffenden Stämmen ein so großer Titerunterschied, daß über die Deutung des Resultates kein Zweifel bestehen kann. In anderen Fällen bringt der *Castellanische* Absättigungsversuch (Absättigung zweier Serumproben mit je einem der betreffenden Stämme und Anstellung der Widal-Probe an beiden Restsera mit beiden Stämmen) Aufklärung. Dieser Versuch kann aber in der Praxis nur in besonders wichtigen Fällen herangezogen werden. Und nicht selten führt er zu dem Resultat, daß beide Arten von Agglutininen vorliegen. So bleibt oft nichts anderes übrig, als das ausführliche Widal-Ergebnis dem einsendenden Arzt mitzuteilen.

Ein positiver Typhuswidal kann ferner durch eine vorangegangene *Typhusschutzimpfung* oder durch eine früher überstandene Typhusinfektion hervorgerufen werden. Wie lange noch nach der Schutzimpfung oder Typhusinfektion Agglutinine im Blut nachweisbar sind, läßt sich nicht sicher sagen, auch können neue Infektionskrankheiten den Titer eines früher positiven Typhuswidal in die Höhe treiben.

Aus dem Gesagten geht also hervor, daß bei der Beurteilung des Typhuswidal besondere Vorsicht am Platze ist, und daß ein positiver Typhuswidal allein nicht das Vorliegen von Typhus beweist.

Paratyphusbacillen.

Beim Paratyphus ist das durch die Typen A und Schottmüller bedingte *typhusähnliche Krankheitsbild* von der durch die Nahrungsmittelvergifter (Breslau, Gärtner, Newport, Suipestifer usw.) verursachten *akuten Gastroenteritis* zu unterscheiden.

Während für die Paratyphus A- und Schottmüller-Erkrankungen im großen und ganzen das beim Typhus Gesagte gilt, sind die Nahrungsmittelvergifter-Typen im allgemeinen nur dann pathogen wirksam, wenn sie Gelegenheit haben, sich vorher in Nahrungsmitteln anzureichern und so in großen Mengen in den Körper zu gelangen.

Die Abtrennung des bei uns in Deutschland besonders häufig vorkommenden Schottmüller-Typus von den übrigen Vertretern der Paratyphusgruppe ist, abgesehen von klinischen Gründen, schon deswegen nötig, da es sich bei der Schottmüller-Infektion um eine von Mensch zu Mensch ansteckende Erkrankung handelt. In sehr seltenen Fällen verlaufen Schottmüller-Infektionen nur unter dem Bilde einer akuten Gastroenteritis. Die Differenzierung innerhalb der Nahrungsmittelvergifter-Gruppe ist besonders aus diagnostischem und epidemiologischem Grunde erforderlich, um zu einer schnellen und sicheren Diagnose zu kommen, sowie um die Herkunft und die Zusammenhänge der verschiedenen Erkrankungen zu klären. Inwieweit sich klinische Besonderheiten bei diesen Fällen herausstellen werden, bedarf dringend weiterer Beobachtung. Soweit bisher bekannt, zeichnen sich die durch die Paratyphustypen Newport und Stanley bedingten Erkrankungen durch eine relativ lange Bacillenausscheidung aus; auch sind Newportbacillenträger bekannt.

Ebenso wie Typhusbacillen werden auch Paratyphusbacillen gelegentlich, und oft nur einmal, bei Gesunden gefunden, ohne daß man hierbei an einen Irrtum zu denken braucht, da derartige „alimentäre" Ausscheidungen bekannt sind.

Die Erreger sind' im Blut, Stuhl und Urin zu suchen. Die Untersuchung des Blutes hat besonders in der ersten bis zweiten Krankheitswoche Aussicht auf Erfolg, im allgemeinen allerdings nur bei den Typen Paratyphus A und Schottmüller, da die Erreger der akuten Gastroenteritis selten im Blut nachgewiesen werden. Bei komplizierten Fällen fällt die Untersuchung von Punktaten, Eiter usw. nicht selten positiv aus. Bei Leichenmaterial sind Darminhalt, Galle, Blut, Milz und bei älteren exhumierten Leichen auch das Gehirn zu untersuchen. Betreffend die evtl. gebotene Untersuchung der fraglichen Nahrungsmittel siehe S. 231.

Verschiedene Paratyphustypen, wie Breslau, Gärtner, Suipestifer u. a., sind häufige Krankheitserreger oder Saprophyten unserer Haustiere und frei lebender Tiere. Der von NOCARD als Erreger der *Psittacosis*, einer wahrscheinlich durch ein filtrierbares Virus verursachten Papageienkrankheit, angeschuldigte Breslau-Bacillus ist hierbei nur von sekundärer Bedeutung[1].

Morphologie, Färbung. Die Paratyphusbacillen sind kleine, sehr bewegliche Stäbchen mit mehreren peritrichen Geißeln, ohne Sporen und Kapseln. Sie färben sich gut mit den gebräuchlichen Farblösungen und sind gramnegativ.

Kultur. Gutes Wachstum auf den üblichen Nährböden, doch bei den meisten Typen üppiger als Typhusbacillen. Die Kolonien auf *Agar* sind verhältnismäßig groß, dicht, rund, gewölbt, spiegelnd und farblos. In *Bouillon* tritt eine diffuse Trübung ein. Allen Paratyphustypen ist folgendes gemeinsam: Säurebildung und bei den meisten Typen Gasbildung aus *Traubenzucker* und *Maltose*, dagegen *keine* Spaltung des *Milchzuckers* und der *Saccharose, keine*

---

[1] Dasselbe gilt vom Bacillus suipestifer bei der *Schweinepest*, die durch ein filtrierbares Virus bedingt ist.

Gelatineverflüssigung und *keine Indolbildung*. Das Verhalten den übrigen Kohlehydraten und Alkoholen gegenüber ist bei den einzelnen Typen verschieden, hat differentialdiagnostische Bedeutung und wird bei den einzelnen Typen gesondert besprochen werden. Die Anwendung der Lactose, Saccharose und Trypsinbouillon ist besonders notwendig, da sich hierdurch sofort viele Stämme, die nicht in die Typhus-Paratyphus-Gruppe gehören, ausscheiden lassen

Sämtliche Angehörigen der Typhus-Paratyphus-Gruppe lassen Lactose und Saccharose unbeeinflußt und bilden kein Indol.

Die Bouillon dient zur Beurteilung des Wachstums in ihr sowie zur Prüfung der Beweglichkeit. Unbeweglichkeit spricht jedoch nicht gegen das Vorliegen eines Stammes der Typhus-Paratyphus-Gruppe, da der Geißelapparat (das thermolabile Antigen) vorübergehend oder dauernd verlorengegangen sein kann. Die Prüfung auf Beweglichkeit kann auch von festen Nährböden aus erfolgen, in der von LEVINTHAL beschriebenen Weise (siehe S. 9).

Die Lackmusmolke, die leider nie gleichmäßig ausfällt, so daß stets Kontrollen mit Coli, Typhus und Schottmüller anzusetzen sind, ist daraufhin zu beobachten, ob nur Rötung eintritt oder ein Umschlag in Blau, meist mit Kahmhautbildung, erfolgt.

Der Neutralrotagar zeigt die Gasbildung aus Dextrose und gleichzeitig Fluorescenz an.

Der Bleiacetatagar wird geschwärzt oder bleibt unverändert. Während die erwähnten Medien für die allgemeine kulturelle Diagnose in der Typhus-Paratyphus-Gruppe notwendig sind, kommen die folgenden 8 Nährböden für die spezielle Typendiagnose in Betracht:

1. Barsiekow-Mannit,　　　　3. Barsiekow-Inosit,
2. Barsiekow-Dulcit,　　　　 4. Barsiekow-Arabinose.

5. d-Tartrat (nach KRISTENSEN und BOJLEN).

6. Rhamnoselösung nach BITTER, WEIGMANN und HABS sowie nach LÜTJE.

7. Sternsche Glycerinfuchsinbouillon ($8\ p_H$; ohne Chrysoidin).

8. Xylose.

Ferner können der *Wallbildungsversuch* und *Mäusefütterungsversuch* für die Diagnose herangezogen werden.

Der Wallbildungsversuch wird auf Agar oder Drigalski-Agar angelegt, 3 Makrokolonien je Platte, 24 Stunden 37°, darauf

Paratyphus.

Kulturtabelle (nach Kauffmann und Mitsui).

	Lackmusmolke	Dextrose, Gas	Mannit	Arabinose	Dulzit	Inosit	Rhamnose Bitter	Stern-Glyzerinbouillon	Bleiacetat	Xylose	d-Tartrat	Wall	Maus
A	rot	+	+	+	−+	−	−	−	−	−	−	−	·
Senftenberg	rot-blau	+	+	+	+	−	+	+	+	+	+	−	−
Schottmüller	„	+	+	+	+	∓	(∓)	+	+	+	−	+	−
Breslau	„	+	+	+	+	∓	+	∓	+	+	+	−	†
Stanley	„	+	+	+	+	−	+	+	+	+	+	−	−
Reading	„	+	+	+	+	+	∓	+	+	+	+	−	−
Derby	„	+	+	+	+	+	+	+	+	+	+	−	·
Abortus equi	„	+	+	+	+	−	∓	−	∓	+	−+	+	†
Abortus ovis	rot	+	−+	−/−+	+/−+	−	−	−	∓	+	−/−+	−	−
Brandenburg	rot-blau	+	+	+	+	−	∓	+	+	+	+	−	−
Suipestifer Amerika ...	„	+	+	−	−/−+	−	−	−	−	+	+	+	†
„ Kunzendorf	„	+	+	−	−/−+	−	−	−	+	+	+	+	†
Glässer-Voldagsen	rot	−±	−	+	−+	−	−	−	−	+	−	+	†
Orient	rot-blau	+	+	+	+	−	−	−	+	+	+	+	†
Thompson-Berlin	„	+	+	+	+	+	+	+	+	+	+	−	−
Virchow	„	+	+	+	+	+	−	+	+	+	+	−	−
Oranienburg	„	+	+	+	+	−	+	+	+	+	+	−	−
Potsdam	„	+	+	+	+	+	+	+	+	+	+	−	†
Newport	„	+	+	+	+	∓	+	+	+	+	+	−	†
Morbificans bovis	„	+	+	+	+	+	∓	+	+	+	+	−	−
Gärtner Jena	„	+	+	+	+	−	+	+	+	+	+	∓	†
„ Ratin	„	+	+	+	+	−	+/−+	−	+	+	+	∓	†
„ Kiel	„	+	+	−/−+	+	−	−	−+	+	+	−	∓	†
„ Rostock	„	+	+	+	+	−	−	−+	+	+	−	∓	†
„ Moskau	„	+	+	+	−+	−	+	−+	+	+	+	∓	†
Typhus	rot	−	+	∓	−+	−	−	−	+	∓	−/−+	−	−
Sendai	„	−	+	+	−+	−	−	−	−	−+	−	−	·
Dar-es-Salaam	rot-blau	+	+	+	+	−	+	+	+	+	−	−	−
London	„	+	+	+	+	+	+	+	+	+	+	−	−

Zeichenerklärung: + = positiv, − = negativ, ∓ = negativ oder positiv, (∓) = meist negativ, nur ausnahmsweise positiv, −+ = anfangs negativ, nach mehreren Tagen 37° positiv, −/−+ = dauernd negativ oder anfangs negativ und nach mehreren Tagen positiv, +/−+ = positiv oder anfangs negativ und nach mehreren Tagen positiv, −± = anfangs negativ, nach mehreren Tagen schwach positiv.

1—3 Tage Zimmertemperatur. Beim Mäusefütterungsversuch erhält eine Maus die Abschwemmung einer 24 stündigen Schrägagarkultur mit Leitungswasser auf Brot als Futter vorgesetzt.

Die kulturelle Differentialdiagnose der einzelnen Typen ist aus der Kulturtabelle zu ersehen. Vor der Bewertung der bunten Reihe muß man das Ergebnis der serologischen Untersuchung, wenigstens das der Probeagglutination kennen, um auf die in Frage kommende Differentialdiagnose hingewiesen zu sein. Die kulturelle Untersuchung dient in den meisten Fällen nur zur Bestätigung der bereits serologisch mit Hilfe der sogleich zu besprechenden Probeagglutination gestellten Diagnose. Nur in einigen Fällen, z. B. in der Gärtner-Gruppe, ist die Differenzierung der einzelnen Gärtner-Typen am einfachsten durch die kulturellen Methoden (Arabinose, Rhamnose, Sternbouillon), nachdem die allgemeine serologische Diagnose „Gärtner" gestellt ist.

Mit Ausnahme der Typen Abortus equi und ovis, Glässer-Voldagsen und Pullorum sind sämtliche Typen beim Menschen nachgewiesen worden. Neu aufgestellt sind von KAUFFMANN die Typen: Senftenberg, Brandenburg, Berlin, Virchow, Oranienburg, Potsdam, sowie die serologischen Gärtner-Typen Jena, Kiel und Rostock. Von den englischen und anderen ausländischen Typen sind von KAUFFMANN bisher in Deutschland folgende Typen nachgewiesen: Stanley, Reading, Suipestifer-Amerika, Thompson, Newport und Morbificans bovis (BASENAU).

Die serologische Diagnose.

Allgemeines.

Die Paratyphusbacillen bestehen aus thermostabilem (O) und thermolabilem (H)-Antigen. Die Berücksichtigung des thermostabilen O-Antigens ermöglicht die Trennung in mindestens vier große Gruppen, die am besten mit A, B, C und G (Gärtner) bezeichnet werden. Zur A-Gruppe gehören die Typen *A* und *Senftenberg*, zur B-Gruppe die Typen *Schottmüller*, *Breslau*, *Stanley*, *Reading*, *Derby*, *Abortus equi* und *ovis*, *Brandenburg*, zur C-Gruppe die Typen *Suipestifer Amerika-Kunzendorf*, *Glässer-Voldagsen*, *Orient*, *Thompson-Berlin*, *Virchow*, *Oranienburg*, *Potsdam*, *Newport*, *Morbificans bovis*, zur Gärtner-Gruppe die Typen *Jena*, *Ratin*, *Dublin-Kiel*, *Rostock*, *Moskau*, *Typhus*, *Sendai*, *Dar-es-Salaam*, *Pullorum*.

Der London-Typus gehört zu einer besonderen thermostabilen Gruppe.

Die Einordnung in eine dieser Gruppen erfolgt durch Agglutination mit einer Bacillenaufschwemmung, die vorher $^1/_2$ Stunde lang auf 100° erhitzt war. Der Typ dieser Agglutination ist rein *körnig*. Im Gegensatz hierzu steht die *flockige* Agglutination, die durch das thermolabile H-Antigen bedingt ist.

Das H-Antigen ermöglicht die Aufteilung der vier großen Gruppen in einzelne Typen. Von großer Bedeutung für die richtige Beurteilung von Agglutinationen in der Typhus-Paratyphus-Gruppe ist die Kenntnis von der Erscheinung der „*Phasen*" nach F. W. ANDREWES. Während einige Typen nur in einer Phase vorkommen, z. B. A, Senftenberg, Derby, Oranienburg, Gärtner und Typhus, gibt es bei anderen, z. B. Schottmüller, Breslau, Newport usw., „*spezifische*" und „*unspezifische*" Phasen.

Die spezifische Phase besitzt das für den Typus charakteristische Antigen, ergibt in dem eigenen (homologen) Immunserum eine ausgesprochen flockige, spezifische Agglutination, während die unspezifische Phase mit derjenigen anderer Typen weitgehende Verwandtschaft und so auf andere Typen übergreifende, ebenfalls flockige Agglutinationen ergibt.

Zur exakten und schnellen Typendifferenzierung ist daher die Anwendung typenspezifischer Immunsera durchaus erforderlich, da frische Paratyphusstämme in der Regel entweder fast ganz oder in dem überwiegenden Teil ihrer Kolonien in der spezifischen Phase vorliegen.

Eine zweite Art des Phasenwechsels stellen die kürzlich von KAUFFMANN und MITSUI beschriebenen α- und β-Phasen dar, die bei den Typen Dar-es-Salaam, Brandenburg und Potsdam vorkommen. Hier kommt es nicht zur Bildung von unspezifischen Phasen, sondern das thermolabile Antigen spaltet in anderer Weise auf, z. B. die Massenkultur des Dar es Salaam hat die thermolabilen Receptoren e n l w, die α-Phase die Receptoren e n w, die β-Phase die Receptoren l w. Die Abspaltung der α- und β-Phasen erfolgt in der gleichen Weise wie bei den spezifischen und unspezifischen Phasen, aus e n w entsteht wieder in geringem Prozentsatz l w und umgekehrt. Das thermostabile Antigen ist bei beiden Phasen das gleiche.

Literatur. KAUFFMANN u. MITSUI: Z. Hyg. **111**, 740 u. 749 (1930).

Störungen der Agglutination werden erstens durch das Fehlen des H-Antigens, durch O-Formen bedingt, die dann nur körnig agglutinieren, und zweitens durch das Auftreten von *Rauh-Formen*, die in NaCl-Lösung oder in normalen oder Immunsera spontan flocken. Kontrollen in NaCl und in Immunsera sind daher stets mitanzusetzen.

Die notwendigen Immunsera.

Es werden am besten Kaninchen-Immunsera benutzt, die bei der Herstellung von typenspezifischen Sera von ausgesuchten, in der Probeagglutination geprüften spezifischen Kolonien gewonnen sein müssen. Um alle bisher bekannten Typen zu erfassen, sind mindestens 12 verschiedene Immunsera erforderlich:

1. Paratyphus A.
2. Schottmüller typenspezifisch.
3. Breslau typenspezifisch.
4. Schottmüller oder Breslau unspezifisch.
5. Suipestifer typenspezifisch.
6. Suipestifer unspezifisch.
7. Newport typenspezifisch.
8. Thompson typenspezifisch.
9. Virchow typenspezifisch.
10. Typhus.
11. Gärtner Jena.
12. London typenspezifisch.

Mit Hilfe dieser Sera lassen sich alle Typen, infolge ihrer zum Teil gemeinsamen Receptoren, bestimmen; in welcher Weise, geht aus der folgenden Antigentabelle hervor.

Das *Paratyphus A-Serum* ermöglicht die Diagnose des Paratyphus A (O- und H-Antigen), des Sendai (H-Antigen) und des Senftenberg (O-Antigen).

Die *typenspezifischen Schottmüller- und Breslau-Immunsera* sind für die Differentialdiagnose dieser Typen bestimmt, während das *unspezifische* Schottmüller- oder Breslau-Immunserum außer der unspezifischen Schottmüller- oder Breslau-Phase noch sämtliche anderen unspezifischen Phasen erfaßt. Zugleich ist es mit diesen Sera möglich, das O-Antigen der übrigen Typen der B-Gruppe zu bestimmen.

Antigentabelle (nach KAUFFMANN und MITSUI).

Typen	O-Antigen	H-Antigen	
		spezifisch	unspezifisch
1. A	I. II.	a	—
2. Senftenberg-Newcastle.......	I. III.	g s	—
3. (B) Schottmüller		b	1, 2
4. Breslau-	IV. V.	i	1, 2, 3
Binns		—	
5. Stanley		d	1, 2
6. Reading		e h	1, 4, 5
7. Derby		f g	—
8. Abortus equi	IV.	e n x	—
9. Abortus ovis		—	1, 4
10. Brandenburg		e n l v	—
11. (C) Suipestifer Amerika		c	1, 3, 4, 5
„ Kunzendorf...		—	
12. Glässer-..................		c	
Voldagsen...........		—	
13. Orient	VI. VII.	c	1, 4, 5
14. Thompson-		k	1, 3, 4, 5
Berlin.............		—	
15. Virchow		r	1, 2, 3
16. Oranienburg		m t	—
17. Potsdam		e n l v	—
18. Newport	VI. VIII.	e h	1, 3, 4, 5
19. Morbificans bovis		r	
20. Gärtner Jena		g o m	—
„ Ratin.............			—
21. „ Dublin-Kiel		g p	—
22. „ Rostock...........		g p u	—
23. „ Moskau	IX.	g o q	—
24. Typhus		d	—
25. Sendai....................		a	1, 4, 5
26. Dar-es-Salaam		e n l w	—
27. Pullorum		—	—
28. London	X. III.	l v	1, 4

Das *typenspezifische Suipestifer-Serum* dient zur Feststellung der Amerika-, Glässer- und Orient-Typen, während das *unspezifische* Suipestifer-Serum die Kunzendorf-, Voldagsen und Berlin-Typen erfaßt, zugleich auch alle anderen unspezifischen Phasen. Obwohl eigentlich nur 1 unspezifisches Immunserum nötig wäre, so empfiehlt es sich doch, 2 Vertreter der unspezifischen Phasen zu verwenden, da die Receptoren 1, 4, 5 im unspezifischen Suipestifer-Serum prompter und stärker reagieren als z. B. im unspezifischen Schottmüller-Serum, in dem wieder die Receptoren 1, 2 stärker agglutinieren. Außerdem kann man durch die Verwendung des unspezifischen Suipestifer-Serums bei einem unspezifischen Stamm der B-Gruppe und umgekehrt bei Verwendung eines unspezifischen B-Serums bei einem unspezifischen Stamm der C-Gruppe die O-Agglutination gänzlich ausschalten. Ferner kann das unspezifische Suipestifer-Serum zur Bestimmung des O-Antigens in der C-Gruppe dienen.

Das *typenspezifische Newport-Serum* erfaßt neben dem Newport-Typus (O- und H-Antigen) den Reading-Typus (H-Antigen) sowie die Typen Abortus equi (H-Antigen), Dar-es-Salaam (H-Antigen), Brandenburg (H-Antigen) und Potsdam (H-Antigen).

Die *typenspezifischen Thompson-* und *Virchow-Sera* sind erforderlich, um diese Typen und zugleich durch das Virchow-Serum den Morbificans bovis-Typus in ihrer spezifischen Phase zu erfassen.

Das *Typhusserum* erfaßt den Typhus (O- und H-Antigen), Stanley (H-Antigen) sowie sämtliche Typen der Gärtner-Gruppe hinsichtlich ihres O-Antigens.

Das *Gärtner Jena-Serum* erfaßt alle Gärtner-Typen (O- und H-Antigen), wie Jena, Ratin, Kiel, Rostock, Moskau, zugleich den Senftenberg (H-Antigen), Derby (H-Antigen), Oranienburg (H-Antigen), Typhus, Sendai, Dar-es-Salaam und Pullorum in ihren O-Antigenen.

Das *typenspezifische London-Serum* ermöglicht die Diagnose des London-Typus (O- und H-Antigen), zugleich die Feststellung der Dar-es-Salaam-, Brandenburg- und Potsdam-Typen in ihrem H-Antigen. Zu empfehlen wäre noch ein *Oranienburg-Serum*, da hierdurch schon durch die einfache Agglutination festzustellen ist, ob Gärtner Jena- oder Ratin-Stämme, die in diesem Serum als einzige Gärtner-Typen rein flockig agglutinieren, vorliegen.

Die Probeagglutination auf dem Objektträger.

Wie in einer Arbeit von BOECKER und KAUFFMANN an Hand der Schottmüller-Breslau-Differentialdiagnose auseinandergesetzt war, ist in der Praxis die einfachste und schnellste Typendiagnose diejenige mit Hilfe der Probeagglutination auf dem Objektträger. Sie ist jedoch nicht nur bei den Schottmüller- und Breslau-Typen, sondern auch bei anderen Typen anwendbar. Für ihr Gelingen gilt als Voraussetzung:

a) Normal entwickelte Kolonien auf weichem und feuchtem Agar, da nur hierauf eine gute Ausbildung des H-Antigens, auf das es bei der Probeagglutination ankommt, erfolgt.

b) Brauchbare, typenspezifische Immunsera von genügend hohem und spezifischem H-Titer, sowie eine geeignete Verdünnung dieser Immunsera, die derart sein soll, daß keine O-Agglutination mehr eintritt (in der Regel 1:100—1:400).

c) Die richtige Technik der Probeagglutination: kurze Verreibung eines Teiles der Kolonie in mehreren Tropfen verschiedener Immunsera auf dem Objektträger mit der Öse und sofortige Ablesung mit der Lupe 6fach.

Als Beispiel sei die Schottmüller-Breslau-Differentialdiagnose angeführt:

Tabelle der Probeagglutination.

Stämme	Immunsera		
	Schottmüller spez.	Breslau spez.	Schottmüller unspez.
Schottmüller spez...	+	—	—
„ unspez.	—	---	+
Breslau spez.	—	+	—
„ unspez.	—	—	+

Erhält man z. B. in einem Tropfen spezifischen oder unspezifischen Breslau-Immunserums eine negative und in einem Tropfen spezifischen Schottmüller-Serums eine deutlich positive, flockige Agglutination, so ist die Schottmüller-Diagnose absolut sicher. Es ist nur notwendig, spezifische Kolonien aufzusuchen, die in der Regel in genügend großer Zahl vorhanden sind. In den meisten Fällen trifft man bereits bei der ersten oder einer der nächstfolgenden Kolonien auf eine spezifische Phase. Rein unspezifische Schottmüller-Stämme haben wir im Laufe des letzten Jahres bei über hundert Stämmen niemals erlebt, dagegen unter 37 Breslaustämmen 30mal spezifische und 7mal unspezifische Breslau(sogenannte Binns-) Stämme, bei denen die Diagnose mit der Probeagglutination versagt. Derartige Stämme sind dann nur mit Hilfe der kulturellen Methoden und der ausführlichen Agglutination zu bestimmen.

Es ist klar, daß nur solche Typen sich durch die Probeagglutination sicher bestimmen lassen, deren spezifische Receptoren nur auf sie allein beschränkt sind, bei anderen, die gemeinsame spezifische Receptoren haben, kann die Probeagglutination nur den Hinweis geben, um welche Typen es sich differentialdiagnostisch handelt. (Siehe die *Antigentabelle*.)

Die ausführliche Agglutination im Brutschrank
(kurz: Ausagglutination).

a) *Die Bestimmung des thermostabilen (O)-Antigens.* In vielen Fällen ist in der Praxis eine Bestimmung des thermostabilen Antigens nicht nötig, z. B. bei Vorliegen eines typenspezifischen Schottmüller- oder Breslau-Stammes, in anderen Fällen dagegen, z. B. bei Auftreten rein flockiger Gärtner-Agglutination in der Probeagglutination, ist die Bestimmung des O-Antigens nicht zu umgehen, da es sich z. B. um einen Derby-Stamm usw. handeln könnte. Zu diesem Zwecke wird eine Bacillenaufschwemmung in NaCl-Lösung von 24stündigen Agarplatten her $\frac{1}{2}$ Stunde im Wasserbade gekocht und nach Abkühlung zur Agglutination in Röhrchen angesetzt. Die Verdünnung der Immunsera muß entsprechend dem meist geringen O-Titer niedrig gewählt sein, z. B. 1:20—1:640.

Es genügen 4 Immunsera von bekanntem O-Titer: A, Schottmüller, Suipestifer, Gärtner. Es ist darauf zu achten, daß nur solche Immunsera genommen werden, die einen genügend hohen Grad von Gruppenspezifität besitzen. Es kommen nämlich Kaninchensera vor, die z. B. nach Immunisierung mit Schottmüller-Bacillen auf die Gärtner-Gruppe stark übergreifende O-Agglutinine enthalten. Die einzelnen Tiere verhalten sich hierin nicht einheitlich. Die Ablesung der O-Agglutination erfolgt am besten nach 2 Stunden 37° Brutschrank und weiteren 20 Stunden bei Zimmertemperatur. Der Typus dieser Agglutination ist ausgesprochen körnig, wie bei der Ruhragglutination. Es gibt

Stämme, die in lebendem Zustande in NaCl-Lösung stabil sind, während sie gekocht darin ausfallen. In derartigen Fällen muß die O-Agglutination mit lebenden Bacillen unter Anwendung der entsprechenden Sera angesetzt werden. Bei genügender Erfahrung läßt sich ohne weiteres ablesen, ob eine gemischte (körnige und flockige) Agglutination vorliegt.

b) Die Bestimmung des thermolabilen (H)-Antigens. Die Agglutination wird mit lebenden Bacillen, von 24stündigen Agarplatten her in NaCl aufgeschwemmt, in der üblichen Weise angesetzt. Die Ablesung muß zunächst nach $^1/_2$ stündigem Aufenthalt bei Zimmertemperatur oder 37° erfolgen, da hierbei die flockige Agglutination allein vorhanden ist oder nur unwesentlich durch die körnige Agglutination gestört wird. Die Ablesung nach 2 Stunden als letzte erfolgt nach Aufenthalt bei 37°. Ebenso wichtig wie die Einhaltung dieser zeitlichen Momente ist jedoch die Art der Ablesung. Die Röhrchen dürfen vor der Ablesung nicht geschüttelt werden, höchstens vorsichtig hin und her geschwenkt werden, um eine evtl. am Boden liegende Flocke aufzuwirbeln. Die Ablesung muß mit der Lupe 6fach erfolgen.

Schüttelt man vor der Ablesung die Röhrchen kräftig durch, so ist die flockige Agglutination ganz verschwunden. Liegt dagegen eine rein körnige Agglutination vor, so schadet auch stärkeres Schütteln dem Resultat nicht.

Die Widal-Reaktion.

Für die Widal-Reaktion gilt naturgemäß das gleiche wie das bei der Serologie der Kulturen Gesagte. Hervorzuheben ist vor allem das schnelle Eintreten der Agglutination nach $^1/_2$ Stunde Zimmertemperatur (LENTZ), so daß diese frühe Ablesung nicht unterlassen werden sollte, zumal dann eine störende Mitagglutination fehlt. Von praktischer Bedeutung ist besonders der Paratyphus Schottmüller-Widal; daher muß *mindestens ein Schottmüller-Stamm* zum Widal benutzt werden. Er soll glatt und gemischt spezifisch-unspezifisch sein, da auch rein spezifische Schottmüller-Widal-Reaktionen vorkommen.

Hinsichtlich der „Nahrungsmittelvergiftung" verfügen wir heute noch nicht über genügende Erfahrungen, um die Bedeutung der einzelnen Typen und ihrer Phasen beim menschlichen Widal richtig beurteilen zu können. In einigen Fällen haben wir positive

Breslau-, Stanley-, Reading- und Berlin-Widal-Reaktionen, sowie kürzlich RIMPAU und STEINERT positive Newport- und Oranienburg-Widal-Reaktionen nachgewiesen.

Die Paratyphus-A-Gruppe.

Der Typus A. *Kulturelle Merkmale.* Rötung der Lackmusmolke ohne nachträgliche Bläuung. Gasbildung aus Traubenzucker. Keine Spaltung von Dulcit (nach 24 Stunden), von Inosit und Xylose. Negatives Verhalten in Rhamnose und Sternbouillon. Unter Rhamnose und Sternbouillon werden im folgenden stets die Rhamnoselösungen nach BITTER oder LÜTJE und die Sternsche Glycerinfuchsinbouillon verstanden. Keine Schwärzung von Bleiacetat.

Serologische Merkmale. Monophasisch, mit thermostabilem und thermolabilem Antigen. Praktisch kein Übergreifen auf die gewöhnlichen Immunsera der Paratyphusgruppe.

Der Typus Senftenberg. *Kulturelle Merkmale.* Im Gegensatz zum A-Typus Bläuung der Lackmusmolke nach anfänglicher Rötung, Spaltung von Dulcit und Xylose. Positives Verhalten in Rhamnose und Sternbouillon. Schwärzung von Bleiacetat.

Serologische Merkmale. Monophasisch, nahe Verwandtschaft des thermostabilen Antigens mit dem des A-Typus (A = I. II., Senftenberg = I. III.). Das thermolabile Antigen besteht aus einem Sonderreceptor und einem Receptor (g), der auch beim Derby und Gärtner vorkommt, daher flockige Agglutination des Senftenberg durch Derby- und Gärtner-Immunsera. Andererseits agglutiniert ein A-Serum den Senftenberg-Stamm körnig.

Der von WARREN und SCOTT beschriebene Typus „*Newcastle*" entspricht dem Typus Senftenberg.

Die Paratyphus-B-Gruppe.

Der Typus Schottmüller (B). *Kulturelle Merkmale.* Rötung der Lackmusmolke mit nachträglicher Bläuung. Spaltung von Mannit, Arabinose und Dulcit, wechselndes Verhalten gegenüber Inosit, Schwärzung von Bleiacetat. Differentialdiagnostisch wichtig ist das meist negative Verhalten in der Rhamnose nach BITTER, WEIGMANN und HABS, sowie das stets negative gegenüber d-Tartrat (Kalium-Natrium-Salz der Rechts-Weinsäure). Als ebenso zuverlässige wie einfache Methode ist besonders der Schleimwallversuch zu empfehlen: alle frischen Schottmüller-Stämme bilden deutliche Schleimwälle. Technik des Versuches: Mit einer Nadel werden auf einer Agar- oder Drigalski-Platte 3 Impfstiche, weit auseinander, angelegt, so daß nach 24stündiger Bebrütung bei 37° 3 Makrokolonien entstehen. Darauf wird die Platte 1—3 Tage bei Zimmertemperatur beobachtet.

Auf Raffinoseagar nach REINER-MÜLLER kommt es zur Knöpfchenbildung.

Im *Mäusefütterungsversuch* (1 Schrägagarkultur mit Leitungswasser abgeschwemmt auf Brot) erweisen sich sämtliche Schottmüller-Stämme als apathogen; doch können Störungen durch interkurrente Todesfälle, z. B. infolge spontaner Breslau-Infektion, vorkommen.

Serologische Merkmale. Diphasischer Typus. Er besitzt das thermostabile Antigen der B-Gruppe, das mit dem des Breslau und Stanley identisch ist und auch zum Teil im Reading, Derby, Brandenburg, Pferde- und Schafabort vorkommt. Das thermolabile Antigen kommt in 2 Phasen vor, von denen die spezifische Phase das für den Typus charakteristische Antigen darstellt. Daher gelingt es mit typenspezifischen Schottmüller-Sera mit Leichtigkeit, schon in der Probeagglutination, bei Vorliegen der spezifischen Phase, die Typendiagnose zu stellen.

Der Typus Breslau (Aertrycke) -Mäusetyphus. *Kulturelle Merkmale.* Gegenüber dem Schottmüller-Typus kommt differentialdiagnostisch die Rhamnose nach BITTER, WEIGMANN und HABS in Betracht, die eine positive Reaktion des echten Breslau ergibt. Ebenso verhält sich der Breslau im d-Tartrat positiv. Er bildet ferner im Gegensatz zum Schottmüller keine Schleimwälle, keine Knöpfe auf Raffinoseagar und ist im Fütterungsversuch *mäusepathogen.*

Serologische Merkmale. Diphasisch. Das thermostabile Antigen ist mit dem des Schottmüller identisch. Das serologische Kennzeichen des Breslau-Bacillus ist sein Sonderreceptor (der spezifischen Phase), der allen anderen Typen fehlt.

Mit Hilfe typenspezifischer Sera gelingt es ebenso wie beim Schottmüller, schon bei der Probeagglutination die Typendiagnose zu stellen.

Während die Mehrzahl aller Breslau-Stämme in diphasischer Form vorliegt, kommen seltener rein unspezifische Breslau-

Stämme (*Binns*-Stämme) vor, bei deren Diagnose das typenspezifische Serum versagt.

Der Typus Stanley. Als Fleischvergifter nachgewiesen. Im Fütterungsversuch erwiesen sich einige Stämme als apathogen.

Serologische Merkmale. Die Stanley-Diagnose ist serologisch zu stellen, und zwar durch Berücksichtigung der spezifischen Phase, die mit dem thermolabilen Antigen des Typhus identisch ist. Spezifische Stanley-Stämme werden daher von Typhussera bis zum Titer rein flockig agglutiniert; körnig dagegen von Sera der B-Gruppe. Die unspezifische Stanley-Phase stimmt mit der des Schottmüller überein.

Der Typus Reading. Als Erreger von akuter Gastroenteritis nachgewiesen. Ebenso wie beim Stanley ist die Diagnose serologisch zu stellen. Die spezifische Phase ist mit der des Newport identisch.

Der Typus Derby. In Deutschland noch nicht nachgewiesen. Dieser ebenfalls serologisch definierte Typus, der monophasisch ist, besitzt neben einem thermolabilen Sonderreceptor einen thermolabilen Gärtner-Receptor und wird daher von Gärtner-Sera rein flockig agglutiniert.

Die Typen **Pferde- und Schafabort** sind beim Menschen noch nicht nachgewiesen.

Der Typus Brandenburg. Als Erreger von akuter Gastroenteritis nachgewiesen.

Kulturelle Merkmale. Rötung der Lackmusmolke mit nachträglicher Bläuung. Säure- und Gasbildung aus Traubenzucker. Spaltung von Mannit, Maltose, Arabinose, Dulcit und Xylose. Keine Spaltung von Lactose, Saccharose und Inosit. Verschiedenes Verhalten der einzelnen Stämme in der Rhamnose (unter „Rhamnose" ist im folgenden stets die Lösung nach BITTER, WEIGMANN und HABS verstanden), positives in der Sternschen Glycerinfuchsinbouillon und im d-Tartrat. Schwärzung von Bleiacetat, Gasbildung und Fluorescenz im Neutralrotagar, keine Bildung von Indol. Keine Wallbildung und keine Fütterungspathogenität für die Maus.

Serologische Merkmale. Keine Aufspaltung in spezifische und unspezifische Phasen, sondern Aufspaltung des thermolabilen Antigens in anderer Weise, in die sogenannten α- und β-Phasen.

Thermolabile Receptoren zum Teil mit Newport, Reading, Abortus equi, London und Dar-es-Salaam gemeinsam, völlige Identität des thermolabilen Antigens mit dem Typus Potsdam.

Die Paratyphus C-Gruppe.

Der Typus Suipestifer. a) Der Typus Amerika. Neuerdings in Berlin als Nahrungsmittelvergifter nachgewiesen.

Kulturelle Merkmale. Rötung der Lackmusmolke mit nachträglicher Bläuung. Säure- und Gasbildung aus Traubenzucker und Mannit. Keine Spaltung von Arabinose, Dulcit und Inosit. Negatives Verhalten in der Rhamnose und in der Sternbouillon. Spaltung der Xylose. Keine Schwärzung von Bleiacetat. Schleimwallbildung und Mäusepathogenität.

Serologische Merkmale. Kommt in spezifischer und unspezifischer Phase vor.

b) Der Typus Kunzendorf. Als Nahrungsmittelvergifter nachgewiesen. Im Gegensatz zum Amerika schwärzt der Kunzendorf Bleiacetat und liegt nur in der unspezifischen Phase vor.

Der Typus Glässer-Voldagsen. Beim Menschen bisher nicht nachgewiesen.

Kulturelle Merkmale. Typhusartiges Wachstum. Rötung der Lackmusmolke ohne nachträgliche Bläuung. Keine Gasbildung, nur Säurebildung aus Traubenzucker, Arabinose und Xylose. Keine Spaltung von Mannit, Dulcit, Inosit und Rhamnose. Negative Sternreaktion. Keine Schwärzung von Bleiacetat.

Serologische Merkmale. Während der Glässer-Typus in spezifischer und unspezifischer Phase vorkommt, tritt der Voldagsen nur in der unspezifischen Phase auf.

Der Typus Orient. (C_{II} nach WEIGMANN oder N_1.) In Deutschland bisher nicht nachgewiesen. Diphasischer Typus.

Der Typus Thompson-Berlin. Als Nahrungsmittelvergifter nachgewiesen.

Kulturelle Merkmale. Rötung und Bläuung der Lackmusmolke. Spaltung von Mannit, Arabinose, Dulcit, Inosit, Xylose und Rhamnose. Positive Sternreaktion. Schwärzung von Bleiacetat. Keine Schleimwallbildung und keine Mäusepathogenität.

Serologische Merkmale. Während der Thompson-Typus in beiden Phasen vorliegt, weist der Berlin-Typus nur die unspezifische Phase auf.

Der Typus Virchow. Als Erreger akuter Gastroenteritis nachgewiesen.

Kulturelle Merkmale. Unterscheidet sich vom Thompson-Berlin-Typus durch sein negatives Verhalten in der Rhamnose.

Serologische Merkmale. Diphasischer Typus, dessen spezifische Phase mit der des Morbificans bovis übereinstimmt.

Der Typus Oranienburg. Als Erreger akuter Gastroenteritis nachgewiesen.

Kulturelle Merkmale. Unterscheidet sich vom Berlin-Typus durch sein negatives Verhalten gegenüber Inosit.

Serologische Merkmale. Monophasisch, besitzt neben einem Sonderreceptor einen mit dem Gärtner Jena-Typus gemeinsamen thermolabilen Receptor, wird daher von Gärtner Jena-Sera flockig agglutiniert.

Der Typus Potsdam. Als Erreger akuter Gastroenteritis nachgewiesen.

Verhält sich *kulturell* wie der Brandenburg-Typus, nur mit der Abweichung, daß er Inosit spaltet, in der Rhamnose positiv und mäusefütterungspathogen ist.

Serologische Merkmale. Das thermolabile Antigen, das in α- und β-Phasen aufspaltet, entspricht dem des Brandenburg-Typus, das thermostabile ist mit dem des Suipestifer identisch.

Der Typus Newport. Als Nahrungsmittelvergifter nachgewiesen, wahrscheinlich vom Schwein stammend.

Kulturelle Merkmale. In der Regel fehlt die Inosit-Spaltung, sonst dem Berlin-Typus entsprechend. Keine Schleimwallbildung und anscheinend geringe Mäusevirulenz.

Serologische Merkmale. Im thermostabilen Antigen weicht er von den übrigen C-Typen, mit denen er einen thermostabilen Faktor gemeinsam hat, ab, indem er einen zweiten eigenen, mit dem Bovis morbificans identischen, thermostabilen Faktor besitzt. Das thermolabile Antigen kommt in 2 Phasen vor, von denen die spezifische mit der des Reading identisch ist.

Der Typus Bovis morbificans (BASENAU). Diphasischer Typus, als Erreger akuter Gastroenteritis und fieberhafter Erkrankung nachgewiesen, in England, Deutschland und Rußland. Die spezifische Phase ist mit derjenigen des Virchow identisch.

Die Paratyphus-Gärtner-Gruppe.

Der Typus Jena. a) Der eigentliche Typus Jena.

Kulturelle Merkmale. Spaltung von Arabinose, Dulcit, Mannit und Xylose. Keine Spaltung von Inosit, das von keinem Gärtner-Typus angegriffen wird. Positives Verhalten in der Rhamnose und in der Sternbouillon. Schwärzung von Bleiacetat. Alle Gärtner-Typen wachsen teils mit, teils ohne Schleimwall, alle sind fütterungspathogen für die Maus.

Serologische Merkmale. Das thermostabile Antigen sämtlicher Gärtner-Typen ist mit dem des Typhus identisch. Das monophasische, thermolabile Antigen besteht aus mehreren Receptoren, von denen je ein Receptor die Typen Jena, Kiel, Rostock und Moskau charakterisiert (siehe Tabelle S. 106).

b) Der Typus Ratin. Unterscheidet sich nur *kulturell* vom Jena-Typus durch die negative Sternreaktion. Schwankendes, meist positives Verhalten in den Rhamnoselösungen; eine anfänglich negative Reaktion wird nach 1—2 Tagen stets positiv.

Beim Menschen als Erreger akuter Gastroenteritis wiederholt nachgewiesen.

Der Typus Kiel (Paracoli, JENSEN) = **Typus Dublin.** *Kulturell* unterscheidet er sich vom Jena-Typus durch sein negatives Verhalten in Arabinose, Rhamnose und Sternbouillon. Die Sternbouillon wird erst nach einigen Tagen positiv, zuweilen auch die Arabinose. *Serologisch* ist er durch seinen thermolabilen Sonderreceptor charakterisiert.

Der Typus Rostock. In Arabinose positiv, in Rhamnose und Sternbouillon dauernd negativ; verfügt über einen thermolabilen Sonderrecpotor.

Der Typus Moskau (C_I nach WEIGMANN oder N_2). Bisher in Deutschland nicht nachgewiesen.

Der Typus Sendai. Bisher in Deutschland noch nicht nachgewiesen. Diphasisch; spezifische Phase mit dem thermolabilen A-Antigen identisch.

Der Typus Dar-es-Salaam. Bisher in Deutschland noch nicht nachgewiesen. Nahe Beziehungen zu den Typen Brandenburg und Potsdam.

Der Typus Pullorum. Beim Menschen nicht nachgewiesen; Seuchenerreger bei Hühnern usw. Durch das Fehlen des thermolabilen Antigens gekennzeichnet.

Literatur.

BOECKER u. KAUFFMANN: Z. Hyg. **109**, 464 (1929); Zbl. Bakter. **116**, 458 (1930); Dtsch. med. Wschr. **56**, 1339 (1930). — KAUFFMANN: Z. Hyg. **108**, 411 (1928); **109**, 47 (1928); **109**, 427 (1929); **110**, 161, 526, 537, 556 (1929); **111**, 210, 221, 233, 247 (1930); Zbl. Bakter. **119**, 152 (1930). — KAUFFMANN u. MITSUI: Z. Hyg. **111**, 740 u. 749 (1930). — RIMPAU u. STEINERT: Münch. med. Wschr. **37**, 1570 (1930).

Bacilläre Ruhr.

Die Ruhrbacillen wirken dadurch pathogen, daß sie in der Schleimhaut des Dickdarmes Gewebsschädigungen (Entzündungen, Nekrosen, Geschwüre) und durch die bei ihrem Absterben frei werdenden Körpersubstanzen (Endotoxine) eine allgemeine Intoxikation des Organismus hervorrufen. In den Kreislauf gelangen die Bacillen anscheinend selten. Der Nachweis im Stuhl gelingt bei weitem nicht mit der Regelmäßigkeit wie bei den Typhusbacillen. Im Urin werden Ruhrbacillen selten, im Blut nur ausnahmsweise gefunden.

Allgemeine Eigenschaften.

Morphologie, Färbung. Kleine, unbewegliche, jedoch meist sehr lebhafte Molekularbewegung zeigende Stäbchen von wechselnder, meist etwas plumper Form. Keine Sporenbildung. Gute Färbbarkeit mit den üblichen Farblösungen. Gramnegativ.

Kultur. Gutes Wachstum auf den üblichen Nährböden bei neutraler bis schwach alkalischer Reaktion. In *Traubenzuckerlösung* Bildung von Säure, *nie Gasbildung.* Keine Verflüssigung der Gelatine. Sonstiges kulturelles Verhalten siehe unten.

Serologie. Die Ruhrbacillen besitzen nur *O-Antigen*; sie rufen bei der Immunisierung von Kaninchen und bei der Ruhrinfektion des Menschen Agglutinine hervor, die die homologen Bacillen körnig agglutinieren. Bei reichlichem Gehalt an Agglutininen werden die *körnigen Agglutinate* sekundär zu *groben*, weißlichen *Aggregaten* verklumpt, die sich in der Kuppe des Reagensglases als Häutchen, Fetzen, Klumpen oder wurstförmige Gebilde ansammeln und sich leicht aufwirbeln lassen. Hierbei zerfallen sie nach und nach, bis schließlich die ursprünglichen Granula übrig bleiben.

In der Regel gestaltet sich ein positiver Agglutinationsversuch derart, daß in den schwächeren Serumverdünnungen (z. B. bei 1:100—1:800) die besprochenen Aggregate in der Kuppe des

Reagensglases liegen und die darüber stehende Flüssigkeit gänzlich
geklärt ist, in den nächstfolgenden Röhrchen kleinere Aggregate
und Körnchen und schließlich nur noch Körnchen bei nicht gänz-
licher Klärung der Flüssigkeit gebildet sind.

Der *Widal* ist nur dann als positiv zu bezeichnen, wenn die
geschilderte Art der Agglutination vorliegt. Es genügt dann aber
bereits der Eintritt derselben in der Verdünnung 1:50.

Da Laboratoriumskulturen gelegentlich plötzlich inaggluti-
nabel werden, sind beim Widal jedesmal Kontrollröhrchen mit
verdünnten spezifischen Kaninchensera anzusetzen. Ferner ist eine
Untersuchung in Sera von gesunden Menschen erforderlich, die
die Prüfungsstämme unbeeinflußt lassen sollen, zum mindesten
keine ausgesprochene Flockung hervorrufen dürfen. Die von
manchen Autoren erhobene Forderung, nur Stämme zu benutzen,
die sich in normalen Sera als völlig stabil erwiesen haben, ist in
der Praxis schwer zu erfüllen, da bei angeblich nie ruhrkrank
gewesenen Menschen anscheinend spezifische Agglutinine vorkommen. Das ist ein Grund mehr, nur ganz eindeutige Agglutinationen der beschriebenen Art als positives Resultat herauszu-
geben. Den Grad der Übereinstimmung zwischen Widal und kli-
nischem Befund, wie er z. B. beim Typhus vorliegt, wird man
aber auch so nicht erzielen und auf gelegentliche Anzweiflung
des Befundes gefaßt sein müssen. Wo ein positiver Ruhr-Widal
neben einem solchen für Typhus oder Paratyphus festgestellt
wird, bleibt nichts übrig, als dem Kliniker das Resultat mitzuteilen und ihn nötigenfalls auf den bedingten Wert des Ruhr-Widals,
andrerseits auch auf das Vorkommen von Mischinfektionen hin-
zuweisen. (Vgl. auch über den Ruhr-Widal bei FRIEDEMANN und
STEINBOCK und bei SCHIEMANN.)

Spezielles.

Die Ruhrbacillen zerfallen nach ihrem kulturellen und serologischen Verhalten in 4 Gruppen.

Bacillus dysenteriae Shiga-Kruse. *Kulturelles Verhalten.* Wachstum auf *Agar* und *Drigalski-Agar* o. B., farblos, bei frisch isolierten Stämmen zart, später dichter; meist typischer Ruhrgeruch.
Auf Gelatine oft Kolonien nach Art des Typhus (Blattzeichnung).
In *Bouillon* diffuse Trübung, gelegentlich mit Kahmhautbildung
verbunden. Keine Indolbildung, auch nicht in Trypsinbouillon.

In Lackmusmolke leichte Rötung. In Neutralrottraubenzucker-
agar kein Gas, keine Fluorescenz. In Barsiekow-Traubenzucker
Rötung, kein Gas. In Barsiekow-Milchzucker, Mannit, Maltose
und Saccharose keine Rötung.

Serologisches Verhalten. Serologisch stellen die Shiga-Kruse-
Bacillen einen einheitlichen, von den übrigen Ruhrbacillen scharf
getrennten Typus dar. Spezifische Shiga-Kruse-Sera agglutinieren
praktisch nur Shiga-Kruse-Stämme, und die letzten werden von
anderen Ruhrsera nicht oder nicht nennenswert beeinflußt. Gewisse Beziehungen bestehen allenfalls zu den Schmitz-Ruhr-
bacillen (siehe S. 123).

Flexner-Gruppe. Diese Gruppe umfaßt eine Anzahl von Typen
oder Rassen von Ruhrbacillen, die sich durch ihr Verhalten gegenüber dem Mannit, mehr oder weniger deutliche serologische Verwandtschaft und eine gegenüber dem Shiga-Kruse geringere Toxi-
zität im Tierversuch als zusammengehörend erweisen. Sie werden
vielfach nach ihrem verschiedenen Verhalten in Maltose und
Saccharose als Flexner, Y oder Strong-Bacillen bezeichnet,
während KRUSE (HUTT) sie als Pseudodysenteriebacillen bezeichnet und nach ihren serologischen Beziehungen zueinander in die
Rassen A, B, C usw. einteilt. (BRAUN: Colitis-Bacillen).

Die Einteilung in *Flexner, Y, Strong* hat neben anderem den
Nachteil, daß bei der gleichen Epidemie sowohl Flexner als auch
Y-Bacillen gefunden werden können. Die Bestimmung der Rassen
nach KRUSE erfordert andererseits komplizierte Untersuchungen,
die sich in der Praxis verbieten. Wir verzichten daher für die
praktischen Bedürfnisse auf beide Systeme und begnügen uns mit
der Diagnose „*Flexner-Gruppe*". Die serologischen Rassenunter-
schiede müssen aber insofern berücksichtigt werden, daß man für
die Agglutinationsprüfung möglichst polyvalente Sera vorrätig
hält und beim Widal serologisch verschiedene Stämme benutzt.

Kulturelles Verhalten. Wachstum auf und in Gelatine, auf Agar
o. B. Auf Drigalski-Agar farblos, höchstens auf den Original-
platten bisweilen ganz zarte violette Tönung im Zentrum der
Kolonien. Meist typischer Ruhrgeruch. In Peptonwasser und
Bouillon diffuse Trübung. In Trypsinbouillon meist Indolbildung.
In Lackmusmolke nach 24 Stunden Rötung. In Neutralrotagar
kein Gas, keine Fluorescenz. In Barsiekow-Traubenzucker nur
Rötung, in Milchzucker nur Trübung. In Barsiekow-Mannit-

Säurebildung. In Barsiekow-Maltose zum Teil Säurebildung (Flexner), zum Teil nicht (Y, Strong). In Barsiekow-Saccharose zum Teil Säurebildung (Strong), zum Teil nicht (Y, Flexner).

Serologisches Verhalten. Für die Diagnose fraglicher Stämme benutzt man polyvalente Kaninchensera, hergestellt mit mindestens je einem Stamm der Kruseschen sogenannten Hauptrassen A, D, H, evtl. mit noch anderen Rassen, jedoch nicht mit Rasse I und E. Titer von 1:1600—1:3200 genügen. Wo man, wie oft noch üblich, mit mono- oder polyvalenten Y und Flexner-Sera oder mit Gemischen von solchen arbeitet, muß man sich vergegenwärtigen, daß solche Sera möglicherweise nicht von allen serologischen Rassen genügend Agglutinine enthalten. Eine fehlende oder mangelhafte Agglutination bei sonst typischem Verhalten würde dann nicht gegen das Vorliegen von Bacillen der Flexner-Gruppe sprechen. Solche Vorkommen wird man bei polyvalenten Sera (im Sinne von KRUSE) kaum beobachten; doch muß man wohl auch hier mit ihrer Möglichkeit rechnen, da es vielleicht noch weitere Rassen als die bisher bekannten gibt. Schließlich kommen bei Ruhrbacillen auch inagglutinable Zustände vor.

Gang der Untersuchung auf Shiga-Kruse und Flexner-Gruppe. Die Bacillen sind vor allem in den *Schleim-* und *Eiterflocken* und *nekrotischen Epithelfetzen* zu suchen, die dem typischen Ruhrstuhl beigemengt sind. Man überträgt eine Probe des Stuhles in eine Schale mit NaCl-Lösung, fischt mit der Öse verdächtige Flocken und Fetzen heraus, spült sie in einer zweiten Schale von anhaftenden Kotpartikeln frei und streicht dann auf Platten aus.

Die Aussichten des Bacillennachweises werden besser, wenn die Plattenausstriche *sofort* am Krankenbette angelegt werden. Nötigenfalls kommt eine direkte *Entnahme* von Geschwürmaterial mit Hilfe des Mastdarmspeculums oder die Untersuchung von Schleimflocken in Betracht, die durch eine Mastdarmspülung nach vorhergegangener Defäkation gewonnen wurden.

Einige Autoren schlagen vor, statt der meist üblichen farbstoffhaltigen Differenzierungsplatten auf gewöhnliche oder Blutagarplatten auszustreichen. Wir schalten in den bei sonstigen Stuhluntersuchungen üblichen Satz von Drigalski-Platten eine gewöhnliche Agarplatte ein, lassen aber außerdem bei den Drigalski-

Platten das Krystallviolett fort, wodurch ihre allgemeine Verwertbarkeit für Typhus usw. nicht beeinflußt wird.

Die klinische Diagnose darf keinesfalls von dem Nachweis der Bacillen abhängig gemacht werden. Bei Epidemien soll der Ehrgeiz nicht dahin gehen, bei jedem einzelnen Falle die Bacillen nachgewiesen zu sehen. Vielmehr genügt es, nach erfolgtem Nachweis der Bacillen bei einigen Fällen, die ärztlichen Maßnahmen bei den weiteren Vorkommen lediglich auf Grund des klinischen Befundes zu stellen.

Andererseits werden Ruhrbacillen gelegentlich sozusagen unpassend, wie z. B. bei einer *Umgebungsuntersuchung* auf Typhus, gefunden. Solche Fälle erklären sich zum Teil wohl dahin, daß die Ruhr sehr oft nicht definitiv ausheilt und auch nach leichter, unter Umständen nicht mehr in der Erinnerung haftender Erkrankung Residuen von entzündlichen Herden im Dickdarm mit gelegentlicher Bacillenausscheidung vorkommen. Im übrigen muß man sich bei *überraschenden Befunden* von Ruhrbacillen durch längere Beobachtung der sogenannten bunten Reihe davon überzeugen, daß es sich nicht etwa um einen paragglutinierenden Stamm der Coli-Gruppe handelt.

Verdächtige Kolonien werden zunächst in der *Probeagglutination* auf dem Objektträger geprüft, für die man zweckmäßig ein Mischserum benutzt, das zu gleichen Teilen aus spezifischem polyvalenten Shiga- und polyvalentem Flexner-Gruppen-Serum in geeigneten Verdünnungen besteht. Bei positivem Ausfall wird dann die Prüfung in den einzelnen Sera wiederholt und von der betreffenden Kolonie (evtl. aber auch bei negativer Probeagglutination!) werden eine Drigalski-Platte, die sogenannte *bunte Reihe*, und eine Agarplatte beimpft.

Das Material der letzten dient für die *Agglutinationsprüfung* am nächsten Tage, für die polyvalentes Shiga- und polyvalentes Flexner-Gruppen-Serum in Verdünnungen ab 1:100 benutzt werden. Ablesung nach 2 Stunden 37° und weiteren 20 Stunden Zimmertemperatur. Die Prüfung auf Beweglichkeit der Bacillen ist stets anzustellen; wenn man ihre Sicherheit erhöhen will, legt man eine besondere Bouillonkultur an, die bei Zimmertemperatur bebrütet wird.

Widal-Probe. Ansetzung von je einer Reihe von Serumverdünnungen 1:50, 100, 200 für je einen Stamm Shiga-Kruse,

Gruppe Flexner, Rasse A, D und H. Wo man weiter mit Y und Flexner arbeiten will, muß man sich wenigstens davon überzeugen, daß die beiden Stämme nicht serologisch identisch sind. Ablesung nach 2 Stunden 37° und etwa 20 Stunden Zimmertemperatur. Gleichzeitige Ansetzung je eines Versuches mit Typhus- und Paratyphusbacillen ist empfehlenswert.

Bacillus Kruse-Sonne (*E-Ruhr*). *Kulturelles Verhalten.* Auf *Agar*, *Drigalski-* und *Endo-Platten* charakteristisches Wachstum in 2 Arten von Kolonien: 1. glatte, runde, gewölbte, spiegelnde, auf Drigalski und Endo im Zentrum oft leicht rötlich getönte, 2. rauhe, gezackte, flache, gekörnte, stets farblose Kolonien. Die zweite Kolonieform entsteht aus der ersten, sprießt am Rande derselben hervor: Bild der platzenden Bombe. Die rauhe, flache Kolonieart bleibt bei Weiterzüchtung konstant. Die Weiterzüchtung von der glatten Kolonie ergibt immer wieder die Aufspaltung in glatte und rauhe Kolonien. Kulturell verhalten sich beide Formen sonst gleich.

In *Bouillon* Wachstum als Bodensatz bei fast klarer Flüssigkeit, seltener mit schwach diffuser Trübung. In Trypsinbouillon keine Indolbildung. In Barsiekow-Traubenzucker-Mannit und -Maltose Rötung (in Maltose oft langsam eintretend). In Barsiekow-Milchzucker nach etwa 5—12 Tagen Rötung. In Lackmusmolke dreimaliger Farbumschlag: nach 24 Stunden Rötung, nach 2—7 Tagen Bläuung, nach 6—23 Tagen, in der Regel nach etwa 10—12 Tagen, Rötung, die Zerlegung des Milchzuckers bedeutet. In Rhamnoselösung Bildung von Säure. Wir benutzen die Bittersche Rhamnose-Molke, der wir hierfür je Röhrchen 10 Tropfen 10% Peptonlösung zusetzen.

Serologisches Verhalten. Serologisch stellen die Kruse-Sonne-Bacillen eine scharf umschriebene Einheit dar. Mit ihnen hergestellte Sera agglutinieren keine anderen Ruhrbacillen, und die Kruse-Sonne-Bacillen werden von anderen Ruhrsera nicht oder nicht typisch agglutiniert. Dagegen verhalten sich die 2 Wuchsformen serologisch verschieden. Sera, die mit Material von glatten Kolonien hergestellt sind, agglutinieren nur Bacillen von diesen Kolonien deutlich (typische Ruhragglutination), nicht von rauhen Kolonien. Sera von rauhen Kolonien agglutinieren nur Bacillen von rauhen Kolonien (ganz feine, mit der Lupe sichtbare körnige Agglutination).

Für die Prüfung eines verdächtigen Stammes werden Bacillen-aufschwemmungen von beiden Koloniearten getrennt in den entsprechenden Sera zur Agglutination angesetzt, oder besser jede der beiden Koloniearten getrennt in beiden Serumarten. Man kann aber auch eine gemischte Abschwemmung von beiden Kolonieformen in den 2 Sera prüfen. Ablesung der Agglutination wie sonst bei der Ruhr.

Für die Herstellung von diagnostischen Sera muß man beide Koloniearten, besonders die glatte Form, die sonst von der rauhen allmählich überflügelt wird, getrennt bei täglicher Abimpfung weiterzüchten und mit jeder von ihnen je ein Kaninchen behandeln.

Bacillus Schmitz. Von Schmitz während des Krieges bei Ruhrkranken in einem Gefangenenlager festgestellt und als Erreger der Epidemie angesprochen. Wahrscheinlich identisch mit der Rasse I von Kruse.

In Peptonwasser diffuse Trübung; in Bouillon Trübung mit Kahmhaut; in beiden Nährböden prompt und reichlich Indolbildung. In Barsiekow-Mannit keine Säurebildung. Auf Gelatine Kolonien in Weinblattform, auf Agar ohne Besonderheit, auf Endo und Drigalski farblos; typischer Ruhrgeruch. In Barsiekow-Traubenzucker und -Milchzucker, Neutralrotagar Verhalten wie die übrigen Ruhrbacillen; in Barsiekow-Maltose wechselnd; in Barsiekow-Saccharose keine Säurebildung.

Bacillus Schmitz wird von anderen Ruhrsera praktisch nicht agglutiniert, dementsprechend agglutinieren Schmitz-Sera die übrigen Ruhrstämme nicht oder höchstens schwach (am ehesten noch den Typus Shiga-Kruse). Der Widal fiel bei Fällen von Schmitz mit dem Bacillus Schmitz z. T. deutlich positiv (bis 1:1000 + +), mit Shiga-Bacillen durchweg deutlich positiv (bis 1:3000+), mit Colitis-Bacillen der Flexner-Gruppe negativ oder höchstens schwach positiv aus.

Da die Schmitz-Bacillen offenbar selten vorkommen, wird es im allgemeinen nicht notwendig sein, ein spezifisches Serum vorrätig zu halten. Es genügt, bei mannitnegativen, indolpositiven, ruhrartigen Bacillen den Verdacht auf das Vorliegen des Bacillus Schmitz auszusprechen.

Literatur.

Hutt: Z. Hyg. **74**, 108 (1913). — Braun u. Weil: Zbl. Bakter. **109**, 16 (1928). — Schmitz: Z. Hyg. **84**, 449 (1912). — Kruse: Münch. med. Wschr.

64, 1309 (1917). — Friedemann u. Steinbock: Dtsch. med. Wschr. **42,** 215 (1916). — Schiemann: Z. Hyg. **82,** 405 (1916).

Als **Bacillus fallax** und **Bacillus inconstans** werden Bakterien bezeichnet, die Schmitz-Bacillen vortäuschen, durch längere Beobachtung des kulturellen Verhaltens von ihnen aber unterschieden werden können. So spalten sie z. T. allmählich Saccharose, und so bildet der Bacillus inconstans z. T. mäßig Gas aus Dextrose. Bei Bebrütung bei 22° sind sie z. T. beweglich.

Literatur.

Braun u. Löwenstein: Zbl. Bakter. **91,** 1, (1923).

Bacillus alcalescens (Andrewes).

Von den Ruhrbacillen unterscheidet sich der Bacillus alcalescens dadurch, daß er die Lackmusmolke nach anfänglicher Rötung intensiv blau färbt und Dulcit und Rhamnose unter Säurebildung spaltet. Nicht antigen wirksam. Bei Darmkatarrhen gefunden.

Literatur.

Weil, A. J.: Zbl. Bakter. **112,** 376 (1929).

Bacillus Morgan.

Gramnegatives, bewegliches, zuweilen aber unbewegliches Stäbchen. Spaltung von Dextrose, Lävulose und Galactose. Keine Spaltung von Lactose, Mannit, Dulcit und Saccharose. Bleiacetat wird geschwärzt. Indol wird gebildet. Milch und Gelatine werden nicht verändert. Bei Sommerdiarrhöen der Kinder gefunden, doch von fraglicher Pathogenität.

Bacillus coli.

Als Coli-Bacillen wird eine große, diagnostisch nicht scharf umschriebene Gruppe gramnegativer Stäbchen bezeichnet, die in der Umwelt weit verbreitet ist, einen wesentlichen Bestandteil der normalen menschlichen und tierischen Darmflora ausmacht und gelegentlich auch pathogene Wirksamkeit entfalten kann. Als Grundtypus gilt der

Bacillus coli communis. Im allgemeinen harmloser Saprophyt des menschlichen Colon, jedoch auch Erreger von Cystitis, Pyelitis, Cholecystitis, Peritonitis, Sepsis u. a. infektiösen Prozessen.

Morphologie, Färbung. Kleine, schlanke oder kurze, plumpe Stäbchen, mit wenigen, peritrichen Geißeln, beweglich, oft allerdings nur schwach oder nur bei Züchtung in Zimmertemperatur. Im Gewebe meist in sehr kleiner Coccobacillenform vorliegend, unter Umständen auch als pestähnliches, bipolares Stäbchen, bisweilen, z. B. im Urin, zu Fäden vereinigt. Keine Sporenbildung. Mit den üblichen Farblösungen gut färbbar; gramnegativ.

Kultur-Tabelle.

	Ruhr			Coli	Typhus
	Shiga-Kruse	Flexner-Gruppe	E (Kruse-Sonne)		
Bouillon	unbeweglich	unbeweglich	unbeweglich	meist beweglich	beweglich
Lackmusmolke	rot	rot-blau	rot-blau·rot	rot	rot
Dextrose	S	S	S	S G	S
Lactose	—	—	— +	S G	—
Saccharose ...	—	S̄ ×	—	∓	—
Mannit	—	S	S	S G	S
Maltose	—	— ×× S ×××	S	S G	S
Rhamnose....	—	—	S	∓	—
Dulcit	—	—	—	S G	—
Bleiacetat....	—	—	—	—	+
Indol	—	∓	—	+	—

Zeichenerklärung: × = Strong, ×× = Y, ××× = Flexner, S = Säure, G = Gas, ∓ = negativ oder positiv, — + = erst negativ, später +.

Kultur. Gutes Wachstum auf allen gebräuchlichen Nährböden, fakultativ anaerob. Auf *Agar* große, runde, flachgewölbte, graue bis leicht bräunlich getönte Kolonien, von meist glatter, glänzender (S-Form) oder auch von stumpfer, leicht gekörnter Oberfläche (R-Form). Ältere Kolonien zeigen oft zwischen einem glatten Rand und glatter Mittelpartie eine ringförmige Zone von kleinen lochartigen oder streifig gerieften Vertiefungen der Oberfläche. Auf *Gelatine*, die nicht verflüssigt wird, kleine, feucht-glänzende oder größere, flache, weinblattförmige Kolonien. In Bouillon gleichmäßige, kräftige Trübung, bisweilen unter Bildung einer Kahmhaut, bei der R-Form Bodensatzbildung bei Klarbleiben der Bouillon.

Aus *Dextrose* Säure- und Gasbildung, aus *Lactose* Säure- und meist auch Gasbildung. *Milch* wird zur Gerinnung gebracht. Im *Neutralrotagar* stets Gasbildung und meist auch Reduktion (Fluorescenz). *Lackmusmolke* wird kräftig und dauernd gerötet. *Saccharose* wird nicht zerlegt, dagegen wird Indol gebildet. Lävu-

lose, Mannit, Maltose, Galactose, Arabinose und Xylose werden
gespalten. Die *Voges-Proskauersche Reaktion* (Nitrosoindolreaktion),
bei der infolge Reduktion von Nitraten zu Nitriten durch die
Bacillen bei Zusatz von Schwefelsäure Rotfärbung entsteht, fällt
negativ aus (keine Rötung).

Ein Teil der Coli-Stämme besitzt die Fähigkeit der Hämolyse,
zu deren Feststellung statt der gewöhnlichen eine mit gewaschenen
roten Blutkörperchen hergestellte Blutplatte zu verwenden ist.
Pathogene und nichtpathogene Stämme lassen sich hierdurch
nicht unterscheiden, doch scheinen die hämolysierenden bei Infektionen, besonders der Harnwege, häufiger als die nicht hämolysierenden vorzukommen.

In *serologischer Hinsicht* besteht in der Coli-Gruppe keine
Einheitlichkeit; es muß mit sehr zahlreichen serologischen Typen
gerechnet werden. Das Immunserum eines Stammes agglutiniert
gewöhnlich nur den homologen Stamm. Innerhalb der hämolytischen Coli-Stämme scheint dagegen eine größere Einheitlichkeit zu bestehen.

Der *Widal* ist mit Vorsicht zu bewerten, obwohl zweifellos
spezifische Agglutinationen gegenüber dem eigenen infizierenden
Stamm vorkommen. Hoher Titer und Kontrollen mit Normalsera
und anderen Immunsera sind hier besonders zu verlangen.

Paragglutination. Unter Paragglutination versteht man folgende Erscheinung: Manche Coli-Stämme werden von spezifischen
Sera, insbesondere von Shiga- und Sera der Flexner-Gruppe, aber
auch von Typhus- und Paratyphus-Sera, mehr oder weniger
hoch agglutiniert. Der Typus der Agglutination ist stets körnig
(granulär). Die Paragglutination beruht wahrscheinlich zum Teil
auf zufälliger *Verwandtschaft* eines Teiles des Antigenes der betreffenden Coli-Stämme mit dem Antigen der betreffenden Erreger, zum Teil auf dem „*Rauh*"-Phänomen (siehe S. 6). Der
Befund von paragglutinierenden Coli-Stämmen gestattet keinen
Rückschluß auf ein Vorliegen der dem agglutinierenden Serum
entsprechenden Darminfektion.

Tierversuch. Die Pathogenität für Laboratoriumstiere ist im
allgemeinen gering. Subcutane Injektion führt meist nur zu
lokaler Entzündung, evtl. Abscedierung. Bei i. p. Injektion zeigen
sich beträchtliche Virulenzunterschiede, wobei sich aus entzündlichen Prozessen gezüchtete Stämme im allgemeinen als pathogen

erweisen. Bei virulenten Stämmen gehen Meerschweinchen gewöhnlich binnen 48 Stunden unter Kollaps, Peritonitis und Diarrhöe ein. Abstriche vom Peritoneum zeigen zuweilen pestähnliche, bipolare Stäbchen.

Andere Typen der Coli-Gruppe; Varianten. Die übrigen Typen unterscheiden sich von dem Grundtypus coli communis durch die eine oder andere oder mehrere Abweichungen im kulturellen, zum Teil auch morphologischen, pathogenen oder ätiologischen Verhalten. Von manchen Autoren werden auch die Friedländer- und Rhinosklerom-Bacillen, ferner auch der coliähnliche, aber Gelatine verflüssigende Bacillus cloacae zur Coli-Gruppe gerechnet.

Bacillus coli communior. Beweglich. Spaltet im Gegensatz zum coli communis Saccharose, nicht dagegen Salicin; ist aus dem communis experimentell erzeugt und wird auch praktisch gewöhnlich zum Grundtypus gerechnet.

Schleimig wachsender Coli. Unter der Einwirkung von Bakteriophagen aus normalen Coli-Bacillen entstehende, auf Agar in feuchten, schleimigen Kolonien wachsende Form, von unbeweglichen, mit Schleimkapseln versehenden Stäbchen; vom lactis aerogenes nicht sicher zu unterscheiden.

Bacillus lactis aerogenes. Unbewegliche, mit Schleimkapseln versehene Stäbchen, auf Agar in hochgewölbten, feuchtglänzenden, schleimigen Kolonien wachsend. Die Kolonien sind auf der Drigalski-Platte bei den verschiedenen Stämmen verschieden stark gerötet, nicht selten am Rande leicht bläulich getönt; im Gegensatz zum communis Spaltung von Saccharose, Adonit und Stärke, bei positiver Voges-Proskauerschen Reaktion. Gewöhnlicher Bewohner des Säuglingdarmes, auch bei Erwachsenen vorkommend; bei Gastroenteritis oft in Reinkultur auf der Stuhlplatte.

Bacillus acidi lactici. Unbeweglich. Kulturell im allgemeinen dem Grundtypus entsprechend, doch keine Spaltung von Dulcit und Salicin, dagegen Spaltung von Adonit. Gewöhnlicher Darmbewohner.

Minusvarianten. Aus normalen Coli-Bacillen lassen sich experimentell Stämme züchten, die sich durch geringes oder gänzlich fehlendes Gasbildungsvermögen aus Kohlehydraten vom Ausgangsstamm unterscheiden. Derartige Stämme, auch solche mit prompter Gasbildung aus Dextrose, langsamerer aus Lactose, kommen auch natürlicherweise vor, so z. B. bei Cystitis und Pyelitis.

Ferner gehören hierher die *Paracoli-* und „*Blaustämme*", die auf der Drigalski-Platte in blauen Kolonien wachsen und in flüssigen Kulturen Lactose nicht oder nur unter Säuerung zerlegen. Dextrose wird unter Säure- und Gasbildung gespalten. Indol wird meist gebildet. Die differentialdiagnostische Abgrenzung der Paracolibacillen von pathogenen Typen der Typhus-Paratyphus-Ruhr-Gruppe kann mitunter erhebliche Schwierigkeiten machen, da solche kulturell abweichenden Stämme daneben häufig von hochwertigen Paratyphussera (besonders vom Pferd) beeinflußt werden. In solchen Fällen ist es vor allem wichtig, die bunte Reihe lange Zeit zu beobachten, ob z. B. die Lactose- oder Saccharosespaltung verzögert eintritt. Auch die Untersuchung auf Indol darf nicht versäumt werden. Mit den soeben erwähnten Paracoli-Stämmen darf nicht der Gärtner-Kiel-Typus, der von dänischer Seite früher Paracoli genannt wurde, verwechselt werden.

Bacillus cloacae. Unterscheidet sich vom lactis aerogenes durch seine Beweglichkeit, Verflüssigung der Gelatine und durch das negative Verhalten gegenüber Stärke und Glycerin.

Bacillus coli mutabilis. Dadurch gekennzeichnet, daß die milchzuckernegativen Kolonien dauernd milchzuckerpositive Keime abspalten, die dann weiterhin konstant bleiben. In den auf Drigalski-Agar blauen Kolonien entstehen rote Knöpfe.

	Beweg.	Saccha-rose	Dulcit	Adonit.	Salicin	Stärke	V.Prosk.
communis .	+	—	+	—	+	—	—
communior	+	+	+	—	—	—	—
acid. lactici	—	—	—	+	—	—	—
lact. aerog.	—	+	—	+	+	+	+
Pneumobac.	—	+	— od. +	+	— od. +	— (+)	—

Die Angaben der verschiedenen Autoren stimmen hinsichtlich der Zuckervergärung nicht immer überein.

Bacillus pneumoniae Friedländer.

Bei einem Teil der Pneumonien, die sich durch besondere Bösartigkeit auszeichnen, kommt als Erreger der *Bacillus pneumoniae Friedländer* vor. Er kann auch sonst entzündliche Prozesse, Eiterungen, auch Sepsis verursachen.

Die Friedländer-Bacillen sind unbewegliche, sporenlose, kapselbildende *Stäbchen*, die zum Teil auch kokkenähnliche Gestalt annehmen können. Sie färben sich mit den gebräuchlichen Farblösungen, sofern eine übermäßige Schleimbildung die Färbung nicht beeinträchtigt, und sind gramnegativ.

Gutes Wachstum auf den üblichen Nährböden. Auf *Agar* runde, gewölbte, glänzende, grauweißliche, schleimige Kolonien. Bei manchen Stämmen ist die Schleimbildung weniger ausgesprochen. Gelatine wird nicht verflüssigt. In *Bouillon* tritt eine diffuse Trübung, ein Häutchen an der Oberfläche und schleimiger Bodensatz auf. Milch wird innerhalb von 7—9 Tagen zur Gerinnung gebracht. Im Neutralrotagar kommt es zur Gasbildung und Fluorescenz. Dextrose, Lactose, Lävulose, Saccharose, Mannit und Maltose werden gespalten. Die meisten Stämme haben die Fähigkeit der *Hämolyse*. Indol wird gewöhnlich nicht gebildet. Durch Galle werden die Keime nicht geschädigt. Mit Hilfe der bei Pneumobacillen unzuverlässigen Agglutination lassen sich nur agglutinable von inagglutinablen Stämmen unterscheiden. Der Pneumobacillus ist für die *weiße Maus* in der Regel hochpathogen. (KLIEWE).

Literatur.

KLIEWE: Zbl. Bakter. **116**, 92 (1930).

Zur Friedländer-Gruppe werden eine Anzahl kapselbildender Bacillen, so diejenigen der Ozäna, des Rhinoskleroms und oft auch der Bacillus lactis aerogenes gerechnet (siehe S. 127).

Bacillus rhinoscleromatis (v. FRISCH), Rhinosklerom.

Schleimbildendes, gramnegatives Stäbchen, zur Friedländer-Gruppe gehörend; in der Schleimhaut der Nase, des Rachens und Kehlkopfes bei Rhinoskleromkranken gefunden.

Wachstum auf den üblichen Nährböden in dicken, schleimigen (S) und in trockenen, kleineren (R) Kolonien. Gelatine wird nicht verflüssigt. *Bouillon* wird gleichmäßig getrübt, oft unter Bildung eines Oberflächenhäutchens. Auf Drigalski-Agar bläuliche Kolonien. Keine Spaltung von Lactose; Säurebildung aus Dextrose nach 24 Stunden und langsam aus Saccharose. Kein Wachstum in Galle, keine Indolbildung.

Spezifische Agglutination der R-Form durch Kaninchenimmunserum.

Literatur.
ELBERT u. GUERKESS: Ann. Inst. Pasteur **44**, 548 (1930).

Bacillus faecalis alcaligenes.

Der *Bacillus faecalis alcaligenes*, der normalerweise im Darm vorkommt, kann unter Umständen pathogen wirken und paratyphusartige Erkrankungen verursachen.

Die Bacillen sind kurze, gramnegative, meist sehr bewegliche, nicht sporenbildende Stäbchen, die sich mit den üblichen Farben gut färben und auf den gebräuchlichen Nährböden gut wachsen. In *Bouillon*, die diffus getrübt wird, entsteht an der Oberfläche ein Häutchen. Gelatine wird nicht verflüssigt und Milch nicht zur Gerinnung gebracht. In der *Lackmusmolke* verursachen die Bacillen eine stark alkalische Reaktion, färben sie also tief blau; spalten aber keines der gebräuchlichen Kohlehydrate.

In differentialdiagnostischer Beziehung gegenüber dem Typhus ist besonders auf die abweichende bunte Reihe und die negative Agglutination zu achten.

Mit dem Bacillus alcaligenes wird das ebenfalls im Stuhl vorkommende *Spirillum alcaligenes* (lophotrich) häufig verwechselt.

Bacillus pestis; Pest.

Die Pest tritt entweder, und zwar meist, als Drüsen- oder Bubonenpest (Schwellung und Vereiterung der Lymphdrüsen) oder in der schwereren Form als Lungenpest auf. Das Auftreten der Pest steht meist mit Pestenzootien und Pestepizootien bei Ratten, aber auch bei anderen Tieren, wie Erdhörnchen, Murmeltieren u. a. im Zusammenhange. Für Deutschland kommt besonders in den Hafenorten die Untersuchung pestverdächtiger Schiffsratten in Betracht.

Entnahme und Versand pestverdächtigen Materials. Vom *Lebenden* werden nach gründlicher Reinigung der Haut aus einer geschwollenen Drüse durch Einschnitt oder mit Hilfe einer Spritze Drüsensaft entnommen und mehrere Deckglasausstriche angefertigt. Ferner wird ein Stück der Drüsengeschwulst excidiert, evtl. Eiter aus der Drüse entnommen, und dieses Material, wie auch bei der Exstirpation ausfließendes Blut in weithalsige Gläser getan. Ebenfalls sind mehrere Blutausstrichpräparate einzusenden. Lungenauswurf, Lungenödemflüssigkeit und Urin werden in starkwandige Gefäße gefüllt. Von der *Leiche*, die im allgemeinen nur soweit nötig seziert werden soll, genügt es meist, eine geschwollene Lymphdrüse, möglichst primären Bubo, ein walnußgroßes Stück Milz und 10—20 cm³ Blut aus der Vena jugularis zu entnehmen. Falls kein Bubo vorhanden ist und Verdacht auf Lungenpest besteht, sind auch erkrankte oder verdächtige Lungenteile einzuschicken. Betreffend Verpackung und Versand sind die gleichen Maßnahmen wie bei der Cholera zu treffen (siehe S. 87).

Morphologie. Die im Aussehen zwischen einem Coccobacillus und Stäbchen schwankenden Pestbacillen sind in typischer Form, wie sie in Ausstrichpräparaten von frischen menschlichen oder tierischen Leichenorganen vorliegen, kurze, plumpe, an den Enden abgerundete, an den Seiten schwach ausgebuchtete Stäbchen, die gefärbt an beiden Enden deutliche Polfärbung aufweisen und etwa 1,5—1,8 mal 0,5—0,7 μ groß sind. Sie sind unbeweglich, geißellos und bilden keine Sporen. Die äußerste Schleimschicht des Ektoplasmas ist bisweilen sehr stark ausgebildet, so daß z. B. bei gefärbten Ausstrichen von Peritonealexsudat von i. p. infizierten Meerschweinchen unter Umständen der Eindruck hervorgerufen wird, daß eine Kapsel ausgebildet wäre. In Kulturen treten schon frühzeitig als charakteristisches Merkmal mannigfaltige *Involutionsformen* auf: Scheinfäden, geblähte Stäbchen, Keulen, hefezellen- und ringförmige Gebilde, die man auch in faulenden Leichen und Tierkadavern findet.

Färbung. Mit allen gebräuchlichen Farblösungen leicht färbbar; gramnegativ. Zur Darstellung der charakteristischen, aber keineswegs auf die Pestbacillen beschränkten Polfärbung tropft man auf die lufttrockenen Ausstriche absoluten Alkohol, gießt ihn nach 1 Minute ab und läßt den Rest durch Berühren der Flamme abbrennen; darauf gewöhnliche Färbung mit verdünntem Löffler Methylenblau oder verdünntem Carbolfuchsin.

Kultur. Die Pestbacillen wachsen bei O_2-Zutritt und neutraler oder ganz schwach alkalischer Reaktion auf den gewöhnlichen Nährböden. Die Angabe „streng aerob" bedarf vielleicht der Korrektur. Optimale Temperatur 25—30°, bei 37° unter Umständen Hemmung. Wachstum stets langsam, besonders bei der Herauszüchtung aus menschlichem Material und Kadavern; nach 24 Stunden oft erst mikroskopisch kleine Kolonien.

Auf *Agar* 2 Arten von Kolonien: Zarte, hellgraue, flache, unregelmäßig begrenzte und robustere, saftigere, bei denen ein dunklerer, leicht gelblich getönter Zentralteil von *einer zarten Zone mit ausgebuchtetem scharfen Rand* umgeben ist. Ihre Größe ist sehr wechselnd. An Stellen mit flächenhaft ausgebreitetem Kulturrasen und Strichen läßt sich eine schleimig-klebrige Beschaffenheit der Kultur feststellen, die bei vorsichtigem Abheben der Öse häufig vom Agar auf diese übergeht. Auf Agar mit Zusatz von 2,5—3,5% NaCl treten die Bacillen in ausgesprochenen *Involutionsformen* auf; ebenso soll sich aber auch der pestähnliche Bacillus pseudotuberculosis rodentium verhalten.

Auf *Gelatine*, die nicht verflüssigt wird, bei 22° nach 2—3 Tagen kleine, graue, später gelblich getönte Pünktchen, die aus einem grob gekörnten, erhabenen Zentrum und schmalem, glashellem, am Rande ausgezacktem Saum bestehen. Abklatschpräparate zeigen in der Randpartie der Kolonien gewundene Fadenschlingen; auch findet man meist Kolonien, die im Abklatsch ganz aus solchen Schlingen bestehen und wie ein lockeres Drahtknäuel aussehen (*Kosselsche Schleifen*, ein charakteristischer Befund).

In *Bouillon* feinflockiges Boden- und zarthäutiges Oberflächenwachstum; mikroskopisch (wie aber auch bei manchen pestähnlichen Bacillen) kurze bis lange, oft scharf geknickte Ketten von Stäbchen. Kolonien auf der *Endo-Platte:* blaß, später matt rötlich. In flüssigen Nährböden mit Dextrose und Mannit (Indische Kommission, BERLIN), mit Arabinose und Maltose (BERLIN) wird Säure gebildet, nicht dagegen in Lactose und Dulcit (Indische Kommission, BERLIN). Gas wird in keinem der Zucker gebildet.

Agglutination. Mit Hilfe agglutinierender Sera, deren Titer meist nicht sehr hoch sind (1:200—500), gelingt es, Pestbacillen, die sich oft schwer gleichmäßig verreiben lassen, spezifisch zu agglutinieren. Zwecks Feststellung genesender und abgelaufener Pestfälle ist die Widalsche Reaktion, in den Verdünnungen 1:1, 1:2, 1:5, 1:10, anzustellen, deren positiver Ausfall mit größter Wahrscheinlichkeit für Pest spricht; ein negativer Ausfall spricht nicht gegen Pest.

Thermopräcipitation. Entsprechend der Ascolischen Thermopräcipitation bei Milzbrand kann auch bei Pest, besonders wenn es sich um faulende Rattenkadaver, Leichenteile usw. handelt, die Thermopräcipitation versucht werden. Einige Gramm der Gewebe werden zerkleinert und mit der gleichen Menge NaCl-

Lösung im Schüttelapparat geschüttelt, 5 Minuten im Wasserbade gekocht und nach Abkühlung durch ein doppeltes Papierfilter geschickt, bis das Filtrat klar oder schwach opalescent ist. Zu 0,25 cm³ dieses Extraktes werden 0,25 cm³ Pestserum gegeben. Im positiven Falle entsteht an der Berührungsstelle beider Flüssigkeiten ein weißer Präcipitationsring. Der negative Ausfall spricht nicht gegen, der positive dagegen mit größter Wahrscheinlichkeit für das Vorliegen von Pest. Folgende Kontrollen sind erforderlich: Pestserum + NaCl-Lösung; Pestserum + Pestbacillenextrakt; Normalserum + untersuchter Extrakt (DÖLL und WARNER).

Diagnostischer Tierversuch. An Meerschweinchen und Ratten auszuführen, die beide sehr empfänglich sind. Die *amtlichen Anweisungen* vom 3. Juli 1902 sehen vor:

„Impfung von Ratten. Die Impfung geschieht durch Einspritzung von Gewebssaft unter die Haut oder Einbringung eines Stückchens des verdächtigen Materials in eine Hauttasche unter aseptischen Kautelen. Bei stark verunreinigtem Ausgangsmaterial ist daneben die Verimpfung auf die unverletzte Conjunctiva und die Verfütterung vorzunehmen. Neben den Ratten können auch Meerschweinchen benutzt werden. Die Impfung derselben geschieht am besten durch Einreiben des zu untersuchenden Materials auf die rasierte Bauchhaut.“

Diese Versuche werden zweckmäßig noch durch den sogenannten *Schwanzwurzelstich* bei der *Ratte* ergänzt (KOLLE und OTTO), bei dem eine durch Eintauchen in Organemulsion infizierte Hohlnadel mehrere Male in die Subcutis der Schwanzwurzel eingestochen wird. Diese Infektion geht bei pestähnlichen Bakterien nicht an. Ferner empfiehlt es sich, die *percutane Infektion* beim *Meerschweinchen* (Einreibung des verdächtigen Materials auf die rasierte oder zwecks Vermeidung von Hautwunden besser mit der Schere geschorene Bauchhaut) auf jeden Fall vorzunehmen (ALBRECHT, GOHN, KOLLE).

KISTER verimpft verdächtiges Rattenmaterial auf 3 Ratten subcutan in abgestufter Menge, auf eine Ratte in eine Hauttasche, desgleichen auf ein Meerschweinchen, ferner auf zwei Meerschweinchen percutan; eine Ratte wird durch Schwanzwurzelstich geimpft.

Bei der *Ratte* führt die Impfung in der Regel zu einer in 2 bis 3 Tagen tödlich endigenden Pestinfektion. Bei der Sektion der verendeten Tiere sind die Gewebe und die regionären Lymphdrüsen ödematös-hämorrhagisch durchtränkt, die Drüsen stark geschwollen (Bubo). Die Milz ist dunkelrot, stark vergrößert, Leber und Lungen sehr blutreich; die Organe weisen häufig kleinste bis stecknadelkopfgroße, weißlichgelbe Herde auf. In Brust- und Bauchhöhle findet sich oft etwas Exsudat. Bei Ratten, die an spontaner Pest verendet sind, finden sich starke Injektion der Gefäße, Vergrößerung der Inguinaldrüsen oder auch anderer Drüsengruppen, Vergrößerung der Milz und der Leber, manchmal mit zahlreichen weißlichgelben Herden, auch in den Lungen, zuweilen auch Pleuraexsudat. Die Herde sind nicht immer ausgebildet oder wenigstens nicht makroskopisch sichtbar; stets finden sich aber Injektion der Subcutis, Drüsenschwellungen und Milzvergrößerung (KISTER).

Beim Meerschweinchen, das der Infektion mit virulentem Material ebenfalls prompt binnen 3—5 Tagen erliegt, kommt es zu anatomischen Veränderungen von der gleichen Art wie bei der Ratte. Nach perkutaner Infektion bilden sich oft auf der sich entzündlich rötenden Hautstelle kleine, bacillenhaltige Bläschen mit Schwellung der regionären Lymphdrüsen. In eiligen Fällen empfiehlt sich der Versuch, die Bacillen nach 24—48 Stunden durch Punktion oder Exstirpation der Drüsen nachzuweisen.

In den Organen und im Blut der an Pestinfektion verendeten Ratten und Meerschweinchen lassen sich die Erreger in der Regel leicht nachweisen. Ausstrichpräparate von der Milz und den Drüsen zeigen meist massenhaft typische Peststäbchen. Bei stark fauligen Pestratten treten sie nicht selten in Involutionsformen (Scheiben, Ringformen) auf, und die Deutung der mikroskopischen Befunde kann durch die massenhaften Fäulnisbakterien erschwert sein. Der Nachweis durch Kultur und Tierversuch gelingt aber mit großer Regelmäßigkeit. Bei faulem Material empfiehlt es sich, auch einen besonderen Plattensatz im Eisschrank zu halten; KISTER verwendet auch Endo-Platten (Hemmung des Proteus). In seltenen Fällen bereitet die in stark faulenden Kadavern unter Umständen eintretende Virulenzabschwächung, bei der dann die geimpften Tiere verspätet, bisweilen auch uncharakteristisch oder auch gar nicht erkranken, Schwierigkeiten. Sie können aber meist durch Anwendung größerer Mengen des Materials und Hinzuziehung der i. p. Infektion von Tieren behoben werden.

Differentialdiagnostisch ist von Wichtigkeit, daß eine ganze

Anzahl von Bakterien, nicht nur solche der Gruppe der hämorrhagischen Septicämie, sondern auch andere Erreger: Coli, Paratyphus, Friedländer, Tularämie, Bang u. a. Bakterien bei Meerschweinchen und Ratten pathologisch-anatomische Veränderungen hervorrufen können, die dem Bilde bei der Pest mehr oder weniger ähnlich sind, wobei die Erreger als bipolare Kurzstäbchen auftreten können. Zum Teil handelt es sich um Infektionen, die bei den genannten Tieren spontan auftreten, und die man daher bei Tierversuchen auf Pest, aber auch bei „spontanen" Pestratten zufällig antreffen kann. Die so entstehenden Schwierigkeiten lassen sich durch genaue kulturelle und serologische Untersuchung und Tierversuche (besonders durch Schwanzwurzelstich bei der Ratte und perkutane Infektion beim Meerschweinchen) durchweg überwinden.

Gang der Untersuchung auf Pest. Sie hat in Deutschland nach den amtlichen Bestimmungen vom 3. Juli 1902 zu erfolgen, die auch genaue Angaben über Wahl, Entnahme und Versand des Untersuchungsmaterials enthalten. Sie umfaßt mikroskopische Untersuchung des Materials, Versuch der Reinkultur, diagnostischen Tierversuch mit dem Material, Identifizierung der Reinkultur aus dem Material oder dem Tierversuch mit Heranziehung der Agglutinationsprobe und des Tierversuches. Gegebenenfalls ist auch die Widalprobe anzusetzen.

Der **Bacillus pseudotuberculosis rodentium,** ein kurzes, 0,6 bis 1,2 μ langes, plumpes, im allgemeinen unbewegliches, bei Züchtung bei 22°C jedoch eigenbewegliches (Plattenbeobachtung siehe S. 9), gramnegatives Stäbchen, verdient besondere Erwähnung, weil er beim Meerschweinchen unter Umständen pestähnliche Sektionsbilder hervorruft, im Gewebe oft als bipolares Stäbchen auftritt und nach ZLATOGOROFF (von anderen Autoren nicht bestätigt) durch Pestserum agglutiniert wird. Auf *Agar* üppige, grauweiße Kolonien; in Bouillon zarte Flocken oder schlierenförmige Fäden (mikroskopisch Kettenbildung); *Gelatine* nicht verflüssigt; auf *Drigalski-Agar* grauweißliche Kolonien. In Dextrose, Maltose und Mannit wird Säure gebildet, nicht dagegen in Saccharose, Lactose und Dulcit. Nach JWANOWSKY und SASSYKINA unterscheidet er sich von Pestbacillen durch sein bedeutend größeres Reduktionsvermögen gegenüber Methylenblau, wofür eine einfache Methode angegeben wird. Nach OTTEN wird Peptonwasser mit 0,5—0,05%

Dextrose (Lackmus als Indicator) zunächst gerötet, später vom 3. Tage ab gebläut, während Pestbacillen nur röten. Für Mäuse, Meerschweinchen, Kaninchen hochinfektiös (s. c., i. p., per os), *für Ratten dagegen nicht*. (Einige Autoren geben Rattenpathogenität an).

Literatur.

DIEUDONNÉ u. OTTO: K. Kr. U. 3. Aufl. **4**, 179 (1928). — KISTER: Zbl. Bakter. **117**, 433 (1930). — BERLIN: Hamb. med. Überseeh. 210, (1914). — ZLATOGOROFF: Zbl. Bakter. **37**, 345, 513, 654 (1904). — OTTEN: Zbl. Bakter. **98**, 484 (1926). — IWANOWSKY u. SASSYKINA: Zbl. Bakter. **117**, 535 (1930). — DÖLL u. WARNER: Z. Hyg. **84**, 67 (1917).

Bacillus septicaemiae haemorrhagicae (*Pasteurella-Gruppe*).

Unter der Bezeichnung *Pasteurellosen* werden zahlreiche, unter dem Bilde der hämorrhagischen Septicämie verlaufende, tierische Seuchen zusammengefaßt, die durch einen wahrscheinlich einheitlichen, bei den verschiedenen Tierseuchen aber in verschiedenen Rassen vorliegenden Erreger hervorgerufen werden. Die wichtigsten Tierseuchen (bzw. deren Erreger) sind die *Wild-* und *Rinderseuche* (Bac. bovisepticus), *Schafseuche* (B. ovisepticus), *Schweineseuche* (B. suisepticus), *Geflügelseuche* (B. avisepticus); ferner gehören hierher die in den Tierställen der Laboratorien nicht selten auftretenden Pasteurellainfektionen der *Meerschweinchen* und *Kaninchen*.

Morphologie, Färbung. Polymorphe, in der Regel kurze, dicke, auch schlanke, im Tierkörper bipolare und mit einer Kapsel versehene, unbewegliche Stäbchen, ohne Sporen und ohne Geißeln. Sie färben sich mit den üblichen Farblösungen und sind gramnegativ.

Kultur. Gutes Wachstum auf den üblichen Nährböden, besonders gut auf bluthaltigen. Auf *Agar* glattrandige, durchscheinende, nach 2—3 Tagen weißliche und dem Nährboden anhaftende Kolonien. Auf der *Drigalski-Platte* keine Rötung. Aus Dextrose, Mannit, Saccharose und Xylose Säurebildung, keine Gasbildung. Keine Säurebildung aus *Lactose*, Dulcit, Arabinose, Maltose, Raffinose und Inosit. *Gelatine* wird nicht verflüssigt und Milch nicht zur Gerinnung gebracht. Indol und H_2S wird gebildet.

Von praktischer Bedeutung ist die differentialdiagnostische Abgrenzung der Pasteurella-Gruppe vom Pestbacillus und dem Bacillus pseudotuberculosis rodentium.

Tierversuch. Abgesehen von der in der Regel hohen Pathogenität der verschiedenen Pasteurella-Rassen für bestimmte Tierarten (z. B. des avisepticus für Hühner und Tauben) ist allen Rassen gemeinsam die große Virulenz für weiße Mäuse und Kaninchen: tödliche Bakteriämie mit Hämorrhagien, entzündliches Ödem an der Injektionsstelle.

Bacillus melitensis; Maltafieber.

Der *Bacillus melitensis* ist der Erreger des am Mittelmeer heimischen, aber auch in Afrika, in Asien und beiden Amerika vorkommenden Mittelmeer-, Malta- oder undulierenden Fiebers. Das Vorkommen der menschlichen Erkrankungen steht meist im Zusammenhang mit enzootischen Melitensis-Infektionen bei den Ziegen der betreffenden Länder. Die Übertragung kommt in der Regel durch Genuß roher Ziegenmilch zustande.

Eng verwandt mit Bacillus melitensis ist der *Bacillus abortus Bang.* Möglicherweise stellen beide Erreger sogar nur zwei verschiedene biologische Rassen einer einheitlichen Art dar, von denen die eine an den Organismus der Ziege, die andere (abortus Bang) an Rinder angepaßt ist, und die, auf den Menschen übertragen, septikämische Infektionen hervorrufen, die als Maltafieber bzw. Bang-Infektion zwar unterschiedliche Krankheitsbilder hervorrufen, aber doch gewisse gemeinsame Züge aufweisen.

Morphologie, Färbung. Die „Maltakokken" sind Stäbchen, die in der typischen Form sehr kurz (0,3—0,4 μ) sind und, relativ dick und von nahezu ovaler Form, fast wie Kokken aussehen. Im einzelnen Ausstrich nicht selten auffallend monomorph, verhalten sie sich im ganzen recht polymorph und treten auch als deutliche Stäbchen von einer Länge bis zu 1,5 μ und mehr auf. Sie liegen im Ausstrich einzeln oder zu zweien beieinander. Lebhafte Molekularbewegung; keine Eigenbeweglichkeit. Sporen-, Kapselbildung sind nicht bekannt.

Gramnegativ. Färbbarkeit mit allen gebräuchlichen Farblösungen. Bei Ausstrichen von Kolonien, die mit der Öse abhebbar, d. h. bereits einige Tage alt sind, fällt die Färbung meist ausgesprochen blaß aus.

Kultur. Die Bacillen gedeihen bei 37° auf allen üblichen Nährböden, und zwar im Gegensatz zum Bacillus abortus Bang stets auch in der gewöhnlichen Atmosphäre. Das Wachstum ist auch

im besten Falle langsam, so daß man z. B. für den Widal 2—3 Tage
bebrütete Kulturen nehmen muß.

Auf *gewöhnlichem Agar* nach 48 Stunden kleine, zarte, etwas
opalescierende, meist glatte, nahezu homogene Kolonien, die
schwach gelblich getönt sind. Ältere Kolonien nehmen einen
mehr gelblichbräunlichen Farbton an. Wo sie dicht stehen und
der Feuchtigkeitsgehalt genügend groß ist, vereinigen sie sich zu
einem feuchten Rasen. Auf der *Blutplatte* etwas besseres Wachstum. *Gelatine* wird nicht verflüssigt. In *Bouillon* langsames
Wachstum mit Trübung, die zunächst in der oberen Hälfte der
Röhrchen deutlich wird; später weißlicher Bodensatz; kein Kahm-
häutchen. In *Lackmusmolke* weit besseres Wachstum, keine
Rötung; nach einigen Tagen Farbumschlag in Blau. Keine Säurebildung aus Dextrose, Lactose, Mannit, Maltose und anderen
Zuckerarten.

Agglutination. Spezifische Immunsera (mit steigenden Dosen
bei 60° abgetöteter Bacillen vom Kaninchen gewonnen) agglutinieren Maltabacillen nach dem körnigen Typus, die einzelnen
Stämme jedoch in sehr verschieden hohen Graden. Nachlassen
der Agglutinabilität sowie Instabilität (Spontanagglutination)
scheinen nicht selten vorzukommen.

Als *Paramelitensis* werden im Mittelmeergebiet von Menschen
und Ziegen isolierte Stämme bezeichnet, die sich von den meli-
tensis-Stämmen hauptsächlich dadurch unterscheiden, daß sie von
melitensis-Sera nur schwach oder gar nicht agglutiniert werden.
Sie stellen anscheinend in ihrem Antigen veränderte melitensis-
Stämme dar, die nur schwach antigen wirken und zu Spontanagglutination neigen. Sie verdienen Beachtung, weil sie in manchen
Gegenden häufig auftreten und das nicht seltene Versagen der
Widalreaktion (siehe S. 139) zum Teil auf ihrem Vorliegen beruhen dürfte.

Bacillus abortus Bang wird von melitensis-Sera spezifisch
agglutiniert, meist allerdings nicht so hoch wie gut agglutinable,
homologe melitensis-Stämme. Umgekehrt reagieren die letzten
in der Regel mit abortus-Sera. Beide Erreger sind eng miteinander
verwandt und wurden daher von FEUSIER und K. F. MEYER zu
der Gattung *Brucella* vereinigt. Die Einteilung der Gruppe nach
dem serologischen Verhalten der Stämme ist noch nicht ab-

geschlossen. Ebenso bedürfen noch die Beziehungen zum *Bacillus tularensis* (S. 143) der definitiven Aufklärung.

Widal. Im Serum der Erkrankten lassen sich in der Regel spezifische Agglutinine nachweisen. Gar nicht selten fehlen sie jedoch oder beeinflussen nur den eigenen Stamm; es sind auch Fälle bekannt, in denen nicht einmal dieser agglutiniert wurde. Die Titerhöhe kann bei einem und demselben Fall erheblichen Schwankungen unterworfen sein.

Auch gegenüber dem Krankenserum zeigen die einzelnen Stämme zum Teil sehr verschiedene Beeinflußbarkeit. Der Widal wird daher zweckmäßig mit mehreren, mindestens zwei Stämmen angesetzt; ferner empfiehlt es sich, auch zwei paramelitensis- und einen abortus Bang-Stamm zu verwenden. Die Kulturen müssen gut agglutinabel sein und dürfen in inaktivem Normalserum sowie in NaCl-Lösung keine Spontanagglutination zeigen.

Da das frische Serum von vielen gesunden und anderweitig kranken Menschen melitensis-Stämme agglutinieren kann (Titerhöhe bis 1:200—300, selten 1:500; Konrich), ist die Reaktion mit inaktiviertem ($^1/_2$ Stunde 56°) Serum anzusetzen. Daneben ist auch das unerhitzte Serum zu prüfen, da die Erhitzung bisweilen auch die spezifischen Agglutinine zu schädigen scheint.

Das Serum wird in den Verdünnungen von 1:50—3200 angesetzt. Ablesung nach 2 Stunden 37° und nach 20stündigem Aufenthalt im Zimmer. Ein Titer von 1:200 und mehr im inaktivierten Serum kann als positiv gelten.

Tierversuch. I. v. oder i. p. Injektion führt bei Kaninchen und Meerschweinchen zu subakuter bis chronischer Allgemeininfektion, bei der sich die Bacillen aus dem Blut und den Organen (Milz) in Reinkultur gewinnen lassen. Nach intracerebraler Applikation gehen die Tiere innerhalb einiger Tage ein (Saisawa).

Gang der Untersuchung. Für die Praxis genügt im allgemeinen der Nachweis der spezifischen Agglutinine im *Widal.* Zum Nachweis der gewöhnlich nur in geringer Anzahl im Blute kreisenden *Erreger* entnimmt man während eines Fieberanstieges 3—5 cm³ Blut aus der Armvene und überträgt es sofort in einen Kolben mit 50 cm³ Bouillon. Bei Blutproben, die per Post für den Widal eingesandt wurden, werden die Blutkuchen zerteilt in Bouillon übertragen. Aus den Kolben werden alle 2—3 Tage nach Umschütteln Agarplatten beimpft. Als Anzeichen des eingetretenen

Wachstums werden auf dem Grunde der Kolben oft kleine, weißliche Flöckchen und Stippchen sichtbar. Nach BRUCE gelingt der
Nachweis der Erreger mit größerer Sicherheit, wenn man durch
Punktion erhaltenen Milzsaft auf Platten ausstreicht. Ferner
kommt der Nachweis im *Urin* in Betracht, bei dem das Zentrifugat
der steril entnommenen Proben teils direkt auf Platten verimpft,
teils Meerschweinchen i. p. injiziert wird (Reinkultur aus der Milz).

Beim Arbeiten mit Maltabacillen, besonders bei Tierversuchen,
ist *größte Vorsicht* angezeigt: tödliche Laboratoriumsinfektionen.
Für die praktische Diagnose sind Tierversuche in der Regel zu
entbehren.

Literatur.

SAISAWA: Z. Hyg. **70**, 177 (1912). — KONRICH: Z. Hyg. **46**, 261 (1904).

Bacillus abortus Bang; Bang-Infektion.

Da das Krankheitsbild vielen Ärzten zur Zeit noch nicht genügend
vertraut ist, empfiehlt es sich, alle wegen fieberhafter Erkrankungen eingesandten Blutproben im *Bang-Widal* zu untersuchen.

Die *menschlichen* Infektionen kommen in der Regel durch
Umgang mit erkrankten Rindern und höchstwahrscheinlich auch
durch Genuß von roher Milch zustande.

Bei den *Rindern*, von denen männliche und weibliche Tiere
im gleichen Grade erkranken, kommt es bei der tragenden Kuh
zu exsudativer, nekrotisierender Entzündung der Uterusschleim-
haut, die auf das Chorion und die Plazenten übergeht. Infolge
Störung des Verbandes zwischen Frucht und Mutter stirbt der
Fötus ab und wird ausgestoßen. Die Infektion, gegen die keine
eigentliche Immunität zustande kommt, vielmehr nur eine lokale
Gewebsresistenz, infolge deren die Kühe schließlich nicht mehr
abortieren, kann Jahre hindurch bestehen bleiben. Die Tiere
scheiden während dieser Zeit in der *Milch* Bang-Bacillen aus. Die
Übertragung von Rind zu Rind kommt hauptsächlich durch Verunreinigung von Streu und Futter durch Lochialsekret, Urin usw.
zustande[1].

Morphologie, Färbung. Das gleiche Verhalten wie bei Bacillus
melitensis (S. 137).

Kultur. Bei Züchtung aus frischem Material kein Wachstum
in gewöhnlicher Atmosphäre. Bei herabgeminderter O_2-Spannung

---

[1] Über das Vorkommen von Brucella-Stämmen bei Schweinen in Europa
berichtet neuerdings KRISTENSEN.

ungefähr gleiche Wachstumsintensität wie bei den Maltabacillen. Ein zweites Optimum liegt bei sehr hoher O_2-Spannung. Als günstig erwies sich ferner ein Zusatz von CO_2 zur Luft über den Kulturen, sowie eine Atmosphäre von 10% $CO_2 + 90\%$ H_2 oder N_2. In der Praxis werden folgende Verfahren angewandt:

Symbiotisches Verfahren nach NOWACK. In einen Glastopf mit eingeschliffenem Deckel (Rand mit Vaseline beschmiert), Weckglas oder dergleichen werden außer den mit dem fraglichen Material beimpften Kulturen noch eine Anzahl mit Heubacillen beimpfter Kulturen gestellt.

Verfahren nach HUDDLESON. Die Apparatur besteht aus einer Glasglocke, die luftdicht abschließend auf einer Glasplatte steht und oben von einem Gummistopfen durchbohrt ist, durch den ein mit Glashahn versehenes Trichterrohr nach unten führt und über einem Schälchen mündet, das Natr. bicarbon. enthält. Um das Schälchen werden die zu bebrüteten Kulturen gruppiert, die Glocke aufgesetzt und dann durch den Trichter einige cm^3 10% ige Schwefelsäure zugesetzt und der Trichterhahn zugedreht. Ein zweites, kürzeres, ebenfalls mit Hahn versehenes Glasrohr dient dazu, den durch die Entwicklung der CO_2 entstehenden Überdruck entweichen zu lassen.

Wir wenden für die Züchtung aus Organen usw. das Verfahren von NOWACK an, für die Züchtung aus Blut das nachfolgende.

Von eingesandten Blutproben wird bei positivem Widal der Blutkuchen zerteilt in zwei 100 cm^3-Kolben mit etwa 60 cm^3 Bouillon übertragen. Darauf wird in die Luft über der Bouillon (nicht in die Bouillon!) 1—2 Minuten lang aus einer Bombe CO_2 eingeleitet, die Kolben schnell mit den Wattepfropfen verschlossen und diese mit geschmolzenem Paraffin durchtränkt. Durch Absorption der CO_2 entsteht oft ein beträchtliches Vakuum. Es ist daher durch Festbinden Vorsorge zu treffen, daß der Wattepfropfen nicht in das Innere des Kolbens hineingepreßt wird (sonst unter Umständen Implosion mit Umherspritzen der Bouillon!). Bebrütung bei 37°; Ausimpfung auf Agar nach 1, 2, 3 Wochen. Das Wachstum auf Agar ist zunächst sehr kümmerlich.

Bei fortgesetzter Züchtung gehen die Kulturen in der Regel nach kürzerer oder längerer Zeit zu Wachstum in gewöhnlicher Atmosphäre über. Es ist stets etwas zart; für den Widal müssen die Platten meist 48 Stunden bebrütet werden. Im übrigen das gleiche kulturelle Verhalten auf den üblichen Nährböden wie beim Bacillus melitensis.

Agglutination. Diagnostisches Immunserum läßt sich durch i. v. Behandlung von Kaninchen mit abgetöteten Bacillen leicht gewinnen. Bang-Sera agglutinieren Maltabacillen praktisch in gleicher Weise wie Bang-Bacillen. Betreffend die serologischen Beziehungen zum Bacillus melitensis siehe S. 138, zum Bacillus tularensis siehe S. 144. Der Typus der Agglutination ist körnig.

Widal. Spezifische Agglutinine treten bei menschlichen und tierischen Erkrankungen regelmäßig auf. Der Titer erreicht oft beträchtliche Höhe (800—3200 und mehr). Als beweisend gilt bei Mensch und Rind ein Titer von 1:100 ab.

Hoher Titer und Anstieg bei Wiederholung sprechen für kürzlich stattgehabte Infektion. Nach der Heilung sinkt der Titer beim Menschen herab, bleibt aber noch längere Zeit in einer Höhe bestehen, die als positiv zu bezeichnen ist. Nach einem Jahre ist er in der Regel nahezu oder völlig verschwunden. Ob er gelegentlich anderer Infektionskrankheiten wieder positiv werden kann, ist unseres Wissens nicht bekannt. Ein positiver Widal ist als diagnostisch sehr zuverlässig zu bezeichnen; von der Anstellung der umständlicheren Komplementbindungsreaktion kann daher abgesehen werden.

Für den *Widal* verwenden wir frisch hergestellte Aufschwemmungen von 24—48stündigen Agarkulturen. Inaktivierung des Serums ist nicht erforderlich. Ablesung nach 2 und 24 Stunden 37°. In den Röhrchen 1:50—100 kommt gelegentlich Agglutinationshemmung vor.

Tierversuch. Die i. p. Infektion führt beim Meerschweinchen zu charakteristischem Sektionsbefund, doch kann der Tierversuch in vielen Fällen entbehrt werden; seine Bedeutung für die Praxis beschränkt sich im allgemeinen darauf, daß es mit seiner Hilfe möglich ist, die Erreger auch aus stark verunreinigtem Material in Reinkultur zu erhalten.

Die Infektion verläuft in der Regel nicht tödlich, klingt vielmehr nach Erreichung eines gewissen Höhepunktes (nach etwa 7—15 Wochen) wieder ab. Bei rechtzeitig getöteten Tieren sind starke Milzvergrößerung und miliare und etwas größere, zum Teil verkäste Knötchen in den Organen festzustellen. Für die Erzielung einer Reinkultur tötet man die Tiere zweckmäßig nach

4—5 Wochen, zu welchem Zeitpunkt die Milz besonders zahlreiche Bacillen zu enthalten pflegt.

Gang der Untersuchung. a) *Menschliche Fälle.* Das wichtigste und für die Praxis durchaus genügende diagnostische Hilfsmittel ist der Widal. Bei Sektionsmaterial Anlage von Plattenkulturen und Tierversuch.

Für die *Differentialdiagnose* zwischen Malta- und Bang-Infektion sind in der Praxis klinische und epidemiologische Erwägungen zugrunde zu legen. Wo die Erreger nachgewiesen wurden, ist die Frage entscheidend, ob sie nur in O_2-armer bzw. CO_2-haltiger oder auch in der gewöhnlichen Atmosphäre zur Entwicklung kamen[1].

b) *Tierisches Material.* Bei Abortmaterial liegen die Bacillen vorzugsweise innerhalb der Chorionepithelzellen in charakteristischen Häufchen. Ausstrichpräparate von den Stellen des Chorions, die krupöse Beläge in Form von gelblichen Flöckchen zeigen; ferner vom Lochialsekret. Beim Fötus sind die Bacillen besonders im Inhalt des Labmagens zu finden (Zentrifugensediment). Beimpfung von Platten, die nach einem der beschriebenen Verfahren zu bebrüten sind, und i. p. Injektion beim Meerschweinchen (Reinkultur aus der Milz).

Von Urinproben werden das Zentrifugat, von Milch Zentrifugat und Rahm untersucht.

Literatur.

KLIMMER u. HAUPT: Münch. med. Wschr. **69**, 146 (1922). — KRISTENSEN u. HOLM: Zbl. Bakter. **112**, 281 (1929). — KRISTENSEN: Zbl. Bakter. **120**, 179 (1931). — POPPE: K. Kr. U. 3. Aufl. **6**, 693 (1930); Erg. Med. **14**, 401 (1930).

Bacillus tularensis; Tularämie.

Die Tularämie ist eine hauptsächlich bei *Nagetieren* vorkommende Bakteriämie, die durch Insektenstich, Biß von Zecken und durch Hantieren mit kranken oder verendeten Tieren auf den Menschen übertragen werden kann. Bei Übertragungen der letzten Art kommt die Infektion durch Hautwunden und nicht selten auch durch Einbringen von infektiösem Material auf die Augenbindehaut zustande. Laboratoriumsinfektionen relativ häufig.

Die Tularämie kommt in fast allen Staaten Nordamerikas, in Sibirien, wahrscheinlich auch in Rußland (Wolga) vor. In Sibirien standen die menschlichen Erkrankungen mit Epizootien bei Wasserratten im Zusammenhang (SARCHI).

---

[1] Über kulturelle Differenzierungsmethoden siehe bei KRISTENSEN (1931).

Beim *Menschen* verläuft die Infektion subakut bis fast chronisch; Todesfälle sind relativ selten. Nach Inkubation von 1—9 Tagen *Allgemeinerscheinungen*, entzündliche Schwellung der *regionären Drüsen* (z. B. in der Achsel; beim sogenannten *okuloglandulären Typus* der Halsdrüsen), die zum Teil zu Vereiterung mit Durchbruch führt. Auftreten eines Primäraffektes an der Infektionsstelle, die anschwillt, in Form einer Pustel aufbricht und sich zu einem Geschwür entwickelt (beim Augentypus schwere Conjunctivitis). Es kommen auch Fälle von *typhusartigem* Charakter vor, ohne Entzündung von Drüsen und Primäraffekt.

Morphologie, Färbung. Kleines, variables, in jungen Kulturen stäbchen- bis kokkenförmiges, in älteren mehr kokkenförmiges, unbewegliches, geißelloses, nicht sporenbildendes Stäbchen. In Organausstrichen überwiegen bald Kokken-, bald Stäbchenformen. In flüssigen Kulturen bipolar. Mit den gebräuchlichen Farblösungen gut färbbar. Gramnegativ.

Kultur. Auf gewöhnlichem Nährboden kein Wachstum. Empfohlen wird der *Eigelbnährboden* von Mc Coy und Chapin.

60 Teile frisches Eigelb + 40 Teile NaCl-Lösung werden vermischt und in schräg gelegten Röhrchen $^1/_2$ Stunde und am nächsten Tage nochmals 1 Stunde auf 72—73° erhitzt.

Für den Widal bestimmte Kulturen legt man besser auf *Glucose-Cystinagar* an; zu einem vorrätig gehaltenen Agar (1,5% Agar; 1% Pepton; 0,5% NaCl; p_H 7,3) werden vor dem Gebrauch 1% Glucose und 0,1% Cystin zugesetzt, das Gemisch sterilisiert und zu Schrägröhrchen gegossen.

Die Kolonien sind rund, glasartig farblos und fließen bei Berührung zusammen.

Widal. Im Blut treten von der zweiten Woche ab regelmäßig Agglutinine auf. Höchster Titer (640—2560) in der 3. bis 7. Woche, dann allmähliches Absinken; Reste bleiben ein bis mehrere Jahre zurück.

Zum Widal verwendet man zweckmäßig mit 0,1% Formalin versetzte Bacillenaufschwemmungen. Ablesung nach $2^1/_2$ bis 3 Stunden 37° und nachfolgendem Stehenlassen im Zimmer bis zum anderen Tage.

Die Sera zeigen ausgesprochen *übergreifende Agglutination* mit *Bacillus melitensis* und *abortus Bang*. Oft verlaufen die Titerkurven für alle 3 Arten fast parallel; gewöhnlich ist der tularensis-

Titer höher, und die Agglutination tritt auch schneller ein. Evtl. Differenzierung durch Absättigung nach CASTELLANI (S. 48). Tularensis-Sera mit melitensis- oder abortus-Bacillen abgesättigt, agglutinieren noch tularensis-Bacillen; Absättigung mit letzten nimmt alle Agglutinine fort. Sera von Maltafieber- oder Bang-Kranken agglutinieren zum Teil auch tularensis-Bacillen; mit den homologen Bacillen ist die Agglutination jedoch weit kräftiger.

Diagnostisches Immunserum. Immunserum vom Kaninchen agglutiniert auch melitensis- und abortus-Bacillen, doch ist der homologe Titer in der Regel höher. Das gleiche gilt entsprechend für diagnostische melitensis- und abortus-Sera.

Tierversuch. Meerschweinchen erkranken bei Verimpfung von virulentem Material (subcutan oder perkutan mit Einreibung auf die rasierte Haut) nach 2—6 Tagen: lokale Reaktion an der Impfstelle; entzündliche Schwellung der regionären Drüsen und ihrer Umgebung; Fieber, Freßunlust, Gewichtsverlust. Tod nach 8—14 Tagen. Milz und Leber vergrößert, mit weißlichen Knötchen durchsetzt; in den Lungen bisweilen große Herde von blauroter und weißer Färbung; Nebennieren vergrößert und hyperämisch; regionäre Drüsen stark vergrößert, käsig nekrotisch.

Gang der Untersuchung. Für die Diagnose sind maßgebend neben den klinischen Erscheinungen und der Anamnese der positive Ausfall des Widal und evtl. die Isolierung des Erregers durch Verimpfung von Blut, Material vom Primäraffekt oder von Drüsen auf Meerschweinchen mit nachfolgender Reinkultur aus Drüsen oder Milz des Versuchstieres.

Bei Tierversuchen ist *größte Vorsicht* geboten.

Literatur.

SARCHI: Zbl. Bakter. **114**, 56 (1929); 117, 367 (1930). — FRANCIS: K. Kr. U. 3. Aufl. **6**, 207 (1929).

Bacillus influenzae; Influenza.

Der Bacillus influenzae ist ein im allgemeinen wenig virulenter oder avirulenter, auf den Schleimhäuten des Nasenrachenraumes zahlreicher Menschen nach Art eines Saprophyten vegetierender Keim. Unter unbekannten Umständen schlägt er in eine virulente und höchst kontagiöse Form um und kann zu epidemisch und pandemisch gehäuften, fieberhaften Erkrankungen mit katarrhalischen und entzündlichen Erscheinungen der Luftwege und zu Allgemeininfektion führen.

Bei *Influenzakranken* lassen sich die Influenzabacillen im Sekret des *Nasenrachenraumes* und im *Auswurf*, in letztem oft in gewaltiger Menge, nachweisen; ferner in den entzündlichen Herden, Exsudaten und Abscedierungen der komplizierten Fälle und bei den tödlichen Fällen in den *Organen* und im *Blut*. Die große Labilität der Influenzabacillen sowie die Neigung der Influenza, *Sekundärinfektionen* mit Streptokokken, Pneumokokken usw. zu begünstigen, führen aber nicht selten dazu, daß die Influenzabacillen bei der Untersuchung vermißt werden oder wenigstens ganz zurücktreten.

Während der Epidemien werden die Influenzabacillen auch bei zahlreichen *Gesunden* angetroffen. Wieweit es sich um stumme Infektionen oder um Residuen von vorhergegangener, aber unauffällig gebliebener Influenza (also um *Dauerausscheider*) handelt, läßt sich meist nicht feststellen. Ebenso ist es nicht geklärt, ob das häufige Vorkommen von Influenzabacillen bei Gesunden außerhalb der Epidemien im Sinne der Dauerausscheidung oder einer sozusagen physiologischen, wenn vielleicht auch jeweils vorübergehenden Zugehörigkeit zur normalen Flora des Nasenrachenraumes, zu deuten ist.

Erwähnt sei noch der Befund von Influenzabacillen im *Liquor*, der sowohl bei Influenzafällen mit meningitischer Komplikation als auch bei Meningitis kleiner Kinder ohne nachweisbaren Zusammenhang mit Influenza vorkommen kann.

Morphologie. Die Influenzabacillen sind unbewegliche, geißellose Stäbchen, die in ihrer typischen Form zu den kleinsten Bakterien gehören und wegen ihrer relativen Dicke fast wie Kokken aussehen können: *Coccobacillen*. Besonders klein, eben noch als feine Körnchen erkennbar, sind sie bisweilen in Organausstrichen. In Präparaten vom Auswurf bei akuter Influenza fällt meist die ausgesprochene Gleichförmigkeit der Bacillen auf.

Außer in dieser als *Typus I* bezeichneten Coccobacillenform kommen die Influenzabacillen auch in deutlicher Stäbchenform mit Neigung zur Bildung kurzer Fäden vor. Diese Form (*Typus II*) wird häufig in Laboratoriumskulturen angetroffen, kann aber auch bei frisch gezüchteten Stämmen vorliegen. Durch ausgesprochene Polymorphie zeichnet sich der *Typus III* aus: alle möglichen Formen von kleinen, kokkenartigen Gebilden bis zu groben Keulen, Kugeln, Schleifen dicker Fäden usw., die sich bei

Färbung mit verdünnten Farblösungen leicht polychrom verhalten. Dieser Typus ist sehr hinfällig und geht in der Kultur leicht ein. Zuweilen tritt dieser Typus III in Originalausstrichen, z. B. von Lumbalpunktaten, massenhaft und in den abenteuerlichsten Formen auf, während in der folgenden Kultur der Typus I vorliegt.

Die Typen II und III entsprechen den sogenannten *Pseudoinfluenzabacillen* einiger Autoren, während die Coccobacillen auch als echte Influenzabacillen bezeichnet werden. Es handelt sich nur um verschiedene Erscheinungsformen einer einheitlichen Art, die in der Kultur ineinander umschlagen können. Mit der serologischen Verschiedenheit der Influenzabacillen (siehe S. 148) hat die wechselnde Erscheinungsform nichts zu tun.

Eine besondere Form stellt der *Typus IV* (oder X) dar, der sich von den anderen durch deutliche *Hämolyse* auf der Blutplatte auszeichnet: im Ausstrich dem Typus III ähnlich, auf Levinthal-Agar in dichteren, opaken Kolonien wachsend. Möglicherweise handelt es sich bei dieser im Nasenrachenraum vorkommenden Form um eine Dauermodifikation.

Färbung. Zweckmäßig mit 1:10 verdünntem Carbolfuchsin. Die Influenzabacillen färben sich meist etwas blaß. Gramnegativ (rasche Entfärbung).

Kultur. Sie gelingt nur bei Vorhandensein gewisser fördernder Substanzen. Auf gewöhnlichem Agar tritt kein Wachstum ein, es sei denn, daß mit dem ausgestrichenen Material (blutiges Sekret usw.) fördernde Substanzen ausgestrichen wurden. Die Influenzabacillen gedeihen nur, wenn Blut oder Blutderivate vorhanden sind. Sie gehören zu den sogenannten *hämoglobinophilen Bakterien.* Aber auch auf der frischgegossenen Blutplatte ist das Wachstum fast gleich Null. Wenn dagegen in dem ausgestrichenen Material außer den Influenzabacillen auch gewisse andere Bakterien vorhanden waren, und Kolonien von ihnen auswachsen, können auch von den Influenzabacillen, die zufällig in ihrer Nähe liegen, Kolonien zur Entwicklung kommen, wahrscheinlich infolge der fördernden Einwirkung von vitaminartigen Substanzen, die von den fremden Kolonien in den Agar diffundieren. Man kann das sogenannte *Ammenphänomen,* das für die Diagnose der Influenzabacillen von Bedeutung ist, in der Weise darstellen, daß man Influenzabacillen in mehreren, parallelen Strichen auf einer Blutplatte ausimpft und dann mit einer z. B.

mit Sarcine behafteten Öse einmal quer über die Influenzabacillen-
striche über die Platte streicht. Wachstum der Influenzabacillen
nur an den Schnittpunkten der Impfstriche.

Wahrscheinlich benötigen die Influenzabacillen in der Kultur
außer anderen Substanzen: 1. eine *thermolabile,* vitaminartige
Substanz, die im Blut, aber auch in anderen tierischen und
pflanzlichen Säften vorhanden ist und anscheinend auch aus
den Ammenkolonien herausdiffundiert; 2. eine *thermostabile* Substanz, die wahrscheinlich im Hämoglobin vorliegt. Die Wirksamkeit des für die Influenzabacillen optimalen Levinthal-Agars beruht
wahrscheinlich auf seinem Gehalt an diesen beiden Substanzen.
Sie sind auch in der Blutplatte vorhanden, stecken jedoch zum
Teil in den roten Blutkörperchen. Ist die Platte mehrere Tage
alt, oder wurde sie 24 Stunden bei 37° gehalten, findet (wahrscheinlich infolge Diffundierens der 2 Substanzen in den Agar)
meist wenigstens mäßiges Wachstum der Influenzabacillen statt.

Auf *Levinthal-Agar* (S. 27) wachsen die Influenzabacillen in
gewölbten, glatten, völlig klaren Kolonien von je nach Dichte der
Aussaat wechselnder (etwa 1—3 mm) Größe. In einer nach Art
des Levinthal-Agars hergestellten *Kochblutbouillon* Wachstum in
Form eines Bodensatzes. Wenn das Röhrchen hoch gefüllt ist,
bildet sich ein Oberflächenhäutchen, das später zu Boden sinkt.

Agglutination, Widal. Durch i. v. Behandlung von Kaninchen
mit Influenzabacillen lassen sich Sera gewinnen, die die homologen
Stämme spezifisch agglutinieren. Das Resultat wird nach 24 Stunden 37° mit der Lupe nach kurzem Aufschütteln des Sedimentes
abgelesen. Die Influenzabacillen sind serologisch zum Teil verschieden. Wenn man bei der Diagnose fraglicher Stämme die
Agglutinationsprüfung hinzuziehen will, muß man polyvalente
Sera anwenden. Manche Stämme lassen sich nicht glatt verreiben.

Da bereits im Blute von Gesunden und bei anderen Infektionen
spezifische Agglutinine vorkommen können (auf Grund früherer
Influenza?), kann höchstens einem sehr hohen Widaltiter (1:200
und höher) eine gewisse Beweiskraft zugesprochen werden. Wegen
der serologischen Heterogenität ist der Widal mit mehreren
Stämmen, zum wenigsten mit einem Stamme von umfassender
Agglutinabilität anzusetzen.

Tierversuch. GUNDEL und LINDEN empfehlen zum Nachweis
der Influenzabacillen die i. p. Injektion (beim Sputum einer

Schleimflocke) bei der Maus. Von 77 positiven Resultaten wurden 66% nur durch den Tierversuch (Kultur negativ) erzielt. Bei den meist binnen 24 Stunden eingehenden Mäusen lassen sich die Influenzabacillen im Herzblut kulturell nachweisen.

Als *Bacillus meningitidis cerebrospinalis septicaemiae* bezeichnete COHEN hämoglobinophile Bacillen nach Art der Influenzabacillen, die aus Fällen von kindlicher Meningitis (mit Arthritis und Septicämie kompliziert) stammten. Diese Bazillen zeichneten sich durch hohe, den Influenzabacillen sonst nicht eigene Pathogenität für Kaninchen und Meerschweinchen aus: nach s. k. oder i. p. Injektion von kleinen Dosen langsam verlaufende Septicämie. Ähnliche Beobachtungen liegen von Fällen mit alleinigem Auftreten von Arthritis bei Kindern vor.

Gang der Untersuchung. Die Untersuchung erstreckt sich im allgemeinen auf den bakterioskopischen und den kulturellen Nachweis. Wegen der Hinfälligkeit der Influenzabacillen soll das Material möglichst frisch sein.

a) *Sputum.* Mit der Öse aufgefischte Flocken werden in einer Schale mit NaCl-Lösung von beigemengtem Rachensekret durch Hin- und Herschwenken befreit. Die in dünner Schicht anzulegenden Ausstrichpräparate werden in 1:10 verdünntem Carbolfuchsin gefärbt. Bei akuter Influenza bieten die in der Regel massenhaft vorhandenen kokkenartigen oder wenigstens kurzen, oft paarweise nebeneinander liegenden Stäbchen, die meist blaß gefärbt sind, ein typisches Bild. Für die Kulturdiagnose werden die gewaschenen Flocken auf Levinthal-Platten und (wegen des kennzeichnenden Kontrastes: kein Wachstum von Influenzabacillen und wegen der Diagnose der eventuellen sonstigen Flora) auf gewöhnliche Agar- und Blutplatten ausgestrichen. Tierversuch siehe S. 148.

b) *Rachenabstriche.* Die mikroskopische Untersuchung direkter Ausstrichpräparate ergibt im allgemeinen höchstens einen Hinweis auf wahrscheinliches Vorliegen von Influenzabacillen. Das Hauptgewicht liegt in dem Kulturversuch. Bei Gurgelwasser oder Flüssigkeit von Nasenrachenspülung, die meist bessere Resultate als der Rachenabstrich ergeben, aber ganz frisch zu verarbeiten sind, wird vom Zentrifugat auf Platten ausgestrichen.

c) *Lumbalpunktat* (siehe auch S. 58), sonstige *Punktate, Eiter, Leichenorgane:* Ausstrichpräparate und Kultur.

Die kulturelle Diagnose bzw. Differentialdiagnose stützt sich auf folgende Feststellung: Aussehen der Kolonien auf der Levinthal-Platte, optimales Wachstum auf dieser, kein Wachstum auf Agarplatte, Ammenphänomen, Ausstrichpräparat. Evtl. kann man sich noch des agglutinierenden Serums bedienen.

Literatur.

LEVINTHAL: Z. Hyg. **86**, 1 (1918). — LEVINTHAL u. FERNBACH: Z. Hyg. **96**, 456 (1922). — GUNDEL u. LINDEN: Klin. Wschr. **9**, 1403 (1930). — COHEN u. FITZGERALD: Zbl. Bakter. **56**, 464 (1910).

Bacillus aegyptianus Koch-Week.

Erreger einer vorzugsweise epidemisch auftretenden *Conjunctivitis*, wahrscheinlich mit dem Bacillus influenzae identisch und nur eine besondere Standortsvariante desselben mit eigentümlicher Pathogenität darstellend. Im Eiterausstrich liegt er vorwiegend in Stäbchenform vor, doch bewegt sich seine Morphologie sowohl hier als auch in der Kultur innerhalb der Variationsbreite des Bacillus influenzae, dem auch das kulturelle Verhalten entspricht.

Gang der Untersuchung. Ausstrichpräparate, die in typischen Fällen zahlreiche, feine, gramnegative Stäbchen, teils frei im Sekret, teils innerhalb von Leukocyten aufweisen. Anlage von Kulturen wie bei der Influenza. Bei Genesenen und Gesunden (Dauerausscheider, Bacillenträger) läßt man zweckmäßig einen mit der Pinzette gehaltenen Seidenfaden sich in der Feuchtigkeit im inneren Winkel des unteren Augenlides vollsaugen und streicht ihn auf Platten aus.

Literatur.

KNORR: Zbl. Bakter. **92**, 371 u. 385 (1924). — AXENFELD: K. Kr. U. 3. Aufl. **6**, 284 (1930).

Bacillus pertussis; Keuchhusten (BORDET und GENGOU).

Die Keuchhustenbacillen finden sich im Sputum der erkrankten Kinder während des spasmodischen Stadiums, namentlich in der ersten Zeit, in gewaltigen Mengen. Später werden sie gewöhnlich seltener, treten gegenüber anderen Bakterien (häufig Influenzabacillen) mehr und mehr zurück und sind schließlich meist nicht mehr nachzuweisen.

Morphologie, Färbung. Unbewegliche, geißellose, kleine, bis etwa 1 μ lange, coccobacillenförmige Stäbchen von meist gleichförmigem Aussehen, oft zu zweien nebeneinander liegend. Keine Kapseln, keine Sporen.

Mit den gebräuchlichen Farblösungen leicht, aber nicht mit allen gleich intensiv färbbar; gramnegativ. Differentialdiagnostisch wertvoll ist die Färbung mit Carboltoluidinblau, bei der sich die Keuchhustenbacillen nicht wie die übrigen Bakterien im Sputum blau, sondern lila färben und deutliche Polfärbung aufweisen. Färbungsdauer 2—3 Sekunden.

Kultur. Die Keuchhustenbacillen gehören zu den *hämoglobinophilen Bakterien*, gedeihen aber, einmal an Nährböden gewöhnt, auch auf Ascites-, Glycerin-, Traubenzucker- und schließlich auch auf gewöhnlichem Agar. Für die diagnostische Züchtung verwendet man den Nährboden von BORDET und GENGOU (siehe S. 28.)

Das Wachstum der Keuchhustenbacillen ist auch auf diesem optimalen Nährboden sehr langsam. Gewöhnlich treten erst am zweiten Tage zarte Kolonien auf, die nach und nach größer werden. Sie bekommen einen grauweißlichen Farbton und weisen im auffallenden Licht einen silbernen Schimmer auf. Wo die Kolonien dicht stehen, hellt sich der Untergrund etwas auf.

In *Bouillon* mit Zusatz von je 1% Pepton und Glycerin, am besten in Kölbchen (besserer O_2-Zutritt), gutes Wachstum.

Serodiagnose. Im Blut der Erkrankten treten in der Regel Agglutinine auf; ihr Nachweis im Widal stößt aber infolge der schwankenden, zum Teil vom Nährboden abhängigen Agglutinabilität in der Praxis auf Schwierigkeiten. BORDET und GENGOU empfehlen eine Komplementbindungsreaktion mit Keuchhustenbacillen, die nach NETTER und WEIL in der zweiten Krankheitswoche spezifisch positiv ausfällt und dann jahrelang bleibt.

Gang der Untersuchung. Mit der Öse aufgefischte Sputumflocken werden zwecks Beseitigung des Rachensekretes wiederholt in NaCl-Lösung gewaschen und auf Objektträger und Kulturplatten ausgestrichen. Bevor mit der Öse faßbare Kolonien gewachsen sind, gelingt es oft, die Bacillen im Abklatschpräparat nachzuweisen.

Literatur.

BORDET u. GENGOU: Ann. Inst. Pasteur **20**, 731 (1906). — Betr. Serodiagnose siehe LOEWENTHAL u. ZURUKZOGLU: K. Kr. U. 3. Aufl. **5**, 2, 1359 (1928).

Streptobacillus ulceris mollis; weicher Schanker.

Die *Streptobacillen* finden sich beim weichen *Schanker* im Inhalt der initialen Pusteln, im Sekret des Schankergeschwüres und in den Bubonen. Nach LESSER können Frauen mit Streptobacillen behaftet sein, ohne zu erkranken.

Morphologie. Unbewegliche, geißellose, kleine, meist zarte Stäbchen, die sowohl im Gewebe als auch in der Kultur ausgesprochene Neigung zur· Bildung von *Ketten* zeigen (Stäbchen der Länge nach hintereinander gereiht). Keine Kapsel- und Sporenbildung. Im oberflächlichen *Sekret* liegen die Bacillen meist einzeln oder zu uncharakteristischen Gruppen vereinigt vor, frei oder in Leukocyten. Das Aussehen ist sehr variabel: kurze, dicke Stäbchen, diplokokkenartige, hantelförmige, schiffchenförmige (d. h. im Innern der Stäbchen ein länglicher, ovaler Raum ungefärbt geblieben). In der Tiefe und in Schnitten vom Geschwürsrand trifft man gewöhnlich Ketten an, die oft zu mehreren parallel nebeneinander verlaufen.

Färbung. Mit den gebräuchlichen Farblösungen blaß. Gramnegativ. UNNA empfiehlt *reduziertes Methylenblau*, das von den Streptobacillen intensiv als blauer Farbstoff niedergeschlagen wird, während sich Zellen usw. nur blaßblau färben.

Zu 10 cm³ einer vorrätigen Lösung von 0,5 g Methylenblau in 100 cm³ Aq. dest. + 7 Tropfen 25%iger Salzsäure gibt man im Reagensglas 0,3 g *Rongalit* und erwärmt gelinde, bis Entfärbung eintritt. Abkühlung unter der Wasserleitung. Ist die Lösung trübe, filtrieren. Die nur lufttrockenen, nicht fixierten Ausstriche werden 2 Minuten mit der Lösung gefärbt, in (durch Kochen) O_2-frei gemachtem Wasser abgespült, kurz über der Flamme erwärmt, mit 1:10 verdünntem Liq. Ammon. caust. überspült (wobei sie blau werden), kurz mit Wasser abgespült und hoch über der Flamme getrocknet (KRANTZ).

Ferner ist die Methylgrün-Pyronin-Lösung nach UNNA-PAPPENHEIM geeignet: Fixation der Ausstriche in absolutem Alkohol; Färbung 5—10 Minuten; Abspülen mit Wasser.

Kultur. Schrägröhrchen von Menschen- oder Kaninchenblutagar. Kleine, rundliche, nicht konfluierende Kolonien, die sich beim Abimpfen leicht als Ganzes verschieben und in NaCl-Lösung schwer verreibbar sind; ohne hämolytischen Hof. Bei Herstellung von Präparaten zerfallen die Ketten in der Regel, lassen sich aber im Kondenswasser und in Abklatschpräparaten leicht nachweisen (STEIN).

Gang der Untersuchung. Für die praktische Diagnose genügt

der Nachweis der typisch angeordneten Stäbchenketten im Geschwürmaterial, das am besten mit dem Skalpell vom Geschwürrand abgekratzt wird.

Da ähnliche Stäbchen, deren Identität mit den Streptobacillen als fraglich zu bezeichnen ist, gelegentlich auch bei Gesunden vorkommen, ist der Befund von Streptobacillen ohne klinischen Befund, insbesondere bei Vorliegen nur vereinzelter Ketten, mit Vorsicht zu bewerten.

Literatur.

LESSER: Berl. klin. Wschr. **57**, 54 (1920). — UNNA: Dermat. Wschr. **69** (1919). — KRANTZ: Münch. med. Wschr. **68**, 240 (1921). — STEIN: Zbl. Bakter. **46**, 664 (1908).

Diplobacillus Morax-Axenfeld; Diplobacillenconjunctivitis.

Morphologie. Im Mittel 2—3 μ langes, gramnegatives Stäbchen, das meist zu zweien, der Länge nach hintereinander vereinigt, nicht selten aber auch in kürzeren oder längeren, aus Stäbchenpaaren zusammengesetzten Ketten auftritt. Bisweilen erscheinen die Stäbchen wie von einer Kapsel umgeben (vgl. bei v. NESTLINGER); in nach GRAM gefärbten Ausstrichen vom Bindehautsekret weist ihre Mehrzahl aber keine deutliche Kapsel auf. In älteren Kulturen treten in ausgeprägtem Maße Degenerationsformen auf: Scheinfäden, Stäbchen, die im Zentrum blasser als in der Außenschicht gefärbt sind usw.

Im *Sekretausstrich* (zweckmäßig vom nasalen Lidwinkel) finden sich die Stäbchen in der Regel in großer Anzahl, teils frei, teils in Zellen eingelagert.

Kultur. Auf gewöhnlichen, serumfreien Nährböden kein oder nur kümmerliches Wachstum. Auf der *Löfflerschen Serumplatte* bei 37° gutes Wachstum: nach 24 Stunden erscheinen kleine, feuchte, eingesunkene Stellen, die sich bei weiterer Bebrütung vergrößern und vertiefen und schließlich zu größeren Löchern werden (*Proteolyse*). In *Serumbouillon* zarte, diffuse Trübung mit einer Spur Bodensatz. Mäßig alkalische Reaktion erforderlich.

Diplobacillus liquefaciens Petit. Wahrscheinlich Variante des Diplobacillus Morax-Axenfeld, von dem er sich morphologisch nicht deutlich unterscheidet; wächst bereits bei 20—30° und auf gewöhnlichen Nährböden, verflüssigt außer Löffler-Serum auch Gelatine. Relativ selten bei Conjunctivitis, häufiger bei *Hypo-*

pyonkeratitis (bei der aber auch der Diplobacillus Morax-Axenfeld angetroffen wird).

Literatur.

v. Nestlinger: Zbl. Baktr. **82**, 529 (1919). — Axenfeld: K. Kr. U. 3. Aufl. **6**, 329 (1929).

Bacillus tuberculosis; Tuberkulose.

Der *Tuberkelbacillus* verursacht lokal *Nekrose* und Bildung *spezifisch* aufgebauter, später zum Teil *verkäsender Knötchen* und *Gewebe*. Dabei ruft er im Organismus eine *allergische Umstimmung* hervor. Die Umstimmung äußert sich darin, daß eine parenterale Applikation von Tuberkelbacillen oder von *Tuberkulin* eine heftige, fieberhafte Reaktion des infizierten Organismus (*Allgemeinreaktion*) und in der Umgebung des tuberkulösen Herdes entzündliche Gewebsreaktion (*Herdreaktion*) hervorruft. Am Ort der Applikation kommt es ferner zu einer *Lokalreaktion*.

Morphologie. Unbewegliche, geißellose Stäbchen von variabler Form. Als Grundform kann ein schlankes, gerades oder schwach gekrümmtes, bisweilen auch winkelig geknicktes, etwa 1,5—4 μ langes Stäbchen gelten. Daneben kommen, z. B. nicht selten in älteren Kulturen, dickere oder längere Stäbchen vor, ferner kürzere oder längere *Fäden* mit oder ohne *Gabelungen* und *Verästelungen*. Bei den verzweigten Formen treten häufig *kolbige Anschwellungen* an den Verzweigungsstellen auf, die sich auch an den Enden der Stäbchenformen zeigen können.

Die Stäbchen liegen einzeln oder in dichten oder locker gefügten *Häufchen* und *Gruppen* zusammen. V-förmige Stellung zweier benachbarter Stäbchen tritt häufig in Erscheinung.

In Ausstrichen von tuberkulösem Material, z. B. von Kavernensputum, weisen die Stäbchen nicht selten bei der Färbung ungefärbt gebliebene oder aber auch in der Gegenfarbe gefärbte Stellen im Bakterienleib auf, wodurch sie wie aus einzelnen Stückchen und *Körnchen* zusammengesetzt erscheinen. Es handelt sich nicht um echte Sporen, die bei den Tuberkelbacillen nicht bekannt sind, vielmehr wahrscheinlich nur um Degenerationserscheinungen. In den kleinsten, runden bis etwas gestreckten, säurefesten Gebilden, die in tuberkulösem Material angetroffen werden können, vermuten manche Autoren das Vorliegen von *Fragmentationssporen*, wie sie beim Actinomyces (siehe S. 216) vorkommen.

In tuberkulösem Material lassen sich ferner mit einer modifizierten Gramfärbung oft einzeln oder zu 2, 3, 4 usw. in einer Reihe liegende und zum Teil durch schattenhafte Andeutung eines Bakterienleibes verbundene, grampositive Granula nachweisen: *Muchsche Granula*. Wahrscheinlich handelt es sich um ein Zerfalls- oder Degenerationsprodukt, den bereits S. 154 erwähnten Körnchen entsprechend. Die Granula werden teils neben intakten, säurefesten Stäbchen, teils auch allein angetroffen. In letztem Falle genügt ihr Nachweis keineswegs etwa für die Diagnose auf Tuberkelbacillen, ist aber geeignet, den Verdacht darauf zu lenken.

Färbung. Der Zelleib ist von einem Mantel von Fettwachs umgeben. Infolgedessen läßt er sich mit gewöhnlichen Farblösungen in der Kälte schwer färben. Intensive Färbung wird erzielt, wenn man der Lösung eine Beize zusetzt und sie unter Erwärmung einwirken läßt. Einmal gefärbte Bacillen halten die Farbe sehr fest; sie bleiben im Gegensatz zu den meisten anderen Bacillen gefärbt, wenn man sie längere Zeit mit Salzsäure-Alkohol behandelt (sogenannte säurefeste, richtiger säure- und alkoholfeste Bacillen). Als differentialdiagnostische Färbung, bei der die Tuberkelbacillen und ähnliche Bakterien rot-, sonstige Bakterien, Zellen und Gewebe blaugefärbt erscheinen, ist am gebräuchlichsten das Verfahren nach ZIEHL-NEELSEN (S. 33).

Kultur. Wachstum auf künstlichen Nährböden auch bei optimalen Bedingungen (37°, O_2-Zutritt, fördernde Substanzen im Medium) langsam.

Auf gewöhnlichem Agar kein Wachstum. Ein geeigneter, fester Nährboden ist bei 70—80° erstarrtes *Rinderserum* (R. KOCH) mit oder ohne Zusatz von 2—3% *Glycerin*, das die humanen Stämme meist fördert, frisch gezüchtete bovine aber eher hemmt (siehe S. 157). Ältere Laboratoriumskulturen des Typus humanus gedeihen in der Regel auf einfachem, neutralen bis schwach alkalischen 3%igen *Glycerinagar*. Nach Geschwindigkeit und Üppigkeit besonders günstige Resultate werden mit verschiedenen, *Eigelb* enthaltenden Nährböden (siehe S. 29) erzielt.

Auf *festen Nährböden* zeigt sich das Wachstum (T. gallin. siehe S. 157) in der Regel zunächst in feinen, grauweißlichen Schüppchen, die allmählich in die Breite und Höhe wachsen und schließlich dicke, auf der Oberfläche durch Warzen- und Faltenbildung höckerige Borken bilden. Bei den durch künstlich vermehrtes

Kondenswasser und Verschluß besonders feucht gehaltenen Eigelbröhrchen wachsen an den Aufsaatstellen nicht selten grauweißliche, rauhe Kegel oder Warzen auf. Bei manchen Stämmen weist die Bacillenmasse eine deutliche, bräunliche Eigenfärbung auf. Sie ist stets von fester, bröckeliger Konsistenz und läßt sich in NaCl-Lösung mit der Öse nicht glatt verreiben.

Bringt man Bröckchen oder Schuppen auf *Glycerinbouillon* zum Schwimmen, so wachsen sie flächenartig aus und überziehen die Flüssigkeit allmählich mit einem Häutchen (siehe S. 157). Vollbewachsene Kulturen liefern das *Alttuberkulin*. Abgesunkene Bacillen wachsen nicht weiter (T. gallin. siehe S. 158). In flüssigen Eigelbnährböden (BESREDKA, BOECKER) und ähnlichen Medien findet dagegen üppiges, submerses Wachstum statt.

Tierpathogenität. Außer dem Menschen erkranken zahlreiche Säugetiere und Vögel spontan an Tuberkulose und lassen sich auch experimentell infizieren. Dabei verhalten sich die Tuberkelbacillen zum Teil verschieden. Nach ihrem hauptsächlichen Vorkommen bei Menschen oder Tieren, der verschiedenen Virulenz für das eine oder andere Versuchstier und sonstigen Merkmalen lassen sich die Tuberkelbacillen in *verschiedene Typen* einteilen.

Bei der menschlichen Tuberkulose wird überwiegend der *Typus humanus*, seltener (in etwa 9% der Fälle) der Erreger der Perlsucht des Rindes, der *T. bovinus* angetroffen. Die Mehrzahl der Infektionen mit bovinen Bacillen betrifft Halsdrüsen-, primäre Darm- und Bauchfelltuberkulose, ferner Fälle von Hauttuberkulose; bei der Lungentuberkulose kommt der T. bovinus sehr selten vor.

Ein fundamentaler Unterschied zwischen den Typen besteht in dem Verlauf der künstlichen Infektion beim Rind und beim Kaninchen. Bei s. k. Infektion mit T. humanus keine Erkrankung an allgemeiner Tuberkulose; beim T. bovinus regelmäßig ausgebreitete, fortschreitende Tuberkulose.

Für das *Kaninchen* ist der T. humanus nicht pathogen. S. k. Infektion führt zur Entstehung eines umschriebenen, absceßartigen Herdes an der Injektionsstelle ohne Fortschreiten der Infektion. Infolge Einschwemmung von Bacillen in den Blutkreislauf kann es allerdings zum Teil zur Bildung kleiner Lungenherde, selten auch zum Auftreten von Knötchen in den Nieren kommen. Die s. k. Infektion mit dem T. bovinus führt dagegen zu fortschreitender, im allgemeinen nach etwa 2—4 Monaten tödlicher Erkrankung mit tuberkulösen Veränderungen der geschwollenen und meist verkästen regionären Drüsen, ausgedehnten Herden in den Lungen, in den Nieren usw.

Der Versuch wird zweckmäßig mit der *Reinkultur* angestellt: kleine Dosis in kleinem Flüssigkeitsvolumen, z. B. 0,01—0,0001 g Bacillen in 0,1 cm³ NaCl-Lösung aufgeschwemmt. S. k. Injektion am Bauch, wobei man sich durch Abheben der Haut davon überzeugt, daß sich die Spitze der Kanüle tatsächlich in der Subkutis und nicht etwa in der Muskulatur befindet (Kossel).

Das Meerschweinchen ist für beide Typen im gleichen Grade sehr empfänglich. Betreffend die vergleichende Bestimmung von Virulenzunterschieden, unter Kontrolle der Zahl der verimpften Bacillen, siehe bei B. Lange.

Die Typen humanus und bovinus unterscheiden sich ferner durch *morphologische* und *kulturelle Eigenarten*. Auf Glycerinbouillon gewachsen, sind die humanen Stäbchen in der Regel schlank und färben sich gleichmäßig, während die bovinen dicker und unregelmäßiger geformt sind und sich ungleichmäßiger färben. Auf glycerinhaltigen Nährböden wachsen frisch gezüchtete humane Stämme im allgemeinen besser als bovine. Für die Herauszüchtung aus tuberkulösem Material sind daher auch glycerinfreie Nährböden zu verwenden. Auf Glycerinbouillon wachsen humane Stämme meist gut unter Bildung einer dicken, faltigen Kruste; bovine Stämme wachsen gewöhnlich langsamer und bilden ein zartes, stellenweise warzig verdicktes Häutchen. Die bovinen Stämme haben meist eine etwas längere Lebensdauer.

Im Einzelfall gestatten diese Merkmale keine sichere *Typendiagnose*, weisen jedoch auf das wahrscheinliche Vorliegen des einen oder des anderen Typus hin. Soll die Typendiagnose gestellt werden, ist der *Tierversuch* hinzuzuziehen.

Der *T. gallinaceus*, der Erreger der bei verschiedenen Vogelarten, ferner bei Mäusen und Ratten in verseuchten Geflügelhöfen, bei Schweinen und gelegentlich auch bei anderen Säugetieren vorkommenden *Geflügeltuberkulose* wird beim Menschen höchstens ausnahmsweise angetroffen. Auf festen Nährböden (Glycerinagar) geht die Kultur gewöhnlich etwas leichter an als bei den anderen Typen. In der Regel werden feuchte, schleimige, leicht abhebbare und glatt verreibbare, selten trockene Beläge gebildet. In Glycerinbouillon wächst der T. gallin. auch am Grunde weiter; oft wird keine Oberflächenhaut gebildet. Größere Resistenz gegen höhere Temparaturen (gutes Wachstum bei 45°) und längere Lebensdauer als bei den beiden anderen Typen.

Für *Meerschweinchen* ist der T. gallin. wenig pathogen. *Kaninchen* erliegen der Infektion stets, weisen aber meist keine generalisierte Tuberkulose auf. Hühner sind sehr empfänglich, auch bei Infektion per os (Koch und Rabinowitsch).

Gang der Untersuchung. a) Sputum. Der Auswurf, zweckmäßig der erste vom Morgen, wird in eine Schale gegossen und auf einer schwarzen Unterlage auf linsenförmige, eitrige Ballen und Bröckchen untersucht. Diese werden mit frisch ausgeglühten Nadeln isoliert, herausgefischt und auf noch nicht benutzte Objektträger ausgestrichen. Die nach dem Antrocknen hitzefixierten Präparate werden nach Ziehl-Neelsen (S. 33) gefärbt. Von den zahlreichen sonstigen Färbungen sei diejenige von Konrich (S. 33) angeführt.

Werden der Form und Färbung nach den Tuberkelbacillen entsprechende Stäbchen, einzeln oder in Nestern vereinigt, aufgefunden, kann das Vorliegen von Tuberkelbacillen als festgestellt gelten. Ihre *Häufigkeit* wird zweckmäßig in folgender Weise angegeben: Tuberkelbacillen überhaupt vorhanden $= +$; je Gesichtsfeld etwa 1 Stäbchen $= ++$; 2—10 Stäbchen $= +++$; darüber $++++$.

Werden im ganzen nur 1—2 Stäbchen gefunden, ist Vorsicht angezeigt. In der Praxis läßt es sich nicht vermeiden, dasselbe Quantum Salzsäurealkohol für mehrere Präparate zu verwenden, was immerhin eine gewisse, wenn auch wohl nur sehr entfernte Gefahr einer Übertragung eines Tuberkelbacillus mit sich bringt. Untersuchung weiterer Präparate; evtl. Antiforminverfahren. Ist das Aussehen der Stäbchen nicht ganz typisch, oder bestehen sonst Zweifel, ist ein Tierversuch anzusetzen.

Um die Auffindung der Tuberkelbacillen zu erleichtern, sind mehrere *Anreicherungsverfahren* angegeben worden, durch welche die in einem Quantum Auswurf vorhandenen Stäbchen gleichsam gesammelt werden sollen. Am gebräuchlichsten ist das

Antiforminverfahren: Das Sputum (bei geringer Menge in einige cm^3 Wasser aufgenommen) wird in einem mit Glasstöpsel versehenen Standzylinder mit so viel Antiformin vermischt, daß letztes 1:4 verdünnt ist. Unter gelegentlichem Umschütteln

25—30 Minuten stehen lassen; Zusatz von gleichem Teil Wasser; $^1/_2$ Stunde zentrifugieren; Abgießen der Flüssigkeit, wobei zu verhüten ist, daß Resttropfen zum Sediment zurückfließen; Ausstrichpräparate vom Sediment; Färbung wie sonst.

Der *negative Ausfall* der mikroskopischen Sputumuntersuchung bietet keine Gewähr, daß der betreffende Patient keine Tuberkelbacillen aushustet. Die Ausscheidung der Bacillen kann nur zeitweise erfolgen und der rechte Zeitpunkt auch bei wiederholter Untersuchung verpaßt werden. Ferner ist mit der Möglichkeit einer sehr spärlichen Ausscheidung zu rechnen. In Zweifelsfällen ist der Tierversuch, evtl. auch die Kultur heranzuziehen.

b) Urin. Um Smegmabacillen nach Möglichkeit zu vermeiden, sachgemäße Entnahme mit Katheter. Die Menge soll mindestens 100 cm³ betragen. Untersucht wird das Zentrifugat. Stehen von katheterisierten Ureteren nur geringe Mengen zur Verfügung, werden zur Vermeidung von Verlusten sogleich Tierversuch oder Kultur angesetzt.

c) Kot. Evtl. Antiforminbehandlung. Nahrungsmittel, die säurefeste Saprophyten enthalten können (Milch, Butter, Käse), vor der Untersuchung vermeiden.

d) Eiter. Ausstrichpräparate. Für das Antiforminverfahren wird die Probe vorher mit etwas Wasser verrieben.

e) Punktate. Präparate vom Zentrifugat (evtl. auch von Fibringerinnseln). Bei völlig klaren Punktaten genügt auch langes Zentrifugieren nicht immer. Enthält das Punktat fällbares Eiweiß, kann man der Sedimentierung dadurch nachhelfen, daß man von einer 20%igen Sulfosalicylsäurelösung tropfenweise zusetzt, bis leichte Trübung auftritt.

f) Organe, Drüsen. Ausstrichpräparate von Tuberkeln und käsigen Herden. Evtl. Antiforminbehandlung: Zerschneidung und Zermörserung zu Brei, der in etwas Wasser aufgenommen wird.

Für den Nachweis von Tuberkelbacillen in *Schnittpräparaten* (Material möglichst nicht in Formalin fixieren) eignet sich besonders die Färbung nach KONRICH (S. 33, 41).

Diagnostischer Tierversuch. Das Material wird einem Meerschweinchen s. k. eingespritzt; dann wird festgestellt, ob das Tier an einer von der Injektionsstelle ausgehenden Tuberkuloseinfektion (Impftuberkulose) eingeht.

Die Meerschweinchen sollen etwa 300—400 g schwer sein. Um die durch zufällige tuberkulöse Spontaninfektion entstehenden Schwierigkeiten möglichst zu vermeiden, empfiehlt es sich, die Tiere vorher intrakutan mit Tuberkulin zu prüfen. Technik siehe S. 161.

Die *Applikation* des Materials geschieht s. k. in der Unterbauchgegend. Flüssigkeiten werden mit der Spritze injiziert, bei größeren Mengen das Zentrifugat. Gewebstückchen werden, mit der Schere mehrfach angeschnitten, nach Anlage eines kleinen Hautschnittes unter die Bauchhaut geschoben, worauf die Wunde durch eine Klammer und Kollodium verschlossen wird.

KNORR und FRIEDRICH spritzen das Material direkt in die durch Hautschnitt teilweise freigelegte Kniefaltendrüse bzw. versenken es in die Umgebung der mit dem Skalpell gespaltenen Drüse.

Um die durch pathogene Begleitbakterien hervorgerufenen Störungen zu vermeiden, bedient man sich des *Antiforminverfahrens*. Da es aber für die Tuberkelbacillen nicht völlig indifferent ist, sollte man nur im Notfall zu ihm greifen, und wo es angeht, ein zweites Tier mit unvorbehandeltem Material spritzen.

Die geimpften Meerschweinchen werden in fortlaufende Beobachtung genommen. Im allgemeinen genügt es, sie wöchentlich zu untersuchen. Die Untersuchung erstreckt sich auf Allgemeinzustand, Gewicht, Injektionsstelle und regionäre Drüsen.

Tuberkulose-infizierte Tiere können längere Zeit in gutem Kräftezustand bleiben und sogar an Gewicht zunehmen. Frühzeitig einsetzende allgemeine Schwächung deutet sogar mehr auf andere Schädigungen als auf Tuberkulose hin.

Enthält das eingespritzte Material nur Tuberkelbacillen und keine reizenden Substanzen, kann die Applikationsstelle praktisch reaktionslos bleiben. In anderen Fällen bilden sich kleine, oft nur eben fühlbare Tumoren von Granulationsgewebe bis größere Tuberkuloseherde, die auf die Cutis übergehen und zur Bildung eines tuberkulösen, nicht ausheilenden Ulcus führen. Fast stets tritt, oft schon nach wenigen Tagen feststellbar, eine langsam zunehmende, feste Schwellung der Drüsen ein.

Komplizierter ist der Verlauf, wenn das Material mehr oder weniger pathogene Bakterien, z. B. Eitererreger, enthält. Hier bilden sich in mannigfaltiger Weise kleine oder große Infiltrate,

Abscesse mit oder ohne Durchbruch nach außen und entzündliche
Schwellung der Drüsen aus. In der Regel gehen die entzündlichen
Reaktionen nach 1—2 Wochen zurück, und es kann, gewöhnlich
nach Entleerung des Abscesses, zu völliger Heilung kommen.
Ist das nicht der Fall, heilen etwa gebildete Fisteln und Ulcera
nicht aus, werden die anfangs weich geschwollenen Drüsen fest
und nehmen weiter an Umfang zu, so besteht der Verdacht, daß
in dem Material auch Tuberkelbazillen vorhanden waren.

Der Abschluß des Tierversuches soll erfolgen, sobald das Vorliegen einer deutlich erkennbaren Impftuberkulose anzunehmen
ist. Ein wichtiges Hilfsmittel für die Wahl des Zeitpunktes der
Tötung bietet die *Intrakutanreaktion:* in die enthaarte Rücken-
haut werden intrakutan 0,1—0,2 cm³ *Alttuberkulin Hoechst*, mit
NaCl-Lösung 1:5 verdünnt, injiziert. Die Reaktion ist positiv,
wenn nach 24 Stunden eine feste, ödematöse Schwellung der Cutis
mit deutlicher Rötung vorliegt — stark positiv, wenn ein Bezirk
um die Einstichstelle grau- bis blaurötliche Verfärbung zeigt,
von einem anämischen Ring und dieser wieder von einer hyperämischen Zone umgeben ist (*Kokardreaktion*). Fällt die Intrakutanreaktion positiv aus und liegen an Impfstelle und Drüsen verdächtige Befunde vor, kann das Tier für die Sektion getötet
werden. Andernfalls wartet man ab und wiederholt die Prüfung
nach einer Woche.

Für die Frage, wann der Tierversuch bei dauernd *negativem
Befund* an Drüsen usw. und bei negativer Intrakutanreaktion ab-
zuschließen ist, ist die Tatsache maßgebend, daß die Infektion
manchmal erst spät deutlich wird. Wir warten bei solchen Tieren
bis etwa 10 Wochen mit der Sektion ab.

Bei der *Sektion* wird festgestellt, ob eine Impftuberkulose vorliegt, d. h. ob an der Impfstelle und von da ausgehend dem
Verlauf der Lymphbahnen entlang an den Inguinal- und Pariliakal-
drüsen, der Portaldrüse und an Milz, Leber usw. tuberkulöse
Veränderungen vorliegen. Die Impfstelle kann auch völlig o. B.
sein. Die tuberkulösen Veränderungen bestehen bei den Drüsen in
derber Vergrößerung und evtl. käsigen und erweichten Herden
auf dem Schnitt, bei der Milz in Vergrößerung, tuberkulösen Knötchen und zusammenhängenden Partien tuberkulösen Gewebes.
An den Lungen und ihren Drüsen treten tuberkulöse Veränderungen in der Regel erst später ein. Die Sektionsdiagnose wird

durch den Nachweis von Tuberkelbacillen im Ausstrichpräparat von Drüsen und Organen erhärtet; er ist aber nicht immer leicht zu erbringen.

Differentialdiagnostisch ist die Möglichkeit der *spontanen Tuberkulose* zu berücksichtigen. Sie kommt praktisch nur auf dem oralen und den Luftwegen (vielleicht auch vom Auge her?) zustande und macht sich in erster Linie an den Kiefer-, Hals-, Thorakal- und Trachealdrüsen und in Lungenherden bemerkbar. Wo sich die tuberkulösen Befunde auf diesen Weg beschränken, der Weg, den die Impftuberkulose nimmt, aber frei ist, ist der Ausfall des Versuches zweifelhaft.

Tuberkuloseähnliche Bilder.

Manche säurefesten Stäbchen können Veränderungen, die der Tuberkulose mehr oder weniger ähnlich sind, hervorrufen, bei s. k. Applikation aber nur, wenn sie in großer Anzahl eingespritzt wurden, und auch dann kommt es kaum zu Sektionsbildern, die dem Geübten eine echte, fortschreitende Impftuberkulose vortäuschen könnten. Bei der Untersuchung von Milch und Butter ist es von wesentlicher Bedeutung, die Injektion nicht etwa intraperitoneal vorzunehmen. Wo im Material bereits säurefeste Stäbchen festgestellt waren und der Tierversuch angestellt wurde, um festzustellen, ob es sich um Saprophyten oder Tuberkelbacillen handelt, ist für die Tuberkulosediagnose der Nachweis ihrer Vermehrung, der fortschreitenden Tuberkulose und das Auftreten einer deutlich positiven Intrakutanreaktion zu fordern. *Ähnliche Bilder* können beim Meerschweinchen ferner durch verschiedene sonstige Erreger, z. B. aus der Paratyphus- und der Pasteurella-Gruppe hervorgerufen werden. Die betreffenden Infektionen treten zum Teil spontan, oft auch als schwer zu bekämpfende Stallseuchen auf. Die Unterscheidung von der echten Tuberkulose bereitet in der Regel keine Schwierigkeiten. In Zweifelsfällen ist auf säurefeste Stäbchen zu fahnden, evtl. die histologische Untersuchung heranzuziehen (keine echten Tuberkel und Riesenzellen) und schließlich mit den fraglichen Organen ein neues Tier zu impfen, wobei das Material zwecks Abtötung fremder Erreger mit Antiformin oder Schwefelsäure behandelt wird. (Bac. pseudotuberc. rod. s. S. 135.)

Die *Weiterverimpfung* von Drüsen und Organen kommt auch

in Betracht, wenn das Versuchstier innerhalb der ersten Wochen an einer interkurrenten Infektion eingeht.

Der *negative Ausfall* des Tierversuches schließt das Vorhandensein von Tuberkelbacillen im Material nicht aus. Das Meerschweinchen ist sehr empfänglich, doch kommen ausnahmsweise resistentere Individuen vor, bei denen eine kleine Anzahl von Tuberkelbacillen, besonders wenn sie wenig virulent sind, evtl. nicht zu nachweisbarer Infektion führt. Mit dem Sputum ausgehustete Tuberkelbacillen scheinen gelegentlich in ihrer Vitalität sehr geschwächt zu sein. Für den Nachweis des Typus gallinaceus ist das Meerschweinchen ungeeignet (häufig latente Tuberkulose oder chronische Infektion mit Neigung zur Ausheilung).

Diagnostischer Kulturversuch. Besonders geeignet ist das Verfahren von HOHN mit dem Eiernährboden von KAHLFELD und WAHLICH, der in schräg gelegten Röhrchen zum Erstarren gebracht wird (S. 29).

Zwecks Abtötung etwaiger Begleitbakterien wird das Material mit *Schwefelsäure* behandelt, und zwar je nach seiner Art und dem Grade der Verunreinigung mit verschiedenen Säureverdünnungen und verschieden lange (20—30 Minuten). Für sterilen Eiter wird 6% ige Säure genommen; bei Sputum und Urin mit mäßigem Gehalt an Begleitbakterien 8,2% ige, bei zahlreichen Bakterien 10 oder sogar 12% ige. Am häufigsten werden die Konzentrationen 6 und 8,2% angewandt.

Das Material wird in einen Zylinder mit Glasstöpsel unter Zusatz von 10 cm³ der Säureverdünnung gebracht. Nach Durchschütteln wird das Glas horizontal auf ein Gestell gelegt und von Zeit zu Zeit durchgeschüttelt. Von größeren, getrübten Urinproben werden das Zentrifugat, von kleinen, klaren Proben, von Lumbal-, Pleurapunktaten usw. nach dem Zentrifugieren die untersten 2 cm³ (+ Satz), von Sputum 1—2 cm³ verarbeitet. Organmaterial wird vorher im Mörser fein zerrieben.

Nach beendeter Vorbehandlung (20—30 Minuten) wird zentrifugiert und von dem Bodensatz ohne vorherige Waschung je eine Öse auf 2—4 Eierröhrchen vom Kondenswasser ab gleichmäßig ausgestrichen. Das Zentrifugat ist bei Eiter usw. von salbenartiger Konsistenz, bei Sputum oft klumpig und zäh.

Die Röhrchen werden vom achten Tag ab bis zu 6 Wochen täglich kontrolliert. Der *früheste Termin*, an dem vom Sputum mit der Lupe sichtbare Kolonien auftraten, war bei Hohn der 8., der späteste der 27. Tag. Verdächtige Kolonien und Krusten werden im Ziehl-Neelsen-Präparat untersucht. Handelt es sich um säurefeste Stäbchen vom Aussehen der Tuberkelbacillen und ist das Wachstum typisch gewesen, wird die Diagnose auf Tuberkelbacillen gestellt.

Das Verfahren von Hohn führt in vielen Fällen schneller zum Ziel als der Tierversuch. Größere Beweiskraft hat aber der positiv ausgefallene Tierversuch. Beachtung verdient der Vorschlag, vom mikroskopisch negativen Material zunächst Kulturen anzulegen und dann mit den evtl. gezüchteten Bacillen einen Tierversuch anzustellen, der bei den angereicherten Bacillen schnell zu positivem Resultat führt.

Säurefeste Saprophyten; Kaltblütertuberkulose. Den Tuberkelbacillen ähnliche Saprophyten kommen im Boden, auf Pflanzen (z. B. *Timotheebacillen*) und im Wasser (*Trompetenbacillen*) sehr verbreitet vor und können daher unter Umständen im Material, das auf Tuberkelbacillen zu untersuchen ist, angetroffen werden; so z. B. von den Futterpflanzen der Kühe herrührend in Milch und Butter. Ähnliche Saprophyten kommen auf der menschlichen Haut und auf den Schleimhäuten, z. B. an den Genitalien (*Smegmabacillen*) vor, ferner gelegentlich in Lungenkavernen, Bronchektasien, Mandelpfröpfen.

Eine *zuverlässige Unterscheidung* von den Tuberkelbacillen ist zum Teil nur mit Hilfe des Tierversuchs möglich. Ihr Vorkommen im Sputum ist so selten, daß die Gefahr einer Fehldiagnose im Ausstrichpräparat gleich Null ist und man die Anstellung des Tierversuches auf besondere, z. B. durch nicht ganz typisches Aussehen der Stäbchen auffallende Fälle beschränken kann. Eher können im Urin *Smegmabacillen* angetroffen werden. Wenn die Stäbchen nicht in den für Nierentuberkulose charakteristischen zopfartigen Häufchen, zahlreich und in Form und Färbung absolut typisch vorliegen, ist Vorsicht angezeigt.

Die sogenannten *Kaltblüter-* (*Schildkröten-*, *Blindschleichen-*, *Frosch-*) Tuberkelbacillen sind als Modifikationen der weit verbreiteten säurefesten Saprophyten aufzufassen und haben mit den echten Tuberkelbacillen lediglich äußere Ähnlichkeit.

Literatur.

Kossel: R. Koch-Stift. 1, H. 8/9 (1913). — Koch u. Rabinowitsch:

Virchows Arch. **190**, Beih. 246 (1907). — KNORR u. FRIEDRICH: Klin. d. Tub. **69**, 385 (1928). — HOHN: Zbl. Bakter. **98**, 460 (1926); **113**, 366 (1929). — LANGE, B.: R. Koch-Stift. **2**, 134 (1921). — Z. Tbk. **57**, 129 (1930). — BOECKER: Z. Hyg. **95**, 344 (1922); **99**, 121 (1923).

Bacillus leprae; Lepra.

Der Ort der ersten Ansiedlung ist in vielen Fällen die Nasenschleimhaut. Bei zahlreichen Leprakranken werden in der *Nase* bacillenhaltige Knötchen, Wucherungen, Ulcera festgestellt. Bei Lepraverdacht hat daher stets eine *rhinoskopische Untersuchung* mit Entnahme von Abstrichmaterial und wiederholte Untersuchung des Nasensekretes zu erfolgen. Im übrigen richtet sich die Wahl des Untersuchungsmaterials nach dem sehr verschiedenen klinischen Bild. Wo ulzerierte *Leprome* der Haut und zugänglicher Stellen der Schleimhäute vorliegen, werden Abstrichpräparate angefertigt; evtl. Probeexcision verdächtiger *Knötchen*, unter Umständen auch verdickter, kleiner *Nervenzweige*. Bei älteren Leprafällen finden sich fast stets bacillenhaltige Knötchen in *Milz* und *Leber*.

Morphologie, Färbung. Unbewegliche, geißellose Stäbchen von etwa 4—6 μ Länge. Sie sind den Tuberkelbacillen sehr ähnlich und wie diese säure- und alkoholfest, lassen sich aber leichter färben und sind gegen Salzsäure-Alkohol nicht so resistent. Bei Carbolfuchsin-Methylenblaufärbung treten nicht selten ein bis zwei blauschwärzlich bis schwarz gefärbte Körnchen im Zelleib auf.

Im leprösen Gewebe finden sich die Bacillen vorwiegend innerhalb von Zellen, wo sie oft, dicht nebeneinander gelagert, ähren- oder zigarrenbündelförmige Verbände bilden (*Globi*). Histologische Einzelheiten über die Leprazellen siehe bei HERXHEIMER. Die Anzahl der Bacillen ist wechselnd, in Hautgeschwülsten, Nasenulcera meist sehr groß.

Gang der Untersuchung. Ausstrichpräparate nach ZIEHL-NEELSEN, mit kurzer Entfärbung in Salzsäure-Alkohol. Evtl. ist das *Antiforminverfahren* anzuwenden: gleiche Anteile Sputum und 5—10%ige Antiforminlösung werden vermischt, nach $^1/_2$ bis 2 Stunden zentrifugiert, der Bodensatz in NaCl-Lösung aufgewirbelt, wieder zentrifugiert und vom Satz Präparate angefertigt (UHLENHUTH, STEFFENHAGEN).

Nach YAMAMOTO unterscheiden sich Lepra- und Tuberkelbacillen in ihrem Verhalten gegenüber *Silbernitrat*: Ausstrichpräparate vom bacillenhaltigen Gewebsaft werden nach Antrocknen vorsichtig über der Flamme fixiert und darauf in einer 5%igen Lösung von Argent. nitricum 10 Minuten lang auf 55—60° erwärmt. Darauf werden sie in einer Lösung von 2 g Acid. pyrogallic. und 1 g Acid. tannici in 100 cm³ Aq. dest. reduziert; Dauer 5 Minuten. Der schwarze Niederschlag, der die Schichtseite nunmehr bedeckt, wird sorgfältig entfernt, indem man mit wasserbefeuchtetem Fließpapier mehrmals darüber wischt. Trocknen lassen; Canadabalsam: *Leprabacillen* erscheinen durchsichtig und hell; sie können mit Carbolfuchsin nachgefärbt werden. *Tuberkelbacillen* sind tiefschwarz gefärbt.

Von *excidierten Knötchen*, Herden von Leichenorganen werden Ausstrichpräparate von Schnittflächen und abgeschabtem Gewebsbrei untersucht. Evtl. Antiforminverfahren. Bei der Herstellung von Schnittpräparaten ist zu berücksichtigen, daß die Säurefestigkeit der Bacillen durch Alkohol und Aceton, besonders aber durch Äther beeinträchtigt wird.

Die *Kultur* auf künstlichen Nährböden befindet sich noch im Versuchsstadium (SHIGA).

Literatur.

YAMAMOTO: Zbl. Bakter. **47**, 570 (1908). — SHIGA: Zbl. Bakter. **114**, 511 (1929). — UHLENHUTH: Berl. klin Wschr. **47**, 457 (1910). — STEFFENHAGEN: Berl. klin. Wschr. **47**, 1362 (1910). — HERXHEIMER: Virchows Arch. **245**, 403 (1925).

Bacillus diphtheriae; Diphtherie.

Die Pathogenität der Diphtheriebacillen beruht auf ihrem spezifischen Toxin, das lokal Entzündung und Nekrose und nach Resorption allgemeine Vergiftungserscheinungen hervorruft.

Der häufigste Sitz der Diphtherieinfektion sind Rachen, Nasenschleimhäute, Mandeln. Ferner kommt sie auf der Bindehaut, an den Genitalien, im Mittelohr und auf Wunden vor. Im Nasenrachenraum werden oft noch längere Zeit nach der Genesung Diphtheriebacillen gefunden (*Dauerausscheider*). Nicht selten werden sie auch hier bei stets gesund Gewesenen festgestellt (*Bacillenträger*). Bei schwerer Diphtherie gelangen die Bacillen häufig in die regionären Drüsen, nicht selten auch in den Blutkreislauf.

Morphologie. Unbewegliche, geißellose Stäbchen von sehr variablem Aussehen, die in Länge und Breite von kleinsten, fast

kokkenartigen Gebilden über kurze, plumpe Stäbchen bis zu
schlanken, 10—12 μ und darüber langen Stäbchen (*typische Form*)
schwanken.

Charakteristisch sind *keulenförmige Anschwellungen* an einem
oder beiden Enden oder knotige Auftreibungen in der Mitte der
Stäbchen und ferner *V-* und *Y-förmige*, gespreizte Stellung zweier
benachbarter, an der Spitze des Winkels oft zusammenhängender
Stäbchen. In Ausstrichen von der Kultur sind die einzelnen und
zusammenhängenden Stäbchen eigenartig locker und regellos gelagert. Verbände von parallel nebeneinanderliegenden Bacillen
kommen nur selten vor. Das morphologische Verhalten, insbesondere die typische Keulen- und Spindelform, tritt am klarsten im
Tuscheausstrich hervor.

Färbung. Gute Färbbarkeit mit den gebräuchlichen Farblösungen, z. B. mit 1:10 verdünnter Fuchsinlösung oder mit Löfflers Methylenblau; grampositiv. Im gefärbten Ausstrich treten
die natürlichen Konturen infolge Schrumpfung der Stäbchen bei der
Fixation nicht immer deutlich hervor. Charakteristische Bilder
liefern Kontrastfärbungen, die die Inhaltskörper der knotigen
Auftreibungen, die metachromatisch reagierenden sogenannten
Babes-Ernstschen Körperchen zur Darstellung bringen. Am
gebräuchlichsten ist die *Färbung nach* Neisser, die wir in der
Modifikation nach Gins anwenden (S. 32). Hier treten die *Polkörperchen* durch intensiv schwärzliche Färbung gegenüber dem
meist etwas geschrumpften, zarten, farblosen bis blaß bräunlich-
grünlich gefärbten Zelleib des Stäbchens besonders deutlich hervor.

Kultur. Wachstum sowohl aerob als auch anaerob; Temperaturoptimum 37°. Auf der gewöhnlichen *Agarplatte* bei frisch
gezüchteten Stämmen langsames Wachstum: nach 24 Stunden
kleinste, grauweiße, durchscheinende und etwas größere, feuchtere
und dichtere Kolonien, die auch bei längerer Bebrütung selten über
1 mm groß werden. Der Rand der kleinsten, etwa an Streptokokken erinnernden Kolonien verläuft wellenförmig, derjenige der
größeren glatt. *Gelatine* wird nicht verflüssigt. Weit besser ist
das Wachstum auf *Levinthal-Agar*; geradezu üppig, wenn ihm auf
3 Teile 1 Teil Ascites zugesetzt wird (Clauberg). Für die Praxis
eignet sich besonders die Serumplatte von Löffler (S. 28):
Kolonien nach 24 Stunden 1—2 mm groß, rund, etwas erhaben,
glatt bis feucht glänzend, weißlichgrau. In Ausstrichen von

Rachenmaterial usw. wachsen die Diphtheriebacillen schneller als die saprophytischen und pathogenen Kokken, halten zum mindesten Schritt mit den meisten sonstigen Keimen und werden selten überwuchert.

Zur elektiven Züchtung setzt CLAUBERG zu 3 Teilen verflüssigten Levinthal-Agars 1 Teil Ascites und fügt dem Gemisch im Verhältnis 4:100 von einer 1% igen Lösung von *Kal. tellurosum* zu. Auf dieser Platte sollen sich die Diphtheriebacillen durch Größe und schwärzliche Färbung derart hervorheben, daß schon die makroskopische Besichtigung eine Diagnose der positiven und je nach der Übung des Untersuchers eine fast gänzliche Ausschließung der negativen Fälle ermöglicht.

In *Bouillon* krümeliges Wachstum (oft feinste Körnchen) mit Bodensatz, Ansatz an der Glaswand und mehr oder weniger deutlicher Kahmhaut. In *Traubenzuckerbouillon* in der Regel üppiges Wachstum; Säurebildung.

Toxinbildung. Das Diphtheriegift ist ein *echtes Toxin*, das beim Meerschweinchen ein typisches Erkrankungsbild hervorruft. Der Giftigkeitsgrad wird bestimmt, indem man Meerschweinchen mit fallenden Dosen Bouillonkultur spritzt. Als stark wirksam gilt die Kultur, wenn 0,005 cm^3 ein Tier von 250 g binnen 4 Tagen tötet. Durch Behandlung mit steigenden Giftdosen läßt sich die Bildung spezifischer Antitoxine hervorrufen. Das für therapeutische Zwecke bestimmte *Heilserum* wird durch Immunisierung von Pferden mit Toxin gewonnen. 1 *Immunitätseinheit* (*I. E.*) ist diejenige Menge Heilserum, die gerade imstande ist, die schädliche Wirkung der für Meerschweinchen 100 fach tödlichen Giftmenge aufzuheben.

Die Toxinbildung wird zweckmäßig in Bouillonkulturen geprüft. Sie ist nach Geschwindigkeit und Endmenge von der Eigenart des Stammes und weitgehend von der Beschaffenheit des Nährbodens abhängig. Da die Toxinsekretion durch Säurebildung beeinträchtigt wird, werden absolut zuckerfreie Bouillongemische für die Kultur benutzt oder Marmorstückchen zwecks Bindung etwa gebildeter Säure beigegeben. Züchtung in breiten Kolben zwecks Beförderung des O_2-Zutrittes.

Diagnostischer Intrakutanversuch. Er wird in der Praxis (statt mit Bouillonkultur) nach NEISSER und GINS mit Material von der Kulturplatte (Löffler-Serum) angestellt.

Je 1 Öse wird in 1, 10, 100 cm³ NaCl-Lösung aufgeschwemmt und von diesen Aufschwemmungen einem Meerschweinchen an drei Stellen der enthaarten Haut je 0,1 cm³ i. k. eingespritzt. Ein zweites Tier erhält (gemischt) 0,05 cm³ der dichtesten Aufschwemmung + 0,05 Serum mit 50 I. E. Während sich bei dem *Kontrolltier* nur leichte Rötung und Schwellung der Injektionsstelle zeigt, tritt beim Versuchstier je nach der Giftigkeit des Stammes an einer, zwei oder drei Stellen eine mehr oder weniger deutliche Reaktion derart ein, daß sich zunächst (24 Stunden) eine kleine, *anämische Zone* bildet, die sich in der Folge (48 Stunden) vergrößert und mit einem *hyperämischen Hof* umgibt. Bei stärkerer Reaktion wird die zentrale Zone bis zum dritten Tag mißfarben und nekrotisch; ein *zentrales Feld* von schmutzig grau-bräunlicher Färbung ist dann von einem blassen Ring und dieser von einer geröteten Zone umgeben (*Kokardreaktion*). Die Cutis ist im Bereich der Reaktionsstellen entzündlich verdickt. Ist der Stamm sehr toxisch, kann das Versuchstier vor Ausbildung der typischen Reaktion eingehen. Der Sektionsbefund entspricht dann dem nachfogend beschriebenen.

Diagnostischer Subcutanversuch. Das Meerschweinchen erhält s. k. 1 Öse Kultur. Bei genügender Virulenz entsteht an der Injektionsstelle eine ausgedehnte, entzündliche Schwellung. Nach 1—5 Tagen geht das Tier unter zunehmender Abkühlung und Cyanose zugrunde. *Sektion:* Die Subcutis ist in weiter Umgebung der Injektionsstelle hämorrhagisch-ödematös infiltriert; Leistendrüsen geschwollen; in Brust-, Bauchhöhle und Perikard seröses, oft blutig gefärbtes *Exsudat*; *Nebennieren* geschwollen, stark gerötet, auf dem Schnitt mehr oder weniger ausgesprochene *hämorrhagische Erweichung*; gelegentlich Blutergüsse und Ulcera in der Magenschleimhaut. Diphtheriebacillen im allgemeinen nur im subcutanen Ödem und in geringer Anzahl feststellbar.

Zum Versuch gehört ein *Kontrolltier*, das außer der gleichen Dosis Diphtheriebacillen eine Injektion von Heilserum erhält und gesund bleiben muß.

Der positive Ausfall des Tierversuches ist für die Diagnose ausschlaggebend. Ein negativer Ausfall schließt jedoch bei sonst zutreffendem Verhalten nicht aus, daß es sich um Diphtheriebacillen handelt (*avirulente* Stämme).

Für die Prüfung im Tierversuch ist es nicht unbedingt erforderlich, erst eine Reinkultur herzustellen. Es genügt, wenn die Diphtheriebacillen deutlich überwiegend in der Mehrzahl vorliegen.

Agglutination, Präcipitation. Betreffend die diagnostische Verwendung agglutinierender Sera siehe bei VAN RIEMSDIJK. In der Praxis stößt sie auf Schwierigkeiten, weil viele Diphtheriestämme spontan verklebt werden. Die von VAN RIEMSDIJK zur Erzielung homogener Aufschwemmungen empfohlene $2^1/_2$stündige Erhitzung derselben im Wasserbad bei 56° führt keineswegs immer zum Ziel. Das gleiche gilt von den übrigen für diesen Zweck empfohlenen Verfahren.

Ein *Präcipitationsverfahren* wenden SMITH und KAUFMANN an.

Gang der Untersuchung. Statt der meist üblichen, gestielten Wattetupfer werden von einigen Stellen Röhrchen mit schräg erstarrtem Löffler-Serum abgegeben, auf denen der Arzt sogleich am Krankenbett durch Ausstreichen mit dem Tupfer eine Kultur anlegen kann, die dem Laboratorium zugesandt wird. Mit Gummipfropfen versehen, bleiben solche Röhrchen monatelang frisch.

Mikroskopische Untersuchung. Nachdem zuerst die Kultur angelegt worden ist (siehe unten), wird der Wattetupfer unter Drehen und Quetschen auf dem Objektträger ausgestrichen und der Ausstrich gefärbt. Ein negativer Befund läßt keine Schlüsse zu. Das direkte Ausstrichpräparat ist auch erforderlich, um die Fälle zu erfassen, bei denen es sich um *Angina Plauti Vincenti* handelt.

Anlage der Kultur. Bei *Löffler-Platten*, auf denen die Diphtheriebacillen in innigem Gemisch mit der Begleitflora gedeihen und im Ausstrichpräparat von der Gesamtflora der Platte mikroskopisch aufgesucht werden, bestreicht man die ganze Oberfläche („*Schmierplatte*"). Bei *Elektivnährböden*, auf denen die Diphtheriekolonien besonders hervortreten sollen, wird nur die Hälfte der Platte bestrichen und von da mit der Öse über den Rest der Platte weitergeimpft.

Bei vorgewärmten Löffler-Platten läßt sich die Diagnose nicht selten schon nach 6—8 Stunden vermittels *Abklatschpräparat* stellen. Die Polkörperchen sind meist erst nach 15—18 Stunden voll ausgebildet. Bei 15—24stündigen Platten nimmt man von verschiedenen Stellen des Rasens, besonders wo etwa Kolonien von verdächtigem Aussehen auffallen, mit der Öse kleine Partien sammelnd auf, verreibt sie in einem Tropfen Wasser auf dem Objektträger und streicht aus.

Der *mikroskopische Befund* soll in der Regel für die Diagnose ausschlaggebend sein. Ist die Platte nicht gut bewachsen, wird sie weitere 24 Stunden bebrütet. Bei Genesenden ist die weitere Bebrütung in jedem Falle angezeigt.

Bei *Leichenmaterial* werden frisch angelegte Schnittflächen von Drüsen, Milz usw. ausgestrichen. Hier kommt es vor, daß typische Diphtheriebacillen wachsen, sich aber schlecht weiterzüchten lassen und sich schließlich sozusagen verlieren.

Pseudodiphtheriebacillen (*Diphtheroide*). Die mikroskopische Diagnose stößt nicht selten auf Schwierigkeiten, weil die morphologische Variabilität der Diphtheriebacillen bis in einen Habitus hineinreicht, der verschiedenen in Nase, Rachen, Vagina, auf Wunden und sonst vorkommenden apathogenen Stäbchen eigen ist. Unter diesen befinden sich vermutlich auch degenerierte, avirulente Diphtheriebacillen. Häufig kommen vor:

Bacillus xerosis. Haut- und Schleimhautsaprophyt, auch in pathologischen Sekreten angetroffen. Unbewegliche Stäbchen, den Diphtheriebacillen in Form und Lagerung ähnlich, auch in der Polkörperbildung, die allerdings nicht so regelmäßig ist. Grampositiv; in der Regel auch nach längerer Alkoholbehandlung. Bei frisch gezüchteten Stämmen ist das Wachstum auf gewöhnlichem Agar besser als bei den Diphtheriebacillen; auf Löffler-Platte kleine, zarte, flache, gekörnte Kolonien. Säurebildung in Dextrose nicht so prompt wie bei den Diphtheriebacillen, nach einigen Autoren auch fehlend. In Saccharose Säurebildung.

Bacillus hofmannii (v. HOFMANN-WELLENHOF). Häufiger Schleimhautsaprophyt. Unbewegliche, kurze, relativ dicke, gerade Stäbchen; keine oder nur selten sehr kleine Polkörperchen; Stäbchen in der Regel bis auf ungefärbt bleibenden Querstrich in der Mitte der längeren Individuen sich gleichmäßig färbend. Grampositiv. In Ausstrichen von der Kultur oft zu zweien und mehreren parallel gelagert. Aerob. Wachstum auf Agar und Löffler-Serum in üppigen, feuchten, weißlichen Kolonien. In Dextrose und Saccharose keine Säurebildung.

Wo die *Differentialdiagnose* Diphtherie oder Pseudodiphtherie auf Grund des mikroskopischen Bildes zweifelhaft bleibt, ist aus-

schlaggebend der Tierversuch, vorausgesetzt, daß er positiv ausfällt. Sonst kommen noch folgende Merkmale in Betracht:

Bei der Gramfärbung werden die Diphtheriebacillen bei längerer
Alkoholbehandlung entfärbt, während die Diphtheroiden zum Teil
auch noch nach 10—15 Minuten Alkohol blauschwarz bleiben.

Verhalten auf der gewöhnlichen Agarplatte siehe S. 167.

In Dextrose wird von den Diphtheriebacillen Säure gebildet,
in Saccharose nicht, während die Diphtheroiden Dextrose nicht
oder deutlich langsamer zerlegen und einige von ihnen in Saccharose Säure bilden. Zu der letzten Gruppe gehören auch die von
Lubinski auf Wunden häufig angetroffenen und von ihm als
Paradiphtheriebacillen bezeichneten apathogenen Stäbchen.

In Stichkulturen von *Traubenzuckeragar*, dem je 1 l 125 cm³
n-Sodalösung zugesetzt ist, wachsen die Diphtheroiden im allgemeinen nicht in der Tiefe, wohl aber die Diphtheriebacillen
(fakultativ anaerob).

Spezifische *Agglutination*. van Riemsdijk unterscheidet auf
Grund der Agglutination, des Tierversuches usw. folgende Gruppen:

1. *Bacillus diphtheriae = virulent*: Agglutination, Tierversuch,
Traubenzucker positiv.

2. *Bacillus diphtheriae = avirulent*: Agglutination, Traubenzucker positiv, Tierversuch negativ.

3. *Bacillus pseudodiphtheriae = meist avirulent*: Agglutination,
Traubenzucker negativ, Tierversuch meist negativ.

Literatur.

Clauberg: Zbl. Bakter. **114**, 539 (1929). — van Riemsdijk: Zbl. Bakter.
75, 229 (1915). — Smith u. Kaufmann: Ref. in Zbl. Hyg. **3**, 313 (1923). —
Lubinski: Zbl. Bakter. **85**, 96 (1921).

Bacillus mallei; Rotz.

Der *Rotz* kommt vorwiegend bei *Einhufern*, seltener bei
Hunden, Ziegen, Katzen vor. Von den Tieren her werden gelegentlich *Menschen* infiziert (Übertragung der Bacillen auf rissige oder
wunde Hautstellen oder Nasenschleimhaut), die dann zur Infektionsquelle für andere Menschen werden können. Für den
Nachweis der Bacillen kommen die verschiedenen lokalen Manifestationen des akuten und chronischen Rotzes in Betracht,
Pusteln, Hautknoten, Ulcera, Drüseneiter. Stets ist *Nasensekret*,
evtl. auch Sputum zu untersuchen. *Seroreaktion* siehe S. 174.

Morphologie. Unbewegliche, aber lebhafte Molekularbewegung zeigende, geißellose Stäbchen von wechselndem Aussehen. In ganz frischen Kulturen *Coccobacillenform*, an Hühnercholera erinnernd und wie diese Polfärbung zeigend. In älteren Kulturen treten mehr schlanke, gerade oder schwach gekrümmte *Stäbchen* von 2—5 μ und mehr Länge hervor; zuweilen auch Fadenbildung. In Ausstrichen von *Pustelinhalt* liegt meist die Stäbchenform vor. Gefärbt weisen die Stäbchen meist in der Mitte eine farblose Lücke auf, und die Enden erscheinen oft dicker. Keine Sporenbildung.

Färbung. Mit den gebräuchlichen Farblösungen meist etwas blasse Färbung. Gramnegativ. Ausstriche von Pustelinhalt werden 5 Minuten in LÖFFLERS *Methylenblau* gefärbt und dann kurz in 1%iger Essigsäure differenziert, der *Tropäolin 00* bis zur Farbe von Rheinwein zugesetzt ist; kurzes Abspülen in Aq. dest.: Zellen fast ganz entfärbt, Kerne blaß, Bacillen deutlich hervortretend.

Kultur. Bei der Herauszüchtung aus frischem Material nicht immer leicht angehend. Aerobes Wachstum; Temperaturoptimum 37—38°. Auf *Glycerinagar* (1—3% Glycerin) von neutraler Reaktion kleine, tautropfenförmige, zunächst durchscheinende, später trübe werdende Kolonien. In älteren Kulturen sind sie gelblich getönt und von schleimig-zügiger Konsistenz. Gutes Wachstum auf erstarrtem *Pferdeserum*. *Bouillon:* Gleichmäßige Trübung, nach einigen Tagen Oberflächenhäutchen und Bodensatz. Aus Milchzucker Säurebildung: Rötung von Drigalski-Agar mit Glycerinzusatz; desgleichen von Lackmusmolke.

Diagnostischer Tierversuch. Bei i. p. Injektion von Rotzmaterial beim *Meerschweinchen* tritt nach 1—3 Tagen Schwellung der Tunica vaginalis mit Entzündung der Subcutis und Haut des Hodensackes ein. Der Hoden wird an der Tunica fixiert, verwächst mit dieser, liegt ständig außerhalb des Leistenkanals und wird in die entzündliche Schwellung mit einbegriffen (*Straussche Reaktion*). In dem Tumor bilden sich Rotzherde, die nach außen durchbrechen. Die Tiere gehen nach etwa 1—6 Wochen ein. Sektion: Herde in der vergrößerten Milz, Leber und Lunge.

Da die *Straussche Reaktion* auch bei anderen Bakterien eintreten kann, ist der Versuch durch Züchtung der Bacillen aus den Herden und serologische Prüfung der Reinkultur zu ergänzen. Der Tierversuch bietet den Vorteil, daß man durch ihn auch bei stark verunreinigtem Ausgangsmaterial zu einer *Reinkultur* gelangen kann. Infolge der nicht sehr hohen Empfänglichkeit der Meerschweinchen und der wechselnden Virulenz der Bacillen kann er auch bei Vorliegen von Rotz negativ ausfallen.

Agglutination. Die Rotzbacillen werden durch spezifische Immunsera unter deutlicher Sedimentierung agglutiniert (F. K. KLEINE).

Zwecks Erzielung homogener Aufschwemmungen werden Agarkulturen bei 60° abgetötet und mit NaCl-Lösung ($+$ 0,5% Phenol) abgeschwemmt, die Abschwemmung bis zu mäßiger, milchiger Trübung verdünnt und nach Absetzen größerer Partikel dekantiert. Ablesung der Agglutination nach 24 Stunden 37°. Bei spezifischer Agglutination liegen die Bacillen zu weißlichem Häutchen mit gezacktem Rand verklumpt am Boden. Die Flüssigkeit ist dabei geklärt, dem Titerende zu mehr oder weniger getrübt geblieben. Kontrolle mit Normalserum notwendig. Bei den Kontrollen löst sich das Bacillensediment beim Schütteln glatt auf, während die Häutchen der spezifischen Sedimentierung sich in krümelige und fetzige Agglutinate aufteilen.

Widal. Positiver Widal spricht mit größter Wahrscheinlichkeit für Rotzinfektion. Bei Pferden konnten jedoch nur in 25% (vorwiegend frische Fälle) nachgewiesener Rotzfälle verwertbare Titer nachgewiesen werden (LÜHRS). Bei menschlichen Fällen ist beobachtet, daß der Titer bei älteren Fällen unter die als positiv anzusprechende Grenze herabsinken kann. Technik, Ablesung sind die gleichen wie bei der Agglutination unbekannter Stämme. Zur Beschleunigung der Sedimentierung wird empfohlen, die Röhrchen 10—15 Minuten zu zentrifugieren (GILDEMEISTER und JAHN). Da die Rotzbacillen von manchen Normalsera mäßig agglutiniert werden (besonders beim Pferde), werden nur höhere Titer berücksichtigt: 1:400 kann als verdächtig gelten, 1:800 spricht in hohem Grade für Rotz (beim Pferde entsprechend 1:400—1000 bzw. 1:1000 und mehr).

Komplementbindungsreaktion. Von größerer praktischer Bedeutung ist die *Komplementbindungsreaktion*, die für alle Fälle, vielleicht mit Ausnahme der ersten Woche, anwendbar ist, und bei der nur etwa 1—2% Fehldiagnosen vorkommen. Sie ist auch für die Identifizierung unbekannter Stämme wertvoll, da Rotzbacillen morphologisch und kulturell oft sehr schwer zu diagnostizieren sind. Ihre Ausführung wird zweckmäßig Instituten überlassen, die sich fortlaufend mit Rotz-Serodiagnostik befassen.

Malleinprobe. Rotzkranke Pferde reagieren auf parenterale Applikationen von Rotzbacillen-Extrakten mit Fieberanstieg und Lokalreaktion. Gegenüber der s. k. Anwendung der Malleins, bei der zweifelhafte Reaktionen, sowie positive Ausfälle bei negativem Sektionsbefund und umgekehrt vorkommen, gilt vielfach die Conjunctivalprobe als zuverlässiger.

Gang der Untersuchung. Ausstrichpräparate, fraktionierte Beimpfung von Glycerinagar und i. p. Infektion von 3—4 Meerschweinchen. Bei Blutproben Komplementbindungsreaktion, evtl. auch Widal.

Bei Arbeiten mit Rotzbacillen ist *größte Vorsicht* geboten.

Literatur.

Lührs: Zbl. Bakter. **85**, 76* (1921). — Kleine, F. K.: Z. Hyg. **44**, 183 (1903). — Gildemeister u. Jahn: Berl. klin. Wschr. **52**, 627 (1915).

Rotlaufbacillen.

Die Erreger des Schweinerotlaufes können gelegentlich beim *Menschen* von Hautwunden ausgehende, erysipelähnliche, im allgemeinen gutartige Entzündungen hervorrufen.

Die *Rotlaufbacillen* sind kleine, zarte, unbewegliche, grampositive Stäbchen. *Wachstum* auf allen gebräuchlichen Nährböden, auch schon bei Zimmertemperatur, aerob und anaerob, jedoch stets ziemlich langsam und wenig ergiebig. Auf *Agar* vom 2. Tage an kleine, tautropfenartige Kolonien. In *Bouillon* Wachstum mit geringer Trübung unter Bildung eines grauweißen Bodensatzes. Im *Gelatinestich* entstehen von dem Impfstich aus charakteristische, waagerechte, büschelförmige Ausläufer in den Nährboden hinein, wodurch das einer Gläserbürste ähnliche Aussehen der Kultur zustande kommt. Die Gelatine wird dabei etwas weich, aber nicht verflüssigt.

Mäuse sterben nach s. k. Infektion innerhalb von 3—4 Tagen, bei kleinsten Dosen von 5—7 Tagen unter dem Bilde der *Septicämie. Kaninchen* sind gleichfalls sehr empfänglich.

Bacillus pyogenes.

Nur bei Tieren vorkommend; bei Rindern, Schweinen und Schafen der *häufigste* Eitererreger.

Sehr kleines, unbewegliches, gramlabiles Stäbchen, das nur auf bluthaltigen Nährböden gut gedeiht. Nicht zu verwechseln mit dem Streptococcus pyogenes!

Bacillus pyocyaneus.

Der Bacillus pyocyaneus ist als *Saprophyt* in der Außenwelt weit verbreitet, z. B. in verunreinigtem Wasser, auf der Haut usw. Als *Mischinfizient* tritt er besonders bei Eiterungen auf, die durch Geschwüre oder Fisteln mit der Haut in Verbindung stehen: *blauer Eiter*. Bei Säuglingen und bei schlecht genährten Kindern wird er als Erreger von hämorrhagischer Sepsis, von Meningitis, Hautgangrän (Ecthyma gangraenosum) und anderen prognostisch meist sehr ungünstigen Infektionen angetroffen, seltener bei Erwachsenen.

Morphologie, Färbung, Kultur. Sehr bewegliches Stäbchen mit einer endständigen Geißel, ohne Sporen und Kapseln, gramnegativ. Gutes Wachstum auf den üblichen Nährböden. Auf *Agar* meist feuchtglänzende Beläge (S-Form), seltener flache, trockene, am Rande gezackte Kolonien (R-Form) oder beide Formen gemischt. *Bouillon* wird diffus getrübt, mit Häutchenbildung an der Oberfläche: *Gelatine* wird verflüssigt und *Milch* zur Gerinnung gebracht. Auf der *Blutagarplatte* meist hämolytischer Hof. *Kohlehydrate* werden kaum oder gar nicht angegriffen. Die Kulturen haben einen charakteristischen, süßlichen Geruch.

Das Hauptmerkmal ist der gelbgrüne bis blaue Farbstoff, das *Pyocyanin*, die Ursache des blauen Eiters. Auf festen Nährböden diffundiert der Farbstoff in die Umgebung der Kolonien und kann die ganze Platte grünlich-bläulich färben. Bisweilen liegt der Farbstoff als Leukobase vor und wird erst nach Stehen an der Luft sichtbar. Es handelt sich um zwei verschiedene Farbstoffe: das für den Pyocyaneus charakteristische *Pyocyanin*, das chloroformlöslich ist und in Bouillonkulturen durch Schütteln mit einigen Tropfen Chloroform nachweisbar ist, und einen wasserlöslichen, grünlich fluorescierenden Farbstoff, der auch bei anderen Bakterien, speziell beim Bacillus fluorescens, vorkommt. Die Farbstoffbildung kann auch fehlen; sie erfolgt oft besser bei Zimmertemperatur als bei 37°. Zuweilen wird auch ein mit dem Pyocyanin verwandter roter Farbstoff gebildet.

Auf der antagonistischen Wirkung der Pyocyaneus-Kulturen beruht die therapeutische Verwendung der *Pyocyanase* (Extrakt aus alten, autolysierten Kulturen), die zur örtlichen Behandlung von Anginen, Diphtherie usw. benutzt wird.

Widal. Wenn zur Frage steht, ob ein gezüchteter Pyocyaneus als Erreger anzusprechen ist, kann die Widalsche Reaktion versucht werden, die in Sepsisfällen mit dem homologen Stamm meist positiv ausfällt und zum Teil sehr hohe Titer erreicht.

Literatur.

ROLLY: Münch. med. Wschr. **53**, 1399 (1906). — KLIENEBERGER, C.: Münch. med. Wschr. **54**, 1330 (1907).

Bacillus fluorescens liquefaciens.

Gewöhnlicher Saprophyt verunreinigter Gewässer; dem Pyocyaneus ähnlich, jedoch mit mehreren, endständigen Geißeln. Er verflüssigt ebenfalls Gelatine und bildet einen grünen Farbstoff, jedoch kein Pyocyanin. Für die Praxis ist die einfachste Differentialdiagnose die Ausschüttelung der Bouillonkultur mit Chloroform. Eine Abart stellt der *Bacillus fluorescens non liquefaciens* dar.

Bacillus proteus.

Proteusbacillen sind in der Natur weit verbreitet. Im allgemeinen harmlose *Saprophyten*, können sie pathogen werden, falls sie Gelegenheit haben, sich in *Nahrungsmitteln* anzureichern, um so die Ursache von Vergiftungen und Magen-Darmstörungen zu werden. Andererseits können sie auch *Eiterungen* verursachen und als *Mischinfizienten* auftreten. Bei Untersuchungen von Leichenorganen, Nahrungsmitteln, Stuhlproben usw. machen sie sich oft dadurch sehr störend bemerkbar, daß sie die angelegten Plattenkulturen überwuchern und die Feststellung evtl. vorhandener pathogener Bakterien erschweren oder gar vereiteln.

Gramnegative, sehr bewegliche Stäbchen mit zahlreichen, peritrichen Geißeln, ohne Sporen und ohne Kapseln; fakultative Anaerobier. Sie färben sich mit allen Farblösungen und wachsen auf allen üblichen Nährböden. Auf festen Nährböden bilden sie meist, von den Beimpfungsstellen ausschwärmend, einen alles überziehenden hauchartigen, später dichteren Rasen: *H-Form* (von Hauch), oder sie bilden abgegrenzte, rundliche Kolonien ohne Rasen: *O-Form*, die unbeweglich ist. Die meisten Stämme verflüssigen Gelatine: *Proteus vulgaris;* einige Stämme dagegen nicht: *Proteus Zenkeri.* Milch wird zur Gerinnung gebracht und Indol meist gebildet. Aus Dextrose, Saccharose und Maltose werden Säure und Gas gebildet, dagegen werden Lactose und Mannit nicht gespalten.

Von besonderer Bedeutung sind die von WEIL und FELIX gefundenen x-Stämme, besonders der Stamm *x 19,* der zur serologischen Diagnose (Agglutination) des *Fleckfiebers* dient (siehe S. 203). Abgesehen von ihrer serologischen Beziehung zum Fleckfieber unterscheiden sich die x-Stämme auch kulturell-biologisch von den gewöhnlichen Proteusstämmen. So wachsen sie in Bouillon im allgemeinen mit schwächerer Trübung und ohne Kahmhaut, bilden prompter Indol und verflüssigen Gelatine im allgemeinen prompter. Während es sich bei der Fleckfieberagglutination des x 19 stets um eine *körnige* Agglutination handelt, agglutinieren die mit der H-Form aller Proteus-, auch der x-Stämme, am Kaninchen gewonnenen Immunsera die H-Form der homologen Stämme sowohl *flockig* als auch *körnig,* die entsprechende O-Form nur *körnig.* O-Sera agglutinieren naturgemäß nur körnig.

Die O-Form läßt sich nach H. BRAUN durch Züchtung auf festen Nährböden mit Zusatz von Carbolsäure erzielen (siehe S. 28). Derartige Carbolplatten verwendet man auch, um bei Material, das Proteusbacillen enthält, die störende Überwucherung der Platten durch Proteusrasen zu verhindern. Zweckmäßig beimpft man einen Satz von 3—4 Platten mit verschieden starkem Carbolzusatz. Die Platten werden 1—3 Tage bebrütet (s. S. 28).

Literatur.

JÖTTEN: Berl. klin. Wschr. **56,** 270 (1919).

Bacillus tumefaciens.

Große Gruppe gramnegativer, teils beweglicher, teils unbeweglicher, sporenloser Stäbchen, die bei zahlreichen Pflanzen *granulationsartige Geschwülste* (crown galls), auch experimentell, erzeugen. Zum Versuche eignen sich besonders Sonnenblumen (Helianthus annuus), Zuckerrüben u. a. Von F. BLUMENTHAL, AULER und MEYER sind Angehörige der Tumefaciensgruppe aus *menschlichen Geschwülsten,* von F. KAUFFMANN aus *Mäusecarcinomen* und von U. FRIEDEMANN, BENDIX, HASSEL und MAGNUS aus *Eiter, Liquor* und *Stuhl* von Kranken wiederholt gezüchtet worden. Für eine ätiologische Beziehung der ubiquitären Tume-faciensbacillen zu menschlichen und tierischen Geschwülsten fehlt bisher jeder sichere Anhaltspunkt.

Literatur.

BLUMENTHAL, F., AULER u. MEYER: Z. Krebsforschg **21**, 387 (1924). — KAUFFMANN, F.: Z. Krebsforschg **28**, 109 (1928).

Bacillus prodigiosus.

Kleine, gramnegative, bewegliche Stäbchen, die bei Zimmertemperatur einen intensiv *roten Farbstoff* bilden. Verflüssigung von Gelatine. Praktische Bedeutung hat der Prodigiosus als fakultativer Anaerobier neuerdings als Sauerstoffzehrer bei der *Fortner-Platte* erlangt. Hierbei ist besonders darauf zu achten, daß man tatsächlich den echten Prodigiosus, das Stäbchen, in der Hand hat und nicht etwa einen roten Farbstoff bildenden Coccus. Ferner findet der Prodigiosus bei der bakteriologischen Prüfung von *Sandfiltern* bei zentralen Wasserversorgungsanlagen usw. Verwendung (siehe S. 241).

Anaerobier.

Bacillus tetani; Tetanus.

Der *Bacillus tetani*, der Erreger des Wundstarrkrampfes, ist in der Außenwelt, besonders in der *Erde*, ziemlich verbreitet und kann so bei Verletzungen leicht in *Wunden* gelangen. Die bakterielle Infektion bleibt in der Regel auf die Wunde beschränkt, und die Bacillen wirken nur durch ihr *Toxin* pathogen. *Tetanussporen* können lange Zeit, Jahre hindurch, reaktionslos im Gewebe liegen, um plötzlich bei einer auftretenden Entzündung, Eiterung oder nach einer Operation auszukeimen. Tetanus kann auch von der *Nabelwunde* der Säuglinge ausgehen.

Zur Untersuchung auf Tetanus sind *excidierte Wundränder, Eiter, Geschoßsplitter* usw. einzusenden. Gelegentlich gelingt es im Frühstadium, das *Toxin* im Blut nachzuweisen; bei gutartig verlaufenden Fällen später auch das *Antitoxin*.

Morphologie. Der Tetanusbacillus ist ein langes, schlankes Stäbchen, mit endständigen, runden *Sporen*, die dem Bacillus eine Kochlöffel- oder Trommelschlegelform verleihen und in Kulturen frühestens vom 2. Tage ab erscheinen. Die Bacillen sind infolge zahlreicher, peritricher *Geißeln* sehr beweglich, büßen aber ihre Beweglichkeit bei Zutritt von Sauerstoff schnell ein.

12*

Färbung. Die Färbung gelingt mit den üblichen Farblösungen. Die Bacillen sind in jungem Zustande grampositiv, in älteren Kulturen zum Teil gramnegativ.

Kultur. Die Tetanusbacillen wachsen nur *streng anaerob*. Auf der *Blutplatte* kommen neben den typischen, *schleierförmigen*, zarten, farblosen *Kolonien* mit gefransten Rändern und feinsten Ausläufern (Schwärmstadium) auch *runde*, geschlossene *Kolonien*, von denen später terrassenförmige, zarte Ausläufer ausgehen können, vor. Die *Hämolyse* ist im allgemeinen gering. In *Leberbouillon* erfolgt langsames, mäßiges Wachstum, mit sehr geringer Gasbildung und langsamer *Proteolyse*; in Lebermilch langsam einsetzende und geringe *Peptonisierung*, ohne vorherige Gerinnung.

Die *Toxinbildung* setzt in den Kulturen (Leberbouillon) erst allmählich ein und erreicht ihren Höhepunkt um den 8. bis 12. Tag, um dann wieder langsam abzufallen. Das Toxin ruft bei Mäusen oder Meerschweinchen in minimalen Dosen (z. B. 0,00001 cm³ des Filtrates einer mehrtägigen Leberbouillonkultur) typischen, zum Tode führenden Tetanus hervor: tonische Starre der Muskeln und erhöhte Reflexerregbarkeit, die zu klonischen Krämpfen führt.

Gang der Untersuchung. Anfertigen von *Präparaten*, in denen man unter Umständen die allerdings meist sehr spärlichen Bacillen sehen kann.

Anlegen von *Kulturen.* Das Material wird *direkt* auf feste und flüssige anaerobe Nährböden verimpft, sowie, falls es mit anderen Keimen stark verunreinigt war, *nach Erhitzung* verimpft. Es empfiehlt sich eine Probe $^1/_2$—1 Stunde auf 80° (und eine zweite Probe 5 Minuten auf 100°) im Wasserbade zu erhitzen. Als Nährböden kommen *Blutagarplatte* und *Leberbouillon* in Betracht.

Die Reinzüchtung aus anfänglichen Mischkulturen erfolgt entweder allein mit Hilfe des anaeroben Plattenverfahrens oder nach $^1/_2$—1stündiger Erwärmung der Kultur im Wasserbade von 80° und darauffolgender Aussaat auf Platten. Evtl. kann auch das so erhitzte Material auf Mäuse verimpft werden.

Die in der Praxis wichtigste Untersuchungsmethode ist der *Tierversuch.* Ein Teil des zu untersuchenden Materials wird einer Maus oder einem Meerschweinchen subcutan oder besser in die Oberschenkelmuskulatur, evtl. in eine Hauttasche hinein verimpft.

Die Beobachtung der Tiere muß sich mindestens auf 8 Tage erstrecken. Für die praktische Diagnose genügt das typische klinische Bild des Tetanus (Starrkrampf der Extremitäten, gekrümmte Haltung). Der mikroskopische Nachweis und die Kultur gelingen oft nicht. Ferner ist der Tierversuch heranzuziehen, wenn in den Kulturen die Reinzüchtung verdächtiger Stäbchen nicht gelingt, um in den Kulturfiltraten (nach 8—10 tägiger Bebrütung) das Toxin nachzuweisen. Zu diesem Zwecke sind Mäuse mit 0,25—0,5 cm³ (Meerschweinchen mit 2—5 cm³) s. k. zu impfen. Als Kontrollen werden Mäuse a) mit dem Filtrat + 0,5 cm³ Tetanusantitoxin 1:10 und b) mit dem Filtrat + 0,5 cm³ unspezifischem, z. B. Di-Antitoxin, 1:10 gespritzt. Bei positivem Ausfall müssen die mit Filtrat allein und mit Filtrat + Di-Antitoxin gespritzten Mäuse an Tetanus erkranken bzw. sterben, während die mit Tetanus-Antitoxin gespritzte Maus gesund bleibt oder nur geringe Krankheitserscheinungen zeigt.

Der Tierversuch dient ferner zur sicheren *Identifizierung* der Reinkultur. Von der 8—10 Tage bebrüteten, keimfrei filtrierten Leberbouillonkultur erhalten Mäuse oder Meerschweinchen fallende Dosen s. k. injiziert. Als Kontrollen dienen Tiere, die a) mit dem Filtrat + Tetanusantitoxin, z. B. 0,5 cm³ 1:10 verdünnt und b) mit dem Filtrat + Di-Antitoxin z. B. 0,5 cm³ 1:5 verdünnt gespritzt werden. Zweckmäßig geht man dabei so vor, daß man zunächst die ungefähr kleinste tödliche Giftdosis ermittelt und dann im Hauptversuch feststellt, ob das Antitoxin gegen eine vielfach tödliche Dosis Gift schützt.

Zum *Nachweis des Giftes* im *Blut* der Erkrankten wird Mäusen 0,5 cm³ Serum s. k. injiziert. Handelt es sich um den Nachweis von *Antitoxin* im *Blut* (keine Injektion von Heilserum vorhergegangen), so spritzt man Mäusen s. k. ein Gemisch von 0,5—1 cm³ Serum und der kleinsten Dosis Tetanusantitoxin ein, die eine Maus unter typischen Tetanuserscheinungen tötet. Als Tetanustoxin dient im Notfall eine keimfrei filtrierte, 8—10 tägige Tetanusreinkultur in Leberbouillon.

Bacillus botulinus; Botulismus, Allantiasis.

Die Botulinusbacillen sind *Saprophyten*, die bei zufälligem Hineingeraten in Nahrungsmittel unter geeigneten Bedingungen in ihnen wuchern und dabei ein *spezifisches Gift* ausscheiden, das sowohl nach peroraler als auch parenteraler Aufnahme eine spezifische Vergiftung hervorruft. Die wichtigsten Symptome des Botulismus (Allantiasis) sind: *Akkomodationsstörungen*, Doppeltsehen, Ptosis, Mydriasis, *Trockenheit im Halse*, Aphonie, Dysphagie, in schweren Fällen allgemeine *Bulbärparalyse*, gelegentlich auch *Lähmung* der *Extremitäten*. Bewußtseinsstörungen fehlen. Durchfall, Erbrechen fehlen in der Regel. Fieber fehlt. Es handelt sich um eine *Intoxikation*, nicht um eine Infektion. Bei tödlichem Ausfall wurden zwar gelegentlich Botulinusbacillen aus der Milz gezüchtet; doch ist es wenig wahrscheinlich, daß im Körper eine nennenswerte Vermehrung der Bacillen stattfindet. Die *Diagnose* „Botulismus" muß *klinisch* gestellt werden, ohne daß man das bakteriologische Ergebnis der Untersuchung abwartet.

Botulismus wurde festgestellt nach Genuß von Schinken, Wurst, Rauchfleisch, Speck, eingelegtem Fleisch, geräucherten und konservierten Fischen, Obst- und Gemüsekonserven.

Morphologie, Färbung. Grampositive, peritrich begeißelte Stäbchen von je nach Stadium und Alter der Kultur beträchtlich wechselnder Größe. In *Leberbouillon* häufig Ketten von Stäbchen („fahrende Eisenbahnzüge"), in älteren auch längere Fäden ohne erkennbare Grenze der Bacillenindividuen. In *Plattenkulturen* zeigen manche Stämme auffallende Neigung zu Zerfall, so daß es kaum möglich ist, Ausstrichpräparate mit erkennbaren Stäbchen zu erhalten. Im *Originalausstrich* von einem stark bacillenhaltigen Schinken sahen wir stark geblähte, sozusagen wurstförmige, nach GRAM schwärzlichgrau gefärbte Stäbchen mit ungefärbten Lücken.

Unter geeigneten Bedingungen (z. B. in einige Tage alten Leberbouillonkulturen und auf Blutplatten) tritt *Sporenbildung* ein. Die Sporen sind oval, endständig („Tennisschläger"). Ihre Widerstandsfähigkeit ist sehr wechselnd.

Kultur. Streng *anaerobes* Wachstum. Auf der sehr geeigneten *Fortner-Platte* ist das Aussehen der Kolonien bei den einzelnen Stämmen und zum Teil auch bei demselben Stamme wechselnd; flach gebuckelte, glatte Kolonien mit aufgefasertem Rand; flach anliegende, asbestflockenartige, rauhe Kolonien; hauchartige Schleier; deutliche Hämolyse. *Traubenzucker* wird vergoren, *Milchzucker* nicht. Hinsichtlich der *Proteolyse* werden die Botulinusbacillen in zwei scharf unterschiedene Gruppen eingeteilt:

1. *Bacillus botulinus* (VAN ERMENGEM): Proteolyse negativ; Leberbouillon unverändert; Milch Gerinnung. Sehr streng anaerob. Optimum für Versporung und Giftbildung bei 25° C.

2. *Bacillus parabotulinus:* Proteolyse positiv; Schwärzung der Leberbouillon; Peptonisierung der Milch. Versporung und Giftbildung auch bei 37° C.

Giftproduktion. Das Gift der Botulinusbacillen ist ein echtes *Toxin.* Es läßt sich in der Weise gewinnen, daß man eine Anzahl von einige Tage alten Leberbouillonkulturen zusammengießt, durch Papier filtriert und das Filtrat unter Toluol aufbewahrt. Das Giftbildungsvermögen ist bei den einzelnen Stämmen und je nach den Kulturbedingungen (verschiedenes Temperaturoptimum) verschieden. Über qualitative Unterschiede siehe unten.

Zur Demonstration der *Giftwirkung* eignen sich *Meerschweinchen* und *weiße Mäuse.* Beide sind allerdings so empfindlich, daß sie nach s. k. oder peroraler Verabfolgung selbst kleiner Giftdosen nicht selten sterben, ohne daß man das typische Krankheitsbild zu sehen bekommen hat. Beim vergiftungskranken Meerschweinchen ist die allgemeine *Schlaffheit* in der Körperhaltung und in der Bauchmuskulatur sehr charakteristisch, ferner die *Nässe* des *Kinnes* infolge Ausflusses aus dem Maul (Schluckstörung). Später treten noch *Lähmungen* und *Atemnot* hinzu.

Antitoxin; verschiedene Typen der Botulinusbacillen. Durch Vorbehandeln von Tieren mit steigenden Dosen von Toxin läßt sich ein Serum gewinnen, das sowohl im Tierversuch die Wirkung des Giftes aufhebt als auch therapeutisch am erkrankten Menschen Heilwirkung ausüben kann: Antitoxin. Bei Schutzversuchen mit Toxinen von verschiedenen Stämmen und den zugehörigen Antitoxinen hat sich herausgestellt, daß es von den Toxinen, obwohl sie das gleiche Vergiftungsbild hervorrufen, mehrere *Typen* gibt, die sich dadurch unterscheiden, daß sie jeweils nur durch das homologe Antitoxin paralysiert werden (z. B. Toxin vom Typus B durch Antitoxin vom Typus B), nicht aber oder nur unvollkommen durch ein heterologes. Für therapeutische Zwecke bestimmtes Antitoxin muß daher *polyvalent* sein.

Agglutinatorisch gegenüber monovalenten Immunsera verhalten sich die Stämme ebenfalls zum Teil verschieden; es lassen sich mehrere serologische Typen aufstellen, die sich jedoch mit den toxikologischen nicht oder nur teilweise decken. Erwähnt sei noch, daß Stämme bekannt sind, die sich morphologisch-kulturell wie Botulinus verhalten und von Botulinussera agglutiniert werden, aber kein spezifisches Gift bilden.

Gang der Untersuchung. Gegenstand der Untersuchung ist in erster Linie der *Nachweis des Toxins* in dem angeschuldigten Nahrungsmittel. Außerdem ist der kulturelle Nachweis der Bacillen zu versuchen. Bei größeren Stücken, z. B. Schinken, beschränkt sich der Gift- und Bacillengehalt unter Umständen nur auf einzelne Herde.

Nachweis des Toxins. Das Material wird im Mörser unter Zusatz von etwas NaCl-Lösung verrieben. Von der Aufschwemmung werden einem Meerschweinchen subcutan einige cm³ eingespritzt. Der Rest wird zunächst durch Papier filtriert, wobei man sich zweckmäßig eines an die Wasserstrahlpumpe angeschlossenen *Saugfilters*, der sogenannten Nutsche, bedient. Das Filtrat wird dann noch durch ein Berkefeld- oder Reichel-Filter gezogen und mit dem bakterienfreien Filtrat ein zweites Meerschweinchen subcutan gespritzt. Der Rest des Filtrates wird mit einigen cm³ Toluol durchgeschüttelt und im Kühlschrank aufbewahrt. Zur Not kann die zweite Filtration fortfallen. In diesem Falle wird jedoch das zweite Tier erst gespritzt, nachdem das Filtrat mit Toluol behandelt wurde und sich das Toluol abgesetzt hat.

Sterben die Tiere, ohne daß man Gelegenheit hatte, das für die Diagnose erforderliche *typische Krankheitsbild* zu sehen, werden weitere Meerschweinchen mit *kleineren Dosen*, z. B. 0,5, 0,05, 0,005 cm³, gespritzt. Bei dieser Gelegenheit erhält ein *Kontrolltier* etwa 0,5 cm³ Filtrat $+$ 1 cm³ Antitoxin (vor der Injektion gemischt), ein anderes 0,5 cm³ Filtrat $+$ 1 cm³ Di-Antitoxin. Die Feststellung, daß die Vergiftung bei Zugabe des spezifischen Antitoxins ausbleibt, nicht aber von heterologem Serum verhindert wird, sollte in keinem Falle unterbleiben. Sie kann dadurch verzögert werden, daß sich die zunächst gewählten Dosen als ungeeignet erweisen.

Das Botulinusgift ist als *echtes Toxin* empfindlich gegen Erhitzung. Man spritze daher ein Tier auch mit gekochtem Extrakt: es muß o. B. bleiben. Die Tiere sind einige Tage zu beobachten. Im Notfalle kann man auch weiße Mäuse verwenden.

Nachweis der Bacillen. Beimpfung von *Fortner-Platten*, je nach der zu erwartenden Verunreinigung fraktioniert 1—3 Platten.

Weitere Platten werden mit Material beimpft, das $^1/_2$ Stunde im Wasserbade auf 80° (zur Abtötung der Begleitbakterien) erhitzt ist. Bebrütung teils bei etwa 25°, teils bei 37°.

Man kann auch mit abgestuften Mengen einer Aufschwemmung des Materials verflüssigten und auf 48° abgekühlten Traubenzuckeragar (in hoher Schicht) beimpfen, ebenso weitere Röhrchen mit erhitztem Material. Die erstarrten Agarsäulen werden mit flüssiger Vaseline übergossen. Ist der Agar am nächsten Tage gesprengt, werden von der Feuchtigkeit in den Gasräumen Fortner-Blutplatten und aerobe Platten zur Kontrolle beimpft.

Ziel der Untersuchung ist die Gewinnung von einwandfrei isolierten Kolonien, von denen Reinkulturen in Leberbouillon angelegt werden, die nach 2—3 Tagen im Tierversuch auf Botulinustoxin geprüft werden.

In gleicher Weise wird bei der Untersuchung von *Leichenorganen* verfahren. Stuhluntersuchungen kommen nur in besonderen Fällen in Frage. Da die Botulinusbakterien im Boden vorkommen und von da auf Gemüse, Obst usw. gelangen können, würde ihr Nachweis im Stuhl, falls sie nicht in sehr großer Menge festzustellen sind und sonstige dringende Verdachtsmomente hinzukommen, für sich allein nicht viel besagen.

Mit der *therapeutischen* Anwendung von Antitoxin darf *niemals* bis zum Vorliegen eines Untersuchungsresultates *gewartet* werden.

Literatur.

LEUCHS: Z. Hyg. **65**, 55 (1910). — ORNSTEIN: Z. Chemother. Orig. **1**, 458 (1913).

Bacillus phlegmones emphysematosae; Gasbrand.

Der Bacillus phlegmones emphysematosae (E. FRAENKEL), Bacillus welchii, in der amerikanischen Literatur *Bacillus aerogenes capsulatus Welch* genannt, ist der häufigste Erreger der meist von verschmutzten und gequetschten Wunden ausgehenden *Gasbranderkrankungen*. Er gehört zur normalen menschlichen und tierischen Darmflora und ist in der Außenwelt (Erde) weit verbreitet. Beim Gasbrand treten die Bacillen oft in Symbiose mit anderen, auch anaeroben Keimen auf. Außer von Verletzungen der äußeren Haut und der darunter liegenden Gewebe kann eine Gasbrandinfektion auch von *inneren Verletzungen*, z. B. des Uterus bei *artifiziellem Abort*, von Bauchoperationen usw. ausgehen. Dabei muß es sich nicht unbedingt um eine Infektion von außen her handeln: Aktivierung von Gasbrandbacillen, die im Operationsgebiet bereits vorhanden waren oder vom verletzten Darm her stammen.

Von dem örtlichen Herd aus können die Bacillen in den *Kreislauf* gelangen und so im Blut nachgewiesen werden.

Vom *Lebenden* kommt zur Untersuchung Material aus dem Infektionsherd, daneben Venenblut in Betracht; von der *Leiche* desgleichen, sowie noch Milz, Leber, Herzblut. Bei Leichenmaterial ist zu berücksichtigen, daß in der Agonie oder postmortal vom Darm her in das Blutgefäßsystem gelangte Gasbrandbacillen sich bis zur Materialentnahme in den Capillaren der Organe und Gewebe unter Umständen stark vermehren können.

Morphologie. Die Gasbrandbacillen sind große, plumpe, unbewegliche Stäbchen, meist zunächst ohne Sporen, die in Kulturen erst nach mehreren Tagen, auch nicht bei allen Stämmen, auftreten. Sie sind rund, fast endständig und treiben den Bacillus nicht auf. Echte Kapselbildung ist von uns bisher weder im Tierkörper noch in der Kultur beobachtet worden. Die Sporenbildung soll am besten auf Agar mit 2—3% Soda erfolgen.

Färbung. Mit den üblichen Farblösungen leicht gelingend; die Bacillen sind grampositiv, in älteren Kulturen zum Teil gramnegativ.

Kultur. Anaerobes Wachstum, jedoch nicht so absolut O_2-freies Medium erforderlich wie beim Tetanus oder Botulinus. Auf der *Blutplatte* meist knopfförmig erhabene, runde, glänzende Kolonien, zuweilen auch flache, mattere, rauhe Kolonien. Die Kolonie hat, jedoch nur bei nicht absoluter Anaerobiose, z. B. beim Kalilauge-Pyrogallol-Verfahren, anfangs eine erdbeerrote Farbe, die allmählich über Braun in ein tiefes Grün übergeht, besonders wenn die Platten einige Stunden offen an der Luft standen. Die Kolonien sind von einem großen, undurchsichtigen, schmutzig-braunen Hof umgeben (Hämotoxin). In der Praxis genügen gewöhnliche *Blutagarplatten*. In der *Leberbouillon*, die schnell stark getrübt wird, erfolgt starke Gasbildung, ohne Proteolyse. *Lebermilch* wird innerhalb von 24 Stunden mit starker Schrumpfung des Gerinnsels zur Gerinnung gebracht.

Tierversuch. Weiße Mäuse sind für Gasbrand unempfänglich, im Gegensatz zu *Meerschweinchen*, die als hauptsächlichste Versuchstiere in Betracht kommen. Die tödliche Infektion gelingt jedoch in der Regel nur mit großen Dosen, 1—2 cm³ 24stündiger Leberbouillonkultur, die s. k. am Bauch eingespritzt wird. Es kommt zu einer schmerzhaften Infiltration, die sich zu einem hämorrhagischen Exsudat mit Gasansammlung entwickelt und das Fell über der zundrig zerfallenden Muskulatur blasenartig abhebt. Beim Palpieren fühlt man eine knisternde bis schwappende Geschwulst, die in der Regel nach außen durchbricht und eine seröse, blutige, geruchlose Flüssigkeit entleert. Die Tiere brauchen an der Infektion nicht einzugehen, zumal wenn die Blase frühzeitig aufbricht. Die Diagnose Gasbrand ist am Tier makroskopisch, mikroskopisch und kulturell zu stellen.

Die typische Gasentwicklung, das Auftreten von „*Schaumorganen*", läßt sich meist erst später am toten Tier, wenn es einen Tag bei Zimmertemperatur gelegen hat, demonstrieren. Man kann auch etwa ½ cm³ einer Leberbouillonkultur einem Meerschweinchen in die Schenkelvene einspritzen, es sofort darauf töten und bis zum nächsten Tage bei Zimmertemperatur liegen lassen. Das Tier ist dann vollkommen aufgetrieben, gänzlich mit Gasblasen durchsetzt und von Bacillen überschwemmt.

Gang der Untersuchung. a) Anfertigen von Präparaten. b) Anlegen von Kulturen: Blutplatte, Leberbouillon. c) Meerschweinchenimpfung s. k. am Bauch, beim Ausgangsmaterial meist mit geringer Aussicht auf Erfolg, besser mit 24stündiger Leberbouillonkultur.

Bacillus sarcophysematos; Rauschbrand
= *Bacillus Chauvoei* (franz.)

Der Bacillus ist nur für Tiere pathogen, und zwar besonders für Rinder und Schafe; auch Meerschweinchen sind empfänglich. Er ist in der Außenwelt weit verbreitet.

Morphologie, Färbung. Mittelgroße, bewegliche Stäbchen, deren Gestalt sehr variabel sein kann. Die ovalen Sporen sitzen mittel- oder endständig. In jungen Kulturen grampositiv, in älteren gramnegativ.

Kultur. Anaerob. Die Wuchsform ist nicht immer die charakteristische, perlmutterknopfartige oder weinblattförmige geschlossene Kolonie, sondern oft auch die rasen- oder wurzelförmige. Geringe Hämolyse. In Leberbouillon kommt es zu üppigem

Wachstum, mit mäßiger Gasbildung, ohne Proteolyse. In Lebermilch tritt Gerinnung ein, wobei das Gerinnsel schwammig zu-
sammenfällt und die klare Molke über sich läßt. In Trauben-
zuckerhochagar oder Traubenzuckerbouillon erfolgt in der Regel
kein Wachstum (siehe auch die Tabelle S. 191).

Agglutination. Die serologisch anscheinend einheitlichen
Rauschbrandbacillen lassen sich durch die Agglutination scharf
von den Pararauschbrandbacillen abtrennen (GINS und KEMAL
HUSSEIN).

Tierversuch (nach ZEISSLER). Blutig-seröses Ödem der Subcutis mit oder ohne Gasblasen, seröser oder blutiger Erguß in
der Bauchhöhle. Makroskopisch von Pararauschbrand nicht zu
unterscheiden, dagegen im Abklatschpräparat von der Leber-
oberfläche des Meerschweinchens, in dem bei Rauschbrand niemals
Fadenverbände zu sehen sind.

Literatur.

GINS u. KEMAL HUSSEIN: Zbl. Bakter. **107**, 96 (1928).

Bacillus des malignen Ödems = Pararauschbrandbacillus;

Vibrion septique (PASTEUR und JOUBERT)
= *Ghon-Sachsscher Bacillus.*

Der in der menschlichen Pathologie meist *Bacillus* des *malignen
Ödems* genannte Keim erzeugt, ähnlich wie der Gasbrand, ein von
verunreinigten Wunden ausgehendes Ödem. Er ist für die meisten
Tierarten pathogen, in denen er bei natürlicher und künstlicher
Infektion ein dem Rauschbrand gleichendes Krankheitsbild erzeugt. Das *morphologische* und *kulturelle* Verhalten entspricht im
allgemeinen dem des Rauschbrandbacillus (siehe auch die Tabelle
auf S. 191). Das sicherste *Unterscheidungsmerkmal* ist der Meer-
schweinchenversuch: im Abklatschpräparat von der Leberober-
fläche treten stets Fadenverbände auf.

Serologisch sind die Pararauschbrandbacillen unter sich nicht
einheitlich, lassen sich jedoch gegenüber den Rauschbrandbacillen
durch die Agglutination leicht unterscheiden. KITASATO wies die
Spezifität der Immunitäten nach der Infektion mit Rauschbrand-
und Pararauschbrandbacillen nach.

Der Novysche Bacillus des malignen Ödems; Bacillus oedematiens.

Ein besonderer Typ der Erreger der Ödemerkrankungen, auch
für Tiere pathogen.

Morphologie, Färbung. Langes, plumpes Stäbchen, mit großen ovalen, mittel- bis endständigen Sporen und peritrichen Geißeln. In jungen Kulturen grampositiv.

Kultur. Anaerob. Auf *Platten* Wuchsform wechselnd; geschlossene Kolonie oder Rasen; keine oder geringe Hämolyse. In *Leberbouillon* schnelles und üppiges Wachstum mit starker Gasbildung, ohne Proteolyse. In *Lebermilch* schnelle Gerinnung mit starker Schrumpfung des Gerinnsels (siehe auch die Tabelle auf S. 191).

Tierversuch (nach ZEISSLER). In der näheren, seltener auch weiteren Umgebung der Impfstelle mehr oder weniger blutiges, im übrigen jedoch farbloses, sulzig-glasiges Ödem der Subcutis mit oder ohne Gasblasen. Erguß in der Bauchhöhle farblos bis graurötlich.

Bacillus histolyticus.

Der Bacillus histolyticus ist beim *Menschen* in verunreinigten Wunden, bei Gasbrand usw. nachgewiesen, ohne daß seine pathogene Wirkung sichergestellt ist. Am *Meerschweinchen* erzeugt er nach subcutaner Einverleibung eine hochgradige Gewebeauflösung, die bis zu Spontanamputationen führen kann. Die Wundränder sind tief hämorrhagisch und ödematös.

Morphologie. Kleine Stäbchen, grampositiv, mit mittel- bis endständigen, ovalen, ziemlich großen Sporen. Sehr beweglich.

Kultur. Anaerob. Sehr kleine, farblose bis zartgraue, in den Nährboden eingesunkene Kolonien, langsam wachsend, mit schwacher Hämolyse. Zuweilen kommt es zur Bildung eines stumpfen Rasens. In *Leberbouillon* erfolgt unter sehr geringer Gasbildung ein schnelles und kräftiges Wachstum, mit Schwärzung und üblem Geruch. Die kohlschwarzen Leberstückchen lösen sich teilweise auf. In *Lebermilch* tritt ohne vorhergehende Gerinnung schnelle und hochgradige Proteolyse ein (siehe auch die Tabelle auf S. 191).

Apathogene Anaerobier.

Bacillus putrificus verrucosus. (*Bacillus sporogenes, Parasporogenes, Uhrzeigerbacillus*). Peritrich begeißeltes Stäbchen, mit ovalen, mittel- bis endständigen, meist endständigen Sporen, die den Leib auftreiben. Grampositiv. Wachstum in kleinen, harten, warzenförmigen Kolonien oder im Rasen. Hämolyse. In Leberbouillon schnelles und üppiges Wachstum, Gasbildung, Schwärzung und intensive Proteolyse. In Lebermilch keine Gerinnung, schnelle Proteolyse.

Bacillus putrificus tenuis (*Bacillus bifermentans*). Peritrich begeißeltes Stäbchen, grampositiv, ohne Kapseln. Ovale, mittel- bis endständige Sporen, den Bacillus nicht auftreibend. In geschlossenen Kolonien oder im Rasen wachsend. In Leberbouillon gutes Wachstum mit diffuser Trübung, mit geringer oder ohne Gasbildung, mit Schwärzung. In Lebermilch schnelle Gerinnung und langsam einsetzende Proteolyse.

Bacillus multifermentans tenalbus. Peritrich begeißeltes, grampositives Stäbchen ohne Kapseln, mit mittel- bis endständigen Sporen. Kulturell auf Blutagar dem tenuis ähnlich. In Leberbouillon schwaches Wachstum, geringe Trübung, starke Gasbildung. Milch wird zur Gerinnung gebracht.

Bacillus sphenoides. Peritrich begeißeltes, spindelförmiges, grampositives Stäbchen, ohne Kapseln, mit runden, fast endständigen Sporen. Runde bis weinblattartige Kolonien. In Leberbouillon kräftiges Wachstum mit diffuser Trübung und geringer Gasbildung. Milch kommt zur Gerinnung.

Bacillus cochlearis. Peritrich begeißeltes, grampositives Stäbchen, ohne Kapseln, mit ovalen, endständigen Sporen. Spärliches Wachstum, auch in der Leberbouillon, in der nur gutes Wachstum und Sporenbildung erfolgt, wenn diese durch Vorkultur mit putrificus verrucosus verdaut ist. Milch wird nicht verändert.

Bacillus tetanomorphus (*pseudotetanus*). Peritrich begeißeltes, grampositives Stäbchen, ohne Kapseln, mit runden, endständigen Sporen. Auf Blutplatte grauviolette, weinblattförmige, flache Kolonien, ohne Veränderung des Nährbodens. In Leberbouillon üppiges Wachstum, mit geringer Gasbildung. Milch unverändert.

Der **Bacillus amylobacter** (*Bacillus tertius, Clostridium butyricum, Bacillus saccharobutyricus mobilis*) ist kein echter Anaerobier. Schlankes, peritrich begeißeltes Stäbchen, grampositiv, mit ovalen, meist endständigen Sporen. Auf der Blutplatte runde bis ovale grauviolette Kolonien ohne Hämolyse. In Leberbouillon üppigstes, schäumendes Wachstum ohne Proteolyse, in Milch Gerinnung ohne Verflüssigung.

Literatur.

FORTNER: Zbl. Bakter. **110**, 233 (1929). — ZEISSLER: K. Kr. U. 3. Aufl. **4**, 1097 (1928) (Gasödeminfektionen).

Anaeroben-Tabelle.

	Tierversuch	Leberbouillon	Lebermilch	Gelatine
Tetanus...........	Tetanus	▬	⊠	+
Botulinus	Botulismus	○	+	+
Parabotulinus	,,	▬	⊠	+
Gasbrand	Klass. Gasbrand	○	+	+
Pararauschbrand...	Blut.-serös. Ödem	○	+	+
Rauschbrand	Blutig. Ödem	○	+	+
Novy	Sulz.-glas. Ödem	○	+	+
Histolyticus	Histolyse	▬	⊠	+
Putrificus verrucosus	apathogen	▬	⊠	+
Putrif. tenuis	,,	▬	⊠	+
Multifermentans ...	,,	○	+	○
Sphenoides	,,	○	+	○
Cochlearis	,,	▬ ?	○	○
Tetanomorphus	,,	○	○	○

Mit Ausnahme des Gasbrand sind alle Typen beweglich.

Zeichenerklärung: ▬ = Schwärzung der Leberbouillon und Proteolyse ⊠ = Peptonisierung der Milch mit oder ohne vorhergehende Gerinnung. + = Gerinnung der Milch, resp. Verflüssigung der Gelatine. ○ = keine Veränderung. ? = Angaben der Autoren bez. Schwärzung voneinander abweichend.

Spirochaeta pallida; Syphilis (*Lues*).

Morphologie. Die Spirochaeta pallida ist eine im Mittel 6—15 μ lange, gelegentlich auch beträchtlich längere, zarte, schwach lichtbrechende *Spirale* mit engen, tiefen, sehr regelmäßig erscheinenden, tatsächlich jedoch etwas wechselnden, meist zahlreichen (10—26) Windungen; an den Enden läuft sie fadenförmig und schließlich zugespitzt aus. Die *lebhafte Eigenbewegung* besteht in *Rotation* um die Längsachse, oft mit *Ortsbewegung* verbunden, und in *Beugungen* in der Längsachse der Spirale. „Das eigentümlich starre, man könnte sagen, gedrechselte Aussehen der Spirochaeta pallida", das sich in Ruhe und Bewegung ziemlich gleich bleibt, „beruht aber darauf, daß die Spirale bei ihr präformiert ist und nur gelegentlich bei Schädigungen aufgegeben wird, während umgekehrt die übrigen Formen die enge Spirale nur gelegentlich bei lebhafter Rotation bilden, um bei Rückkehr zur Ruhe sich zu strecken" (SCHAUDINN).

Färbung. Charakteristisch ist die schwache Färbbarkeit in Farblösungen, die andere Spirochäten kräftig färben. Für diagnostische Zwecke eignet sich besonders die Giemsalösung.

Zarte *Ausstriche* werden nach dem Trocknen 2—3 Minuten in Alkohol fixiert, mit Filtrierpapier abgetupft, in verdünnter Giemsalösung (1 Tropfen der Stammlösung auf 1 cm³ reinstes Aq. dest.) gefärbt, in der Regel 20—30 Minuten, unter dem Leitungsstrahl abgespült und trocknen gelassen.

Nach GIEMSA färbt sich die Spirochaeta pallida zart rosa, während andere Spirochäten rötlich- bis bläulich-violett und meist auch kräftiger gefärbt erscheinen. Untersuchung zweckmäßig mit künstlicher Lichtquelle und in nicht zu hellem Zimmer. Die Farblösung ist vor erstmaliger Anwendung an einem pallida-Ausstrich zu prüfen. Über die Untersuchung von Giemsapräparaten im Dunkelfeld (*Leuchtbildmethode*), bei der die Spirochäten völlig scharf, grünlich fluorescierend aufleuchten, siehe bei HOFFMANN.

Von anderen Darstellungsmethoden kommen noch in Betracht die *Silbermethoden* von FONTANA (Ausstriche von Reizserum, Gewebssaft) und LEVADITI (Schnitte, Gewebsstückchen) und der *Tusche-* oder *Cyanochinausstrich*.

Mikroskopische Untersuchung. Der mikroskopische Nachweis der Spirochaeta pallida beweist das Vorliegen von Lues. Das wichtigste Material ist das aus Primäreffekten, Papeln usw. durch mechanische Reizung, Druck oder Saugen gewonnene *Reizserum*. Die Untersuchung erfolgt in erster Linie im *Dunkelfeld*. Daneben kommen *Ausstrichpräparate* in Betracht, die zweckmäßig sogleich nach der Entnahme hergestellt werden.

Die *Beweglichkeit der Spirochäten* im Reizserum läßt schon nach einigen Stunden deutlich nach; Rotation und Achsenknickung werden träger, und schließlich kommt es nur noch zu geringen, zuckenden Bewegungen. Die Diagnose kann sich dann nur noch auf das morphologische Verhalten stützen, wobei es sich bisweilen störend bemerkbar macht, daß die Spirochäten im Reizserum allmählich einer morphologischen Degeneration unterliegen (Abflachung von Windungen, Auftreibungen usw.).

Bei der Entnahme von Reizserum ist darauf zu achten, daß man tatsächlich Serum bzw. Gewebssaft aus den tieferen Schichten der Affekte erhält. Technische Einzelheiten bei HOFFMANN, SCHERESCHEWSKY, OELZE. Kleinere Beimengungen von Blut stören unter Umständen bei der Untersuchung, machen das Material aber nicht unbedingt ungeeignet. Erhält man dagegen Blut mit einer kleinen Spur Serum zugesandt, so handelt es sich meist nicht um Reizserum mit Blut, sondern um reines Blut.

In nicht sachgemäß entnommenem Reizserum finden sich nicht selten andere Spirochäten, die als Saprophyten auf der Oberfläche der Primäraffekte usw. vegetieren. Die häufige *Spirochaeta refringens* unterscheidet sich von der pallida durch größere Dicke, flachere und weitere Windungen, stärkere Lichtbrechung und kräftigere, rötlich-violette Färbung nach GIEMSA. Wo neben pallida-Formen im Reizserum noch andere Spirochäten vorliegen, ist es wahrscheinlich mit Sekret verunreinigt. Da in diesem auch gelegentlich pallida-förmige Saprophyten vorkommen, die mikroskopisch von der echten pallida nicht sicher zu unterscheiden sind, sollte man beim Vorliegen mehrerer Spirochätenarten nie die Diagnose pallida stellen (HOFFMANNsche Regel).

Drüsenpunktat (Leisten-, Submaxillardrüse). Die Untersuchung empfiehlt sich, wenn kein reines Reizserum zu erlangen ist. Das Vorliegen vom Lymphozyten im Punktat erweist, daß tatsächlich Drüsensaft vorliegt. Entnahmetechnik bei HABERMANN und MAUELSHAGEN.

In manchen Fällen führt die Untersuchung von excidiertem Gewebe zum Ziel. Das Stückchen wird senkrecht zur Hautoberfläche durchschnitten und von der Schnittfläche Gewebssaft entnommen, der, in NaCl-Lösung aufgenommen, im Dunkelfeld oder Ausstrichpräparat untersucht wird.

Bei *Organstücken* eignen sich neben der Silbermethode von LEVADITI (S. 36) nach MÜHLENS einfache Ausstrichpräparate von Organsaft, die nach Antrocknen 5—10 Minuten in Alkohol 96% fixiert und 20—24 Stunden in verdünnter Giemsa-Lösung oder auch nach FONTANA (S. 35) gefärbt werden. Zu beachten ist, daß die Spirochäten oft in einzelnen Nestern zusammenliegen.

Diagnostischer Tierversuch. Verimpfung von Gehirn, Liquor,

Luetin: Pallida-Extrakt zur diagnostischen Intracutanreaktion.

Blut auf Kaninchenhoden. Siehe die Arbeiten von Uhlenhuth und Mulzer.

Literatur.

Schaudinn: Dtsch. med. Wschr. **31**, 1665 (1905). — Giemsa: Dtsch. med. Wschr. **31**, 1026 (1905). — Hoffmann: Münch. med. Wschr. **68**, 56 (1921); **68**, 1050 (1921). — Schereschewsky: Dtsch. med. Wschr. **45**, 625 (1919); **46**, 400 (1920). — Oelze: Dtsch. med. Wsch. **46**, 180 (1920). — Habermann u. Mauelshagen: Dtsch. med. Wsch. **45**, 574 (1919). — Mühlens: Zbl. Bakter. **43**, 586 u. 674 (1907). — Uhlenhuth u. Mulzer: Arb. ksl. Gesdh.amt **33**, 183 (1909); Berl. klin. Wschr. **49**, 152 (1912); **50**, 769 (1913); Zbl. Bakter. **64**, 165 (1912).

Spirochaeta pertenuis, Framboesie.

Die in den Tropen weit verbreitete *Framboesie* (Yaws) ist eine der Lues ähnliche, jedoch in der Regel *extragenital*, durch Gebrauchsgegenstände, körperliche Berührung usw. übertragene Spirochätose. Der Erreger, *Spirochaeta pertenuis*, ist von der pallida morphologisch nicht zu unterscheiden. Ihre biologische Verschiedenheit geht, abgesehen von den verschiedenen Krankheitsbildern, Übertragungsart und pathologisch-anatomischen Verhalten daraus hervor, daß bei pertenuis-infizierten Affen die Infektion mit pallida glatt angeht und umgekehrt. Der *Nachweis* der Erreger geschieht in der gleichen Weise wie bei der Lues.

Literatur.

Castellani: Dtsch. med. Wschr. **32**, 132 (1906). — Schüffner: Münch. med. Wschr. **54**, 1364 (1907). — Baermann: K. Kr. U. 3. Aufl. **7**, 337 (1930).

Angina Plauti-Vincenti.

Das bei der Angina Plauti-Vincenti auf und in der entzündeten bzw. nekrotisierten Schleimhaut angetroffene, bis in die oberen Schichten des gesunden Gewebes vordringende *fusospirilläre Gemisch* setzt sich aus folgenden Mikroorganismen zusammen.

a) Die fusiformen Stäbchen *(Fusobacterium Plauti-Vincenti)* sind 6—18 μ lange, schlanke, beiderseits spitz endigende, nach der Mitte zu spindelförmig anschwellende Gebilde, die meist eine flache, bogenförmige Krümmung aufweisen. Oft bilden zwei an den Enden miteinander verbundene Spindeln ein größeres Bogenstück oder auch eine flach S-förmig gekrümmte Linie. Die Spindeln sind wahrscheinlich *Doppelstäbchen*, die aus zwei mit dem stumpfen Ende zusammenhängenden Stäbchen von schlanker Keilform bestehen, die neben den Doppelstäbchen auch allein vorkommen.

Die Stäbchen lassen sich mit den gebräuchlichen Farblösungen gut färben; sie sind gramnegativ. Im Zelleib treten bei nicht zu starker Färbung hellere Stellen auf, die mit den kräftiger gefärbten abwechseln, so daß die Stäbchen wie gestreift aussehen. Nach Giemsafärbung sind im blauen Protoplasma rot gefärbte, offenbar aus Kernchromatin bestehende Körnchen zu sehen.

b) Spirillum sputigenum, ein 2—3 μ langes, vibrionenartiges, beiderseits spitz endigendes, gramnegatives Bacterium, das oft sehr lange, mehr oder weniger gewellt verlaufende Fäden bildet; 1 oder 2 seitenständige Geißeln.

c) Spirochäten verschiedener Art, unter denen sich meist auch *Spirochaeta dentium* befindet.

Die Zusammensetzung des *fusospirillären Gemisches* ist wechselnd, indem es bald aus Fusobakterien, Spirillen und Spirochäten, zu stets verschiedenen Anteilen, besteht, bald nur oder fast nur einen der beiden letzten Organismen neben den Fusobakterien aufweist. Trotz dieser wechselnden Zusammensetzung ist es jedoch als symbiotische Einheit aufzufassen.

Das fusospirilläre Gemisch findet sich bereits in der *Mundhöhle* des *Gesunden*, insbesondere bei schlechter Mundpflege, z. B. im *Zahnbelag*, auf der belegten Zunge des Rauchers, in den Lakunen der *Mandeln*. Die einfache Anwesenheit der drei Organismen in einem Mandelabstrich bedeutet daher noch keinen pathognomonischen Befund. Dieser liegt erst dann vor, wenn sie unter Zurücktreten der sonstigen Mundflora in großer Anzahl bis ganz überwiegend im Ausstrich festzustellen sind. Deutliches Hervortreten des fusospirillären Gemisches ist auch nicht auf die Fälle mit klinischer Angina Plauti-Vincenti beschränkt; es kommt vielmehr, anscheinend selten, auch bei *chronischen Mandelentzündungen* anderer Art vor. Auch in Eiterausstrichen von *Zahnentzündungen* können die Stäbchen und Spirillen das mikroskopische Bild beherrschen. Sie sind ferner wiederholt bei *Noma* festgestellt worden.

Ob dem Gemisch eine primäre, pathogene Bedeutung zukommt, ist nicht geklärt. Wahrscheinlich handelt es sich um an sich harmlose *Saprophyten*, die auf verschiedenen Schleimhäuten des menschlichen und des tierischen Organismus vorkommen, wo organische Substanzen einer langsamen Zersetzung unterliegen (z. B. auch im Präputialsekret und auf der Klitoris, im Inhalt von *Bronchektasien* und *Kavernen* und daher nicht selten bei

Sputumuntersuchungen angetroffen). Auf dem Boden von anderweitig entstandenen Gewebschädigungen können sie aber günstige Entwicklungsbedingungen finden und dann pathogene Wirksamkeit entfalten. In diesem Sinne sind wohl die Vorkommen des Gemisches, zum Teil auch der Fusobakterien allein, bei verschiedenen mit chronischen Entzündungen, Eiterungen usw. einhergehenden Prozessen außerhalb der Mundhöhle zu erklären: bei *Lungengangrän*, im *Lungenabsceß* (hierbei auch im *strömenden Blut* positive Befunde mitgeteilt), auf *Darmgeschwüren*, bei chronischer *Peritonitis*, bei *Otitis media*, bei nässender *Nagelfalzentzündung*.

Der Angina Plauti-Vincenti ähnliche Spirochäten kommen in *phagedänischen Schankern* vor, wo sie vermutlich an der schweren Gewebschädigung mit beteiligt sind.

Diagnostische Untersuchung. Das bei der Angina mit dem gestielten Wattetupfer entnommene Material bzw. Eiter, Sekret wird im Ausstrichpräparat zweckmäßig mit Carbolgentianaviolett gefärbt.

Literatur.

KNORR: Zbl. Bakter. 87, 536 (1922).

Recurrensspirochäten; Rückfallfieber.

Für das Rückfallfieber sind plötzlich auftretende, einige Tage anhaltende, kritisch abfallende und dann nach mehrtägigen, fieberfreien *Intervallen* sich wiederholende *Fieberattacken* charakteristisch. Die Spirochäten erscheinen mit oder bald nach dem Beginn des Temperaturanstieges im Blut. Im Intervall fällt die mikroskopische Blutuntersuchung gewöhnlich negativ aus; die Spirochäten sind aber in der Regel nicht völlig aus dem Blut verschwunden (positiver Ausfall von Tierimpfungen). Wahrscheinlich handelt es sich bei Anfang und Intervall nur um periodische Schwankungen ihrer Anzahl im peripheren Blutkreislauf, die durch Immunitätsvorgänge bedingt sind.

Bei dem in den verschiedenen Erdgegenden vorkommenden Rückfallfieber weisen die Spirochäten gewisse *biologische* und *immunbiologische Unterschiede* auf. Wir beschränken uns auf eine kurze Besprechung folgender Formen:

a) Das Europäische Rückfallfieber mit der Spirochaeta obermeieri. Übertragung in der Regel durch Kleider- und Kopfläuse, möglicherweise auch durch Wanzen und gelegentlich durch stechende Insekten. In der Hälfte der Fälle kommt es nur zu zwei Fieberattacken. Der Verlauf ist im allgemeinen leicht. Schwere Fälle wurden in Rußland bei Komplikation mit Paratyphus (Paratyphus N., siehe S. 114, 116) beobachtet.

Die *Spirochaeta obermeieri*, im Blut oft in auffallend großer Anzahl erscheinend, ist morphologisch von den anderen Recurrensarten nicht zu unterscheiden. Mit Patientenblut lassen sich Affen und Mäuse sowie Ratten infizieren.

GABRITSCHEWSKY konnte nach i. p. Injektion von 0,25—0,5 cm³ Patientenblut die Spirochäten am nächsten Tage im Schwanzblut der Mäuse feststellen. Sie blieben 1—2 Tage nachweisbar, verschwanden dann, worauf sich die Tiere erholten. Bei der Sektion vergrößerte Milz mit Infarkten. Bei weißen Ratten war die Infektion schwächer ausgeprägt und die Spirochäten verschwanden schneller aus dem Blute. Bei den infizierten Tieren ist das Blut mithin vom nächsten Tage ab wiederholt zu untersuchen. Weitere Angaben über Tierversuche bei MÜHLENS.

Vom Europäischen Rückfallfieber zu unterscheiden ist das *Spanische Rückfallfieber*, das in Spanien hauptsächlich bei Personen, die mit Schweinen umgehen, vorkommt und durch die Schweinezecke *Ornithodorus marocanus* übertragen wird (bei Schweinen Spirochäten nicht festgestellt). Die *Spirochaeta hispanica* läßt sich auf Ratten und Mäuse und auch auf Kaninchen und Meerschweinchen (i. p.) übertragen.

b) Das Mittelafrikanische Rückfallfieber: Spirochaeta duttoni. Übertragung durch die Zecke *Ornithodorus moubata*, die sich in menschlichen Behausungen (Boden unter den Hütten) aufhält. Die Attacken sind gewöhnlich kürzer, ihre Anzahl meist größer als beim Europäischen Rückfallfieber. Die Schwere der Erkrankung ist sehr wechselnd, bei den Einheimischen im allgemeinen leichter als bei den Europäern.

Die Anzahl der Spirochäten im Fieberblut wird im allgemeinen als geringer als beim Europäischen Rückfallfieber angegeben, die Bewegungen der Spirochäten dagegen als kräftiger. Affen lassen sich mit Fieberblut und infizierten Zecken leicht infizieren, desgleichen Ratten und Mäuse.

Morphologie. Schnurförmige, in einer Spirale gewundene, beiderseits gerade oder leicht gebogen unter Verjüngung endigende, bewegliche Organismen. Die nach Art und äußeren Umständen wechselnde Länge beträgt bei *Spirochaeta obermeieri* im Mittel etwa 19—20 μ, bei *Spirochaeta duttoni* etwa 24 μ und mehr. Die Spiralwindungen sind in flüssigen Medien in der Regel gleichmäßig, während sie im Ausstrichpräparat oft sehr unregelmäßig werden.

Die *Bewegungen*, die sich im feuchten Blutpräparat meist schon durch Bewegungen zwischen den roten Blutkörperchen anzeigen, setzen sich aus folgenden Komponenten zusammen: 1. Rotation der Spirale um die Längsachse; 2. vorwärts oder rückwärts fortschreitende Bewegung; 3. peitschenartig ausschlagende Bewegung, Zusammenrollen, Bildung von Schleifen, gröbere Wellenzüge, die die Spirale entlanglaufen (SCHELLACK).

Gang der Untersuchung. Blutentnahme zweckmäßig während eines Fieberanstieges oder einer Attacke. Die mikroskopische Untersuchung erfolgt in erster Linie im *Dunkelfeld*. In dem zum richtigen Zeitpunkt entnommenen Blut bleiben die Spirochäten längere Zeit beweglich, auch im Serum von Proben, die in Capillaren mit der Post ins Laboratorium gelangen. *Gefärbte Ausstrichpräparate*: lege artis hergestellte Blutausstriche werden nach dem Trockenwerden in einem Gemisch von gleichen Teilen Alkohol und Äther fixiert, mit Aq. dest. abgespült und in verdünnter *Giemsa-Lösung* (1 Tropfen Farblösung auf 1 cm³ Aq. dest.) gefärbt und darauf in Aq. dest. abgespült. Sehr brauchbar ist auch die Methode von FONTANA, ferner das *Tuscheverfahren* nach BURRI (S. 7), bei dem die Spirochäten als helle, gewellte Fäden auf schwärzlichem Hintergrund erscheinen. Schnellere Durchmusterung größerer Blutquanten ermöglicht der sogenannte *dicke Tropfen*.

Ein *negativer Ausfall* der Untersuchung schließt das Vorliegen von Rückfallfieber nicht aus. Sie ist gegebenenfalls mehrfach zu wiederholen, insbesondere gelegentlich eines neuen Fieberanstieges und auch durch *Kultur-* und *Tierversuch* zu ergänzen. Die Heranziehung der letzten empfiehlt sich auch deshalb, weil es bei einem Teil der Fälle bei einem Anfall bleibt und, wenn die mikroskopische Untersuchung während dieses Anfalles negativ ausfiel oder der Verdacht auf Rückfallfieber erst nach dem Anfall auftauchte, vom Blutpräparat keine Aufklärung mehr zu erwarten ist, während jene Methoden unter Umständen noch zum Ziele führen.

Kulturversuch. Einige Kubikzentimeter Blut werden in einem sterilen Reagensglase aufgefangen. Nach Gerinnung wird das

Koagulum mit einem Glasstabe von der Wandung abgelöst und die $1^1/_2$fache Menge eines Gemisches von 80 Teilen NaCl-Lösung und 20 Teilen einer 1%igen Peptonnährbrühe zugesetzt. Bebrütung bei 20—30°; vom 3.—4. Tag ab täglich Untersuchung einer mit der Capillare entnommenen Probe im Dunkelfeld (MANTEUFEL).

Tierversuch. Die geeignetsten Tiere sind Affen, z. B. Makaken und Meerkatzen. Wo solche nicht zur Verfügung stehen, nehme man ganz junge Mäuse oder Ratten (siehe S. 197).

Bei der *Leiche* sind die Aussichten für den Nachweis der Spirochäten am besten, wenn der Tod während einer Fieberattacke eintrat: Untersuchung von Gewebssaft (überlebend feucht und im gefärbten Ausstrich), von Milz, Leber, Hirn, Knochenmark; von Organstückchen nach LEVADITI (S. 36) gefärbte Schnittpräparate; evtl. Tierversuch mit Organbrei.

Bei Arbeiten mit Rückfallfiebermaterial ist *größte Vorsicht* angezeigt. Möglichkeit der Infektion durch die intakte Haut!

Literatur.

GABRITSCHEWSKY: Ref. in Zbl. Bakter. **38**, 397 (1906). — SCHELLACK: Arb. ksl. Gesdh.amt **27**, 364 (1908). — MÜHLENS: K. Kr. U. 3. Aufl. **7**, 383 (1930). — MANTEUFEL: Dtsch. med. Wschr. **49**, 1366 (1923).

Spirochaeta morsus muris; Rattenbißkrankheit.

Durch den Biß infizierter Ratten auf den Menschen übertragbare *Spirochätose*, die hauptsächlich in *Japan* (etwa 3% der Hausratten infiziert) vorkommt, aber auch auf Ceylon, in England und Italien beobachtet wurde. Von *Deutschland* ist ein wahrscheinlicher Fall mitgeteilt worden (Erreger nicht nachgewiesen; VORPAHL; über Befunde bei Ratten siehe bei GRABOW u. STRUWE).

Nach einer Inkubation von 8—10 Tagen entzündliche Reaktion, Ulceration an der *Bißstelle*, Schwellung der *regionären Drüsen*, Exanthem, *hohes Fieber*, starke *Schmerzen* in der *Muskulatur* und in den *Gelenken*. Die Temperatur fällt meist nach einigen Tagen kritisch ab und steigt nach einem Intervall von einigen Tagen bis Wochen wieder an. Solche *Rezidive* können sich in wechselnden Abständen mehrmals wiederholen. In schweren Fällen Delirien, Koma. Mortalität etwa 10%.

Lebhaft bewegliche Spirochäten mit wechselnder Windungszahl (2—19, meist 3—4) und 2 endständigen Geißeln, etwas kräftiger als Spirochaeta pallida, zarter als obermeieri. Beim erkrankten Menschen an der Bißstelle und im Blut gewöhnlich nur in geringer Anzahl vorhanden und deshalb mikroskopisch schwer nachweisbar.

Bei Übertragung von verdächtigem Material (z. B. Drüsensaft) auf Mäuse treten die Spirochäten gegebenenfalls nach einem Inkubationsstadium von 5 Tagen und mehr im Blute auf. Höhepunkt der Infektion nach etwa 8 Tagen. Da es vorkommt, daß die Spirochäten vorübergehend aus dem Blut verschwinden, empfiehlt es sich, die Tiere vom 5. Tag ab täglich zu untersuchen (Schwanzblutproben im Dunkelfeld). Später sind keine Spirochäten im Blut mehr zu finden, doch ist die Infektion noch während mehrerer Wochen durch Blutüberimpfung auf Mäuse übertragbar. Zu beachten ist, daß Spirochäten von dem gleichen morphologischen Typus normalerweise in der Maus vorkommen können. Bei Meerschweinchen, die mit menschlichem Material infiziert sind, treten ebenfalls Spirochäten im Blut auf. Die Tiere erkranken in der Regel deutlich und erliegen der Infektion.

Literatur.

Futaki, Takaki, Taniguchi, Osumi: J. of exper. Med. **23** (1916) u. **25** (1917); die Arbeit von 1916 kurz ref. in Arch. Schiffs- u. Tropenhyg. **20**, 437 (1916). — Vorpahl: Münch. med. Wschr. **68**, 275 (1921). — Grabow u. Struwe: Zbl. Bakter. **113**, 418 (1929).

Spirochaeta icterogenes (icterohaemorrhagica); Weilsche Krankheit.

Die Spirochaeta icterogenes ist der Erreger der Weilschen Krankheit, einer meist mit Ikterus verbundenen, akuten Infektionskrankheit, die auch bei uns vorkommt. Die Spirochäten leben im Wasser und gelangen durch Trinken oder beim Baden, auch durch die Haut oder die Konjunktiven, in den Körper. Die Verbreitung der Spirochäten in der Außenwelt erfolgt hauptsächlich durch Ratten, die in hohem Prozentsatz mit Spirochäten infiziert sind und diese im Urin dauernd ausscheiden.

Zur Untersuchung auf Weil-Spirochäten ist die Einsendung einer größeren durch Schütteln defibrinierten Blutmenge (mehrere Kubikzentimeter) oder einer steril entnommenen Urinprobe (etwa $^1/_4$ Liter) notwendig. Der Nachweis aus dem Blut gelingt im allgemeinen nur im Beginn der Erkrankung, während derjenige aus dem Urin auch noch später möglich ist.

Morphologie. Die zarten und schlanken Spirochäten haben eine sehr *typische Gestalt*: ein ziemlich gerade gestrecktes, längeres Mittelstück und kurze, zugespitzte, umgebogene Endstücke, die der Spirochäte eine quirlartige, schnelle, gradlinige Bewegung um die Achse herum verleihen. Die zugespitzten Endstücke endigen beiderseits in einem stark lichtbrechenden Körnchen.

Färbung. Die besten Bilder erhält man im lebenden Präparat, im Dunkelfeld oder in Tuscheausstrichen. Die Färbung ist schwierig; nach Fixierung mit Osmiumdämpfen, Sublimatalkohol oder Methylalkohol wird mit verdünnter Giemsa-Lösung (20 Tropfen auf 20 cm³ Aq. dest. und 2—3 Tropfen 1% Sodalösung) gefärbt. Das mit Aq. dest. abgespülte Präparat wird kurz mit 25% Tanninlösung behandelt, mit Aq. dest. abgespült und trocknen gelassen. Ferner kommen Präparate nach FONTANA (siehe S. 35) und bei Organstückchen (Leber) die Silbermethode von LEVADITI (siehe S. 36) in Betracht.

Kultur. Die Züchtung gelingt in 10% (mit sterilem, nicht saurem Leitungswasser verdünnt) inaktiviertem Kaninchenserum, mit dem Uhlenhuth-Röhrchen zu etwa $^2/_3$ ihrer Höhe beschickt werden. Die p_H-Zahl soll 7,4—7,8 betragen. Die Röhrchen werden am besten zugedeckt auf den Brutschrank gestellt und müssen längere Zeit beobachtet werden.

Widal. Im Blute der Kranken treten schon frühzeitig (etwa nach einer Woche) *spezifische Agglutinine* auf, deren Titer sich während längerer Zeit sowohl für den homologen als auch in der Regel für fremde Weil-Stämme in ansehnlicher Höhe hält. Sie verkleben die Spirochäten zu meist netzartigen Verbänden. Daneben treten *spirochätozide Antikörper* auf, unter deren Einwirkung die Spirochäten zerfallen und aufgelöst werden. Gewöhnlich ist es so, daß in den stärkeren Serumkonzentrationen die Agglutinine, in den schwächeren die Auflösung in Erscheinung tritt. Bei sehr hochwertigen Sera kommt es fast nur zur Lyse.

Die spirochätoziden Antikörper sind nicht komplexer Art, d. h. auch ohne Komplement wirksam. Sie lassen sich bei Kranken und Genesenen auch im Schutzversuch nachweisen: Fallende Mengen des Serums (1,0, 0,5 cm³ usw.) werden mit einem gleichen Volumen Spirochäten-Material vermischt, die Gemische eine Stunde stehengelassen und dann je einem Meerschweinchen eingespritzt.

Technik beim Widal. Möglichst aktives, frisches Serum; Verwendung mehrerer Spirochäten-Stämme. Zu je 0,5 cm³ Serumverdünnung 1:10, 1:50, 1:100 usw. werden je 0,5 cm³ lebender oder mit Formalin abgetöteter, flüssiger Spirochäten-Kultur gegeben. Die Ablesung erfolgt nach vierstündigem Aufenthalt bei Zimmertemperatur (im Dunkeln) unter dem Mikroskop.

Der Tierversuch. Als Versuchstier kommt das *Meerschweinchen* in Betracht, das 0,5—2,0 cm³ *defibriniertes Blut* oder *Urinsediment*, in NaCl-Lösung aufgeschwemmt, intrakardial oder i. p. eingespritzt erhält. Bei Anwesenheit von Weil-Spirochäten erkranken die Tiere in der Regel nach 4—5 Tagen in typischer Weise: Freßunlust, Lockerung der Haare, Injektion der Skleren, Muskelschmerzen, mit folgender Gelbfärbung der Skleren und der Haut. Der Tod erfolgt plötzlich unter Temperaturabfall.

Bei der Sektion (die vorsichtig erfolgen muß) fallen der *Ikterus*, *Nekrosen* der inneren Organe, besonders der Leber, sowie *Blutungen* in die serösen Häute und in die Lungen hinein, auf.

Der mikroskopische und kulturelle *Nachweis* der Spirochäten gelingt am besten aus der Leber. Zu Lebzeiten der erkrankten Tiere ist die Diagnose bereits durch *Peritonealpunktion* und mikroskopische Untersuchung im Dunkelfeld möglich.

Gang der Untersuchung. 1. 0,5—2,0 cm³ defibriniertes Blut werden einem Meerschweinchen i. p. oder intrakardial injiziert. Mehrere Kubikzentimeter Blut werden auf mehrere Uhlenhuth-Röhrchen, 10% Kaninchenserumwasser enthaltend, verteilt. Eine zweite, spätere Blutprobe (geronnen) wird zur Widalschen Reaktion benutzt.

2. Der Urin (ganz frische, steril entnommene Probe) wird zentrifugiert und der Bodensatz in NaCl-Lösung aufgeschwemmt einem Meerschweinchen i. p. injiziert.

Literatur.
UHLENHUTH: Münch. med. Wschr. **77**, 2047 u. 2098 (1930).

Schlammfieber.

Unter Schlammfieber wird eine akut einsetzende, fieberhafte Erkrankung verstanden, die im Anschluß an große Niederschläge, Überschwemmungen usw. in verschiedenen Gegenden Deutschlands, z. B. in Schlesien, in größerem Umfange aufgetreten ist. Auf Grund des Krankheitsbildes, der Sektionsbefunde, Tier-

versuche und einiger geglückter Spirochäten-Nachweise im Blute
Erkrankter und in der Leiche, nimmt KATHE an, daß es sich hier
um eine leichte Form der Weilschen Krankheit handelt.

In diagnostischer Hinsicht ist daher entsprechend den unter
Weil gegebenen Vorschriften zu verfahren.

Literatur.

KATHE: Zbl. Bakter. **109**, 284 (1928).

Fleckfieber.

Die Übertragung des Fleckfiebers erfolgt durch *Kleiderläuse*,
in denen der bisher nicht mit Sicherheit nachgewiesene Erreger
wahrscheinlich in Form der sogenannten *Rickettsia Prowazeki*
vorliegt. Meerschweinchen lassen sich experimentell passagenweise mit Fleckfieber infizieren; sie erkranken an typischem
Fieber ohne Exanthem und erwerben Immunität gegen eine nachfolgende Infektion.

Die praktische Fleckfieberdiagnose beruht auf der *Weil-
Felixschen Reaktion*. Der Reaktion liegt die Erscheinung zugrunde, daß einige Proteusstämme, besonders gut der von WEIL
und FELIX gefundene Stamm x 19, mit Fleckfieberpatientenserum
eine spezifische Agglutination ergeben. Die Spezifität dieser
Agglutination ist an das thermostabile O-Antigen der Bacillen
geknüpft, so daß man mit Vorteil auch die O-Form des Proteus
x 19, sowie das durch Alkoholbehandlung gewonnene Biensche
Reagens oder Diagnosticum zur Agglutination verwenden kann.

Technik der Reaktion. Von dem zu untersuchenden Serum
wird eine Agglutinationsreihe in den Verdünnungen 1:50—1:1600
mit einer lebenden Aufschwemmung des Proteus x 19 von 24stün-
diger Schrägagarkultur in NaCl-Lösung oder mit dem Bienschen
Diagnosticum angesetzt, genau so wie man den Typhus-Widal
ansetzt. Als Kontrolle ist je ein Röhrchen mit normalem Menschenserum in der Verdünnung 1:50, mit einem positiv reagierenden
Fleckfieberserum in der Verdünnung 1:100, sowie eine NaCl-
Kontrolle anzusetzen. Die Ablesung erfolgt bei Anwendung der
lebenden Kultur nach 2 Stunden 37°, bei Anwendung des Bienschen Diagnosticums nach 2 Stunden 37° und nach 20stündigem
Aufenthalt bei Zimmertemperatur. Ist in der Verdünnung von
1:100 nach 2 Stunden 37° eine deutliche Agglutination vorhanden, bei einwandfreiem Verlauf der Kontrollen, so ist die

Reaktion als positiv zu bezeichnen; bei 1:50 nur als verdächtig. Der negative Ausfall der Reaktion, besonders im Beginn der Erkrankung, schließt die Diagnose Fleckfieber nicht aus, sondern veranlaßt wiederholte Untersuchungen. In der Regel ist die Reaktion bereits am 4.—5. Krankheitstage positiv. Für die Ablesung nach 24 Stunden ist für die positive Diagnose ein Titer von 1:200 zu fordern. Die Weil-Felixsche Reaktion ist im allgemeinen als sehr spezifisch zu betrachten; sie kann noch längere Zeit, 1—2 Jahre lang, nach überstandener Infektion positiv ausfallen.

Herstellung des *Bienschen Diagnosticums* nach R. OTTO. 24 Stunden bebrütete Schrägagarröhrchen der Proteus x 19-Kultur werden mit 0,5% Carbolkochsalzlösung abgeschwemmt und in einem Meßzylinder mit der halben Raummenge absoluten Alkohols unter ständigem Umrühren versetzt. 24 Stunden 37°. Die obenstehende Flüssigkeit, unter Verwerfung des flockigen Bodensatzes, stellt die Daueremulsion dar, die so dicht sein soll, daß davon $0,1 \text{ cm}^3 + 0,5 \text{ cm}^3$ Serumverdünnung die gebräuchliche Trübung ergibt.

Mit *Tarbardillo* wird das in Mexiko endemische Fleckfieber bezeichnet, mit *Brillscher Krankheit* eine milde endemische Form in Nordamerika. Bei beiden fällt der Weil-Felix positiv aus. Vom echten Fleckfieber abweichende, doch ähnlich verlaufende Krankheiten, die durch verschiedene Ektoparasiten übertragen werden (Milben, Zecken u. a.), sind u. a. das *Tropenfleckfieber* und die in Amerika als *Felsenfieber* oder *Rocky Mountain Spotted Fever* bezeichneten Erkrankungen. Bei dem letzten fiel der Weil-Felix teils negativ, teils wechselnd, höchstens schwach positiv aus.

Literatur.

OTTO u. MUNTER: K. Kr. U. 3. Aufl. 8, 1107 (1930).

Tollwut; Lyssa.

Der Erreger der Tollwut ist nicht bekannt. *Tierversuch* und *mikroskopische Gehirnuntersuchung* verschaffen aber in den meisten Fällen Aufschluß, ob ein unter verdächtigen Erscheinungen verstorbener Mensch, ein verendetes oder getötetes Tier tollwutkrank waren oder nicht.

Die Untersuchung auf Tollwut setzt besondere Kenntnisse und Erfahrungen voraus und ist Spezialinstituten zu überlassen: in

Deutschland *Institut Robert Koch*, Berlin N 65, Föhrerstraße 2, und *Hygienisches Institut* der Universität *Breslau*.

Tierversuch. Geeignete Versuchstiere werden mit einer dichten Verreibung von Teilchen des fraglichen Gehirns in NaCl-Lösung *subdural* oder *intramuskulär* gespritzt und auf das Auftreten von *Impfwut* beobachtet. Bei Sektionsmaterial vom Menschen empfiehlt es sich, mehrere Tiere mit Material von verschiedenen Stellen des Zentralnervensystems zu spritzen (SCHIEMANN).

Als Versuchstier dient hauptsächlich das Kaninchen. Handelt es sich um frisches, noch nicht faulendes und vermutlich von Sekundärinfektion freies Material, wird die Injektion subdural vorgenommen. Zu diesem Zweck werden bei dem auf einem geeigneten Haltebrett fixierten Kaninchen nach Anlegung eines Hautschnittes auf dem Scheitel Haut, Bindegewebe und Periost so weit abpräpariert und nach den Seiten hin auseinandergezogen, daß der knöcherne Schädel in einem Bezirk von etwa 10×10 mm frei liegt. Nunmehr wird mit einem kleinen Handtrepan eine etwa 3—4 mm messende Öffnung in der Schädelkapsel angelegt und vermittels einer Spritze mit rechtwinklig abgebogener Kanüle ein Tropfen der Verreibung unter die Hirnhäute gespritzt. Zum Verschluß der Wunde werden Periost, Bindegewebe und Haut mit einer einfachen Seidennaht zusammenfassend vernäht.

Die *subdurale Injektion* führt am sichersten zum Ziel. Ist das Material aber nicht frisch und Komplikation durch Meningitis zu befürchten, so ist die *intramuskuläre* Injektion in die Rückenmuskulatur beiderseits der Wirbelsäule vorzuziehen, die auch die Injektion größerer Dosen gestattet. Liegt ausgesprochene Fäulnis vor, wird das Material mit 1% Phenollösung verrieben und 24 Stunden im Eisschrank belassen. Da das Virus hierbei eine gewisse Schädigung erfahren kann, empfiehlt es sich in solchen Fällen auch mit unvorbehandeltem Material einen Versuch anzusetzen. Hierfür eignet sich besonders die bunte Ratte.

Die *Inkubationszeit* im Tierversuch schwankt gewöhnlich zwischen 12 und 21 Tagen, kann aber auch 4—6 Wochen und länger dauern. Im allgemeinen werden die Tiere 2 Monate beobachtet. Falls sie innerhalb dieser Zeit keine typischen Erscheinungen gezeigt haben, wird der Ausfall des Versuches als negativ bezeichnet. Ausnahmsweise kommen noch spätere Erkrankungen vor. In wichtigen, über die gewöhnlichen Bedürfnisse der Praxis

hinausgehenden Fällen empfiehlt es sich daher, längere Zeit abzuwarten. Ein negativer Ausfall des Versuches schließt das Vorhandensein des Virus im Material nie mit Sicherheit aus.

Die *Impfwut* verläuft beim Kaninchen meist unter dem Bilde
der paralytischen Wut. Die Tiere werden zunächst still, gleichsam
traurig, apathisch und fressen schlecht. Darauf tritt Lähmung
der Beine ein, zuerst der hinteren, später auch der vorderen, zu
der sich dann auch Lähmung der Halsmuskulatur gesellt. Die
Tiere fressen nicht mehr, magern stark ab, liegen schlapp auf
der Seite und gehen schließlich, oft nach langer Agonie, zugrunde.
Die Dauer der Erkrankung wechselt meist zwischen 2 und 4 Tagen.
Zur Sicherung der Diagnose wird das Ammonshorn auf

Negrische Körperchen untersucht. Die Lyssainfektion dokumentiert sich in zahlreichen Fällen durch charakteristische Einschlußkörper der Ganglienzellen verschiedener Teile des Zentralnervensystems, insbesondere des Ammonshornes: *Negrische Körperchen*. Bei Hunden, die an natürlicher Straßenwut eingingen,
werden sie nur in 10—12% der Fälle vermißt, bei gestorbenen
Menschen allerdings häufiger (J. Koch). Bei getöteten Tieren ist
die Aussicht, sie zu finden, um so größer, in einem je späteren
Stadium der Krankheit die Tötung erfolgte.

Die Negrischen Körperchen, die sowohl im Körper als auch in
den Fortsätzen der Ganglienzellen angetroffen werden, sind
scharf konturierte, rundliche, ovale bis gestreckt elliptische Einschlußkörper, deren Größe von etwa $1\,\mu$ diam. bis zu $27 \times 5\,\mu$
wechselt. Ihre Anzahl, sowohl im ganzen als auch pro Zelle, ist
ebenfalls sehr variabel. Im Innern lassen sich im frischen Zupf-
präparat wie nach Färbung Innenformationen unterscheiden:
kleine, in der Grundmasse verteilte, einzelne Körnchen, zahllose,
dicht gedrängt liegende Körperchen, größere ovale bis längliche
Gebilde.

Für die *Untersuchung* auf *Negrische Körperchen* empfiehlt sich
folgendes Verfahren:

a) Schnittpräparat. Ein dünnes, unter 1 mm dickes, aus dem
Ammonshorn quer herausgeschnittenes Scheibchen, auf dem die
großen Ganglienzellen und der Zug der Fimbrienzellen als Streifen
der grauen Substanz zu erkennen sind, wird $^{1}/_{2}$—$^{3}/_{4}$ Stunde bei
37° in Aceton fixiert, in flüssiges Paraffin vom Schmelzpunkt
55° übertragen und nach etwa 1—2stündigem Aufenthalt im

Thermostat (56—60°) eingebettet und geschnitten. Die Schnitte werden in Wasser, dem etwas Gummi arabicum zugesetzt ist, aufgefangen, auf Objektträger aufgezogen und antrocknen gelassen.

Die Färbung der in der Xylol-Alkohol-Wasser-Reihe entparaffinierten Schnitte geschieht zweckmäßig nach MANN (modifiziert nach LENTZ) mit Eosin und Methylenblau (siehe bei J. KOCH).

b) Ausstrichpräparat. Eine dünne Scheibe (wie S. 206) wird zwischen zwei Objektträgern unter langsamem Auseinanderziehen derselben mit mäßigem Druck gequetscht, die so erhaltenen Ausstriche werden sofort in Methylalkohol fixiert, in Alkohol, darauf in Wasser abgespült und wie die Schnitte gefärbt.

Die Negrischen Körperchen färben sich nach MANN karmoisinrot, ihre Innenkörperchen blau. Die roten Blutkörperchen sind zinnoberrot, die Glia zartrosa, die Ganglienzellen blaßbläulich, ihre Kerne kräftiger blau getönt.

Die *Feststellung* typischer *Negrischer Körperchen* beweist das Vorliegen von Lyssa. Ein negativer Ausfall der Untersuchung schließt das Vorliegen von Lyssa nicht aus und berechtigt für sich allein auch nicht zu der Annahme, daß wahrscheinlich keine Tollwut vorgelegen hat.

Gang der Untersuchung. Zunächst Untersuchung auf Negrische Körperchen im Ausstrich- und Schnittpräparat. Bei negativem Ausfall Tierversuch.

Die *Einleitung einer Wutschutzbehandlung* gebissener Menschen darf weder vom Ausfall der Negri-Untersuchung abhängig gemacht, noch darf der Ausfall des Tierversuches abgewartet werden. Ein Hund, der einen Menschen gebissen hat, sollte, wenn Gelegenheit zu tierärztlicher Beobachtung in sicherem Gewahrsam vorhanden ist, nicht ohne weiteres blindlings getötet werden. Bleibt das Tier bei Beobachtung gesund und am Leben, liegt im allgemeinen keine Veranlassung zur Wutschutzbehandlung des Gebissenen vor. Wird ein gesunder Hund übereilt getötet, entsteht meist eine ungewisse Situation (Negri-Untersuchung negativ; Tierversuch erst in Wochen beendet), und der Gebissene muß der eingreifenden Wutschutzbehandlung unterzogen werden.

Literatur.

KOCH, J.: K. Kr. U. 3. Aufl. 8, 547 (1929). — SCHIEMANN: Z. Hyg. **72**, 413 (1912).

Poliomyelitis acuta; epidemische Kinderlähmung; Heine-Medin.
Der zu den filtrablen Virusarten gehörende Erreger der *Poliomyelitis acuta* ist nicht mit Sicherheit bekannt. (Über Kultur-
versuche — *globoid bodies* — siehe bei FLEXNER und NOGUCHI.)
Er findet sich im Rückenmark und Gehirn von Poliomyelitis-
Leichen und experimentell infizierten Affen, welches Material deshalb laboratoriumstechnisch auch einfach als *Virus* bezeichnet
wird. Bei infizierten Affen läßt sich das Virus in den ersten Tagen der Erkrankung regelmäßig im *Nasenrachenraum* nachweisen;
ferner wurde es in der durch Ausspülen des Nasenrachenraumes
gewonnenen Flüssigkeit von Kranken und von Gesunden aus
der Umgebung von Kranken nachgewiesen.

Die *Übertragung* erfolgt wahrscheinlich durch Tröpfchen-
infektion von den oberen Luftwegen aus, am häufigsten durch
Gesunde (*Zwischenträger*), die das Virus beim Zusammensein mit
einem Erkrankten aufgenommen haben und wahrscheinlich lange
Zeit auf der Rachenschleimhaut beherbergen.

Da der direkte Nachweis des Virus in der Praxis nicht möglich
ist, kommt zur Unterstützung der klinischen und Sektionsdiagnose nur der *Tierversuch* in Betracht. Geeignet sind nur
Affen (Macacus, Cercopithecus, Cynocephalus, Schimpanse), am
besten junge Tiere. Nach intracerebraler Injektion erkranken die
Tiere mit ziemlicher Regelmäßigkeit nach einer Inkubation von
2—46, gewöhnlich 4—14 Tagen unter ähnlichen Erscheinungen
wie bei der menschlichen Erkrankung.

Nach einem prodromalen Stadium mit Schwäche, Erregbar-
keit, Zittern, Ataxie, Durchfällen treten *Lähmungen* auf, die meist
schlaffer Art sind und am häufigsten die hinteren Extremitäten
betreffen. Sie können sich weiter auf die Vorderbeine, Hals- und
Stammuskulatur ausbreiten und auch den Bulbus befallen. Bisweilen stehen Lähmungen des Facialis, der Augennerven im
Vordergrund. Der Ausgang ist meist tödlich. Bisweilen verläuft
die Infektion ohne Lähmungen, und die Tiere zeigen lediglich
Schwäche, Mattigkeit, Diarrhöen. In solchen Fällen empfiehlt es
sich, mit dem Rückenmark des betreffenden Tieres ein zweites
zu infizieren.

Es genügt, die mit Äther und Alkohol sorgfältig desinfizierte
Haut und den Schädel mit einem Drillbohrer zu durchbohren
und auf dem so geschaffenen Wege mit der Spritze zu injizieren.

Ist das Material bakteriell verunreinigt, wird die Aufschwemmung vorher durch eine Kerze filtriert oder nach Zusatz von Phenol (0,5%) 8—10 Tage im Eisschrank gehalten.

Statt der intracerebralen ist auch die *i. p.* Applikation oder eine Kombination beider (ROEMER) empfohlen worden oder die i. p. mit gleichzeitiger Injektion in den nervus ischiadicus.

Die Erhaltung des Virus geschieht durch Affenpassagen. Es läßt sich aber auch in 33—50% Glycerin im Eisschrank lange Zeit ohne Virulenzverlust aufbewahren.

Der *Liquor* ist für den Tierversuch nicht geeignet. Er sollte aber mindestens in jedem ersten Fall von Verdacht auf Poliomyelitis acuta *bakteriologisch* untersucht werden, um Meningitis auszuschließen. Er weist typische Veränderungen auf: vermehrten Globulingehalt, spärliche Vermehrung der Leukocyten, später vorwiegend der Lymphocyten und der großen Mononucleären bei Klarbleiben, höchstens schwacher Opalescenz.

Literatur.

FLEXNER u. LEWIS: Münch. med. Wschr. **57**, 61 (1910). — FLEXNER u. NOGUCHI: Berl. klin. Wschr. **50**, 1693 **1930**. — Prophylaxe, Behandlung bei LANGE: Münch. med. Wschr. **77**, 1438 (1930).

Encephalitis epidemica.

Der Erreger ist nicht bekannt. Subdurale, intracerebrale usw. Überimpfungen von Liquor von Kranken oder Gehirn von Gestorbenen auf Versuchstiere verliefen — von bakteriell komplizierten Fällen und Störungen durch spontane Enzephalitis beim Versuchstier abgesehen — in der Regel ohne Resultat. In seltenen Ausnahmefällen wurde im verimpften Material zwar ein Virus festgestellt; es handelte sich dann aber stets um das im Sekret der herpetischen Ceratitis sowie im Inhalt von Haut- und Schleimhautbläschen beim menschlichen Herpes nachweisbare *Herpes-Virus.*

Die Aufgaben des Medizinaluntersuchungsamtes bei der Diagnose der Encephalitis epidemica beschränken sich zur Zeit auf die *bakteriologische Untersuchung* von *Liquor* und *Gehirn,* um sicherzustellen, daß es sich nicht etwa um eine bakterielle Infektion (Meningitis) handelt. Histologische Untersuchung des Gehirns und Anstellung von Tierversuchen zur ätiologischen Erforschung werden zweckmäßig Instituten überlassen, die über spezialistische Erfahrung auf diesem Gebiete verfügen.

Literatur.
DOERR u. BERGER: K. Kr. U. 3. Aufl. 8, 1415 (1930). — STERN: Die
epidemische Enzephalitis. 2. Aufl. Berlin 1928.

Gelbfieber.

Septicämisch-hämorrhagische Infektionskrankheit der Tropen,
die heute nur in Westafrika (Senegal bis Kongo) und in Herden
in Südamerika vorkommt. In Deutschland bisher nie beobachtet,
jedoch früher an die atlantische Küste Europas eingeschleppt und
in Südspanien zeitweise endemisch. Hohe Mortalität, namentlich
bei Zugewanderten und Weißen. Überstehen der Infektion
hinterläßt dauernde Immunität, auch wenn die Krankheit, wie es
im Gebiet des endemischen Vorkommens namentlich bei Kindern
oft der Fall ist, ganz leicht oder gar symptomlos verläuft. Der
Überträger, die Stechmücke, *Aedes aegypti*, ist in den Tropen
weltweit verbreitet und wird stellenweise auch weit außerhalb
derselben angetroffen.

Der *Erreger*, der zu den *filtrablen Virusarten* gehört, ist nicht
bekannt. Die Infektion läßt sich vom kranken Menschen auf
Affen übertragen, aber nur mit Blut, das während der ersten
3 Krankheitstage entnommen wird. Defibriniertes Patientenblut
bleibt, unter Paraffin aufbewahrt, etwa 6 Tage virulent und läßt
sich an ein Laboratorium versenden. Mit Brei von infizierten
Mücken ließen sich Affen noch bis zu 2 Monaten nach dem Saugakt infizieren (BEAUREPAIRE und DA COSTA LIMA).

Für den *Tierversuch* eignen sich asiatische *Rhesus-Affen*. Nach
Verimpfung von 1 cm^3 Blut erkranken die Tiere nach 2—3 Tagen
unter Erscheinungen, die dem menschlichen Gelbfieber entsprechen. Tod in der Regel nach 4—6 Tagen. *Typischer Leber-
befund*: bröckelige, brüchige Konsistenz, starke Verfettung, Zell-
nekrosen der mittleren Partie der Leberbälkchen.

TORRES fand in Kernen von Leberzellen bei experimentell infizierten Affen kleine, rundliche oder unregelmäßig begrenzte
Einschlußkörperchen, die um den Nucleolus herum angeordnet
sind und sich intensiv mit Eosin färben. HOFFMANN stellte sie
auch in menschlichen Lebern fest, jedoch nur bei einem Teil der
Fälle und nur in geringer Anzahl.

Das Virus läßt sich bei Affen passagenweise weiter verimpfen.
Gefrorene Affenleber erwies sich noch nach 12 tägigem Transport
als virulent.

Das Serum eines Menschen, der Gelbfieber überstanden hatte, schützte noch in der Dosis von 0,1 cm³ Affen, die mit einer tödlichen Dosis Virusblut infiziert wurden.

Literatur.

SCHÜFFNER: Münch. med. Wschr. 75, 682 (1928). — HOFFMANN, W. H.: Med. J. a. Rec. (1930). — BEAUREPAIRE u. DA COSTA LIMA: Mem. Inst. Cruz (port.) 23, 102 (1930); Ref. in Zbl. Hyg. 23 (1930).

Pappataci-Fieber.

Das in Europa in den Mittelmeerländern und am Schwarzen Meer vorkommende Pappataci-Fieber wird durch den Stich der Mücke *Phlebotomus papatasii* übertragen. Der Erreger ist nicht bekannt. Auf Versuchstiere ist die Infektion nicht übertragbar; dagegen lassen sich noch nicht infiziert gewesene Menschen mit Patientenblut vom ersten Krankheitstage infizieren (s. k. Injektion).

Literatur.

DOERR: Berl. klin. Wschr. 45, 1847 (1908). — DOERR: K. Kr. U. 3. Aufl. 8, 501 (1930).

Dengue.

Der unbekannte Erreger des in Europa in Griechenland, in der Türkei, in Südspanien sowie auf Inseln des Mittelmeers vorkommenden Dengue-Fiebers kreist in den ersten Krankheitstagen im Blut. Zu dieser Zeit läßt sich die Infektion durch Injektion von Patientenblut auf gesunde Menschen übertragen. In der Praxis verwendbare Methoden zum Nachweis der Infektion sind nicht bekannt. Kaninchen sind völlig immun. Meerschweinchen und Ratten erkranken nach Injektion von Patientenblut ebenfalls nicht; ihr Blut erweist sich aber innerhalb eines gewissen Zeitraumes (bei Meerschweinchen anscheinend nicht regelmäßig) bei Übertragung auf gesunde Menschen für diese infektiös (latente Infektion?).

Literatur.

DOERR: K. Kr. U. 3. Aufl. 8, 501 (1930).

Variola; Pocken.

Die Reinkultur des Erregers der Variola ist bisher nicht gelungen. Ob die von verschiedenen Autoren beschriebenen kleinsten Körnchen: *Initial- oder Elementarkörperchen* (V. PROWAZEK) = *Paschensche Körperchen*, die sich mikroskopisch durch die von

PASCHEN angegebene Färbung nachweisen lassen, die Erreger sind oder zu ihnen in Beziehung stehen, ist bisher nicht sicher entschieden.

Alastrim ist eine abgeschwächte Form der echten Pocken.

Unter *Vaccine* versteht man die durch Kuhpassage abgeschwächte Form des Variolaerregers, die zur Pockenschutzimpfung benutzt wird.

Nach Verimpfen von Variola oder Vaccine auf die Kaninchen- oder Meerschweinchen-Hornhaut kommt es in den Corneazellen zur Bildung von Zelleinschlüssen, den sogenannten *Guarnierischen Körperchen*, die histologisch nachweisbar sind und große diagnostische Bedeutung haben.

Für die praktische Varioladiagnose kommt vor allem der Kaninchenversuch nach PAUL in Betracht:

Amtliche Anweisung zur Entnahme von Pustelinhalt bei Pockenkranken und Pockenverdächtigen für die Anstellung des Paulschen Versuches:

1. Reinigen einer unverletzten Pustel durch Abreiben mit Alkohol.

2. Nach dem Verdunsten des Alkohols Anstechen der gereinigten Pustel mit einer sterilisierten Impflanzette oder Spritzenkanüle.

3. Mit dem gereinigten Objektträger über die angestochene Pustel streichen, um das Sekret auf diesem aufzufangen. An beiden Enden des Objektträgers etwa 1,5 cm unbenutzt lassen, um das Berühren des Pustelinhaltes mit den Fingern zu vermeiden. Von jedem Kranken 2 Objektträger mit Pustelinhalt bestreichen.

4. Den Pustelinhalt auf dem Objektträger *ohne* Erwärmen lufttrocken werden lassen.

5. Die bestrichenen Objektträger umgehend an das Institut Robert Koch (Pockenabteilung) Berlin N 65, Foehrerstraße 2, einsenden.

6. Jeder Sendung einen Zettel beilegen, aus welchem ersichtlich ist: Vor- und Zuname, Geschlecht, Alter, Tag der Materialentnahme, Tag der Erkrankung.

Auf Grund neuerer Versuche empfiehlt es sich außerdem in Fällen von Pockenerkrankung oder Pockenverdacht möglichst frühzeitig Tonsillenabstriche (auf Diphtherietupfern) mit einzusenden, da der Nachweis des Variolaerregers aus dem Rachen- abstrich oft leichter gelingt als aus dem Pustelinhalt.

Der Paulsche Versuch. Beide Augen eines Kaninchens werden cocainisiert und der Überschuß von Cocain mit Fließpapier beseitigt. Die Cornea wird mit einer sterilen Nadel gitterförmig geritzt. Das auf dem Objektträger angetrocknete Pockenmaterial wird mit einem Tropfen NaCl-Lösung aufgeschwemmt und nach Aufträufeln auf der geritzten Hornhaut verrieben. Nach 48 Stunden wird die Cornea bei künstlicher Seitenbeleuchtung mit der Lupe (6fach) angesehen. Unabhängig davon, ob makroskopische Veränderungen vorhanden sind oder nicht, wird das Tier getötet, der Augapfel entnommen und in Sublimatalkohol (4 g Sublimat $+ 30$ cm^3 98% Alkohol $+ 60$ cm^3 Aq. dest.) eingelegt. Nach 1—2 Minuten Einwirkung des Sublimatalkohols erscheinen die Infektionsherde als runde, weiße Knöpfchen oder bereits konfluierende Entzündungsherde, die zentrale Nekrose zeigen können. Anschließend findet die histologische Untersuchung der herausgeschnittenen Cornea auf Guarnierische Körperchen statt. Das Auftreten einzelner verdächtiger Zelleinschlüsse ist jedoch nicht beweisend; ausschlaggebend sind nur Guarnierische Körperchen, die gleichmäßig in größeren Zellgruppen verteilt liegen.

Literatur.

LENTZ u. GINS: Handbuch der Pockenbekämpfung und Impfung. — PASCHEN: K. Kr. U. 3. Aufl. 8, 821 (1930). — GINS: Z. Hyg. 111, 571 (1930).

Trachom; Einschlußblennorrhöe; Schwimmbadconjunctivitis.

Der wahrscheinlich zu den filtrablen Virusarten gehörende Erreger des Trachoms ist nicht bekannt. In den Epithelzellen der Conjunctiva treten, allerdings nicht regelmäßig, die sogenannten *Trachomkörperchen* auf: runde oder ovale, bei differenzierender Kernfärbung sich wie die Nukleolen färbende und deshalb als Plastin gedeutete Gebilde, die zunächst klein sind, allmählich aber heranwachsen und dann dem Zellkern wie eine Kappe aufsitzen. In ihrem Inneren treten *kokken-* und *diplokokkenartige*, nach GIEMSA sich rot färbende *Körner* auf, die rasch an Zahl zunehmen und schließlich die Plastinmasse und den größten Teil der Zelle einnehmen.

Obwohl sich die Bildung der Trachomkörperchen experimentell übertragen läßt, kann es keineswegs als erwiesen gelten, daß diese

Körperchen bzw. die in ihrem Inneren auftretenden kokkenartigen Gebilde pathogene Lebewesen sind. Das gleiche gilt für die zu den Trachomkörperchen in Beziehung gesetzten *Initialkörper* von LINDNER: kleine kokken- oder stäbchenartige, bipolar färbbare, basophile, extra- oder intrazellular gelegene Gebilde, die in Ausstrichpräparaten bisweilen in großer Menge vorliegen.

Die *diagnostische Verwertbarkeit* der beschriebenen Einschlüsse wird dadurch beeinträchtigt, daß sie selbst beim frischen Trachom, bei dem sie noch am häufigsten zu finden sind, nur bei einem Teil der Fälle und nicht selten in geringer Anzahl gefunden werden. Ferner ist ihr Auftreten nicht auf das Trachom beschränkt.

Einschlußkörper der gleichen Art finden sich oft in sehr großer Menge und zusammen mit den Initialkörpern von LINDNER bei der **Einschlußblennorrhöe,** einer weit verbreiteten, hauptsächlich bei Neugeborenen vorkommenden Blennorrhöeform. Sie ist mit fast ausnahmsloser Sicherheit auf das Affenauge (Pavian) übertragbar. Die Einschlüsse wurden auch in Ausstrichpräparaten von der *Urogenitalschleimhaut* der Eltern erkrankter Neugeborener nachgewiesen. Das Genitalsekret ließ sich mit dem gleichen Erfolg wie das Augensekret auf das Affenauge verimpfen. HEYMANN nimmt ein Virus an, das sich durch das Auftreten der Einschlußkörper dokumentiert, seinen primären Sitz im Urogenitalapparat Erwachsener hat und nicht selten intra partum zu einer Augeninfektion der Neugeborenen führt. Ob die von einigen Autoren vermuteten Beziehungen zum Trachomvirus tatsächlich vorliegen, oder ob es sich, wenn beim Trachom Einschlußkörper gefunden werden, etwa um eine Mischinfektion handelt, bedarf noch der Klärung. Erwähnt sei noch die mögliche Komplikation der Einschlußblennorrhöe mit Gonokokkenblennorrhöe.

Literatur.

HEYMANN: Dtsch. med. Wschr. **35**, 1692 (1909); K. Kr. U. 3. Aufl. **8**, 997 (1930). — LINDNER: Wien. klin. Wschr. **22**, 1697 (1909).

Schwimmbadconjunctivitis. Durch Infektion in geschlossenen *Bädern* zustande kommend; starke, objektive Erscheinungen bei relativ mäßigen Beschwerden; akuter Beginn, gewöhnlich auf einem Auge, längere sich über mehrere Monate hinziehende Dauer; häufiger Übergang auf das andere Auge und Hinzutreten von Tuben- und Mittelohrkatarrh. Erreger unbekannt. Im Sekretausstrich mehrfach Zelleinschlüsse nach Art der Trachomkörperchen nachgewiesen. Übertragung auf Affen gelungen (HUNTE-MÜLLER und PADERSTEIN).

Untersuchung auf Einschlußkörper. Ausstrichpräparat von abgeschabten Epithelzellen (nicht vom eitrigen Sekret) vom ektropionierten Lid; Fixation in Methylalkohol; Färbung in Giemsalösung 1:20 verdünnt, 45 Minuten. Plastinkörper blau, kokkenartige Gebilde rot bis dunkelviolett.

Literatur.

HUNTEMÜLLER u. PADERSTEIN: Dtsch. med. Wsch. **39**, 63 (1913).

Bartonellen-Infektionen.

Eine besondere Gruppe von Erkrankungen stellen die *Bartonelleninfektionen* dar, die durch spezifische, winzige, punkt- bis hantel- und stäbchenförmige Einschlüsse der Erythrocyten, die sogenannten *Bartonellen*, charakterisiert sind. Die Bartonellen sind nach *Giemsa* färbbar und zum Teil auch gezüchtet worden.

Verruga peruviana oder **Oroyafieber** (*Carrionsche Krankheit*), eine in Peru vorkommende Infektionskrankheit mit Fieber, Anämie und warzenähnlichen Geschwülsten einhergehend, durch *Bartonella bacilliformis* bedingt.

Bartonellenanämie der Ratten usw., durch Entmilzung der Tiere entstehend und oft zum Tode führend; Erreger: *Bartonella muris ratti.*

Literatur.

KIKUTH: Münch. med. Wschr. **75**, 1595 (1928).

Maul- und Klauenseuche.

Da das filtrierbare Virus der Maul- und Klauenseuche gelegentlich *menschliche Erkrankungen* verursachen und auf Grund neuerer Versuche im *Tierversuch* nachgewiesen werden kann, so sei die Technik kurz angegeben:

Direkte Übertragung des abgekratzten Pustelmaterials auf die scarifizierte *Planta* (Hinterfuß) des *Meerschweinchens*. Nach 1—3 Tagen treten an der Infektionsstelle Blasen auf, und es kommt zur Allgemeininfektion mit *Aphthen* an der Zunge und an den Planten der Vorderfüße. Das Material kann, in geringer Menge 50% Glycerin-NaCl-Lösung aufgeschwemmt, an das Institut Robert Koch, Berlin, gesandt werden.

Literatur.

GINS u. KRAUSE: Erg. Path. II **20**, 805, (1923).

Actinomyces; Aktinomykose.

Der **Strahlenpilz** (*Actinomyces*) verursacht bei Menschen und Tieren chronische Entzündungen und Eiterungen, die meist vom Munde ausgehen. Aktinomyzeten kommen in der *Außenwelt* in *zahlreichen Arten* vor. Ob die bei Aktinomykose angetroffenen Formen bestimmten Arten entsprechen, oder ob die saprophytischen Arten allgemein unter Umständen pathogen werden können, ist nicht bekannt.

Zur *Untersuchung* sind *Eiter* und *Gewebsteile* einzusenden.

Morphologie, Färbung. Diagnostisch am wichtigsten sind die im Eiter enthaltenen *Drusen*, kleinste bis größere, mit bloßem Auge oder mit der Lupe sichtbare Körnchen von weißlichgrauer bis gelber Farbe, die ein maulbeerartiges Konglomerat von Pilzfäden darstellen, das in der Peripherie aus radiär angeordneten, gestreckten, keulenförmig verdickt endigenden Fäden besteht. Die *Keulen-* oder *Kolbenbildung* kommt durch Verdickung der Membran des Pilzfadens zustande. Ältere Drusen sind nicht selten mit Kalk inkrustiert. Im Darm kommen manchmal schwarzgefärbte Drusen vor, die Schwefeleisen enthalten.

Außer den Drusen können im Eiter auch einzelne, wie Bakterien aussehende *Stäbchen* von verschiedenem, bisweilen an Diphtherie erinnernden Habitus, sowie *Pilzfäden* mit echten *Verzweigungen*, zum Teil in Reihen von *Körnchen* (Sporen) aufgelöst, auftreten. Nicht selten finden sich daneben auch Bakterien, z. B. Staphylokokken.

In *Ausstrichpräparaten* von *Kulturen* treten zum Teil Pilzfäden mit Sporen, zum Teil daneben von Bakterien nicht zu unterscheidende Stäbchen oder auch nur die letzten auf. Die *Sporen* (*Fragmentationssporen*) sind von den Bakteriensporen verschieden; sie nehmen die üblichen Farblösungen ebenso gut an wie die vegetativen Formen; beide sind grampositiv. Alle Formen des Actinomyces sind unbeweglich.

Kultur. Die Züchtung, zu der man am besten nach Waschung in NaCl-Lösung gequetschtes Drusenmaterial benutzt, gelingt auf den üblichen Nährböden, wie Bouillon, Agar, Traubenzucker- oder Glycerinagar. Die verschiedenen Actinomycesstämme wachsen *teils aerob* (Typus Bostroem), *teils besser anaerob* (Typus Wolff-Israel). In *Bouillon*, die nicht getrübt wird, erfolgt Wachstum in kleinen Flocken oder Körnchen, die am Rande des Glases oder am Boden haften. Auf *Agar* entstehen langsam harte, knorpelige Kolonien, die sich in den Nährboden tief einsenken. Zuweilen treten jedoch auch weichere, lose sitzende Kolonien auf, wie überhaupt die Variabilität in der Actinomycesgruppe sehr groß und noch nicht restlos geklärt ist.

Gang der Untersuchung auf Actinomyces. Aus dem in eine Petrischale gegossenen und in NaCl-Lösung aufgeschwemmten Eiter wird eine *Druse* herausgefischt, in NaCl-Lösung gewaschen und unter dem Deckglas auf dem Objektträger leicht gequetscht. Zur Aufhellung wird 10 % Kalilauge zugesetzt. Anfertigung eines Grampräparates von dem Eiter. *Anlegen* von *Kulturen*: Bouillon, Agarröhrchen, Traubenzuckeragar in hoher Schicht, Fortner-Platte mit zerquetschtem und gewaschenem Drusenmaterial. Zahlreiche Kulturen anlegen und mehrere Wochen beobachten. Zur Darstellung der Drusen im Gewebe histologische Verarbeitung (Gramfärbung).

Streptothrix. Pathogene Pilze, die wie die Aktinomyzeten haarfeine Fäden mit echten Verzweigungen bilden und sich durch Sporen und Fragmentation fortpflanzen, werden vielfach als Streptothrix bezeichnet, ohne daß ein tatsächlicher Unterschied gegenüber der Gattung Actinomyces besteht.

Madurafuss (Mycetoma pedis) ist eine durch verschiedene Pilzarten, wie Actinomyces, Aspergillus, Sporotricheen verursachte Erkrankung der Gewebe, die zu chronischer Eiterung, Fistelbildung und unförmiger Anschwellung der betreffenden Glieder führt. Im Eiter oder Gewebe findet man kleine, verschieden gefärbte Körnchen, die aus drusenartigen Verbänden von Pilzfäden bestehen.

Literatur.

LIESKE, R.: Morphologie und Biologie der Strahlenpilze. Berlin 1921. — SCHLEGEL: K. Kr. U. 3. Aufl. **5**, 41 (1928).

Leptothrix, Cladothrix, Trichobakterien. Mehrere, meist unvollkommen erforschte Arten bzw. Formen, die meist *saprophytär* in der *Mundhöhle*, im Zahnbelag usw. vorkommen, gelegentlich jedoch pathogen werden können: *Angina, Pharyngomycosis leptothrica*, nomaartige Prozesse, Infektion der Tränenkanäle; ferner wahrscheinlich bei *Alveolarpyorrhöe*, bei *Pleuraempyem*, geschwürigen Prozessen in der Magen-Darmschleimhaut als Erreger festgestellt.

Es handelt sich um *unverzweigte Fäden* von verschiedener Länge und Dicke, die sich mit den üblichen Farblösungen gut färben; grampositiv. Bei der Untersuchung von Rachenabstrichen auf Diphtherie treten sie bei Färbung nach NEISSER-GINS nicht selten als blasse bis ungefärbte, durch schwarze Körnchen segmentierte Fäden auf. Kurze Fäden bzw. Bruchstücke erinnern etwas an den Habitus der Diphtheriebacillen (GINS). Nach einigen Autoren treten in Kulturen neben Fäden auch Stäbchen, zum Teil auch die letzten allein auf (LANDAU, NEUFELD). Von Rachenabstrichen und Gewebsherden sind ferner neben den Fäden hefeartige Gebilde beschrieben worden, die sich überwiegend im Zentrum der Pilzkolonie finden.

Das *Wachstum* auf *festen Nährböden* (Agar, Drigalski-Agar, Löffler-Serum) ist bei den einzelnen Formen verschieden; in *Bouillon* Bildung von Krümeln, Bodensatz, Kahmhaut bei Klarbleiben der Flüssigkeit. Ein von MENDEL gezüchteter, schwach tierpathogener Stamm wuchs anaerob.

Cladothrix. Die der Leptothrix nahestehende Cladothrix ist wohl als *apathogen* zu bezeichnen. Sie bildet *unechte Verzweigungen*. Ihre Kultur ist auf Fleischextraktgelatine und in Peptonglucosebouillon gelungen. Die häufigste Art, *Cladothrix dichotoma Cohn*, ist ein weit verbreiteter Saprophyt in Abwässern.

Trichobakterien. *Leptothrix*, *Cladothrix* und die saprophytischen Gattungen *Beggiatoa* und *Crenothrix* werden von LEHMANN und NEUMANN zu der Gruppe der *Trichobakterien* zusammengefaßt.

Literatur.

GINS: Dtsch. med. Wschr. **39**, 502 (1913). — LANDAU: Berl. klin. Wschr. **53**, 717 (1916). — MENDEL: Ref. in Zbl. Bakter. **70**, 65 (1920).

Pathogene Schimmelpilze. Während *Vögel* häufig an Schimmelpilzinfektionen erkranken (Verpilzung der Bronchien und Luftsäcke), treten sie beim Menschen sehr selten auf und zum Teil auch nur auf dem Boden von bereits bestehenden pathologischen Veränderungen, z. B. bei Lungentuberkulose. Es handelt sich hauptsächlich um *Otomykosen*, ferner um *Bronchopneumonomykosen*, Infektionen der *Nase* und Nebenhöhlen, *Keratomykosen*; schließlich ist ein Fall von *Allgemeininfektion* beschrieben worden.

Die pathogenen Schimmelpilze gehören größtenteils zu folgenden Gruppen, die sich durch ihre *Fruktifikationsorgane* unterscheiden:

Mucor. Die fruchtenden Lufthyphen tragen am Ende kugelige Sporangien, die mit zahlreichen Sporen erfüllt sind. Pathogen sind u. a. *Mucor corymbifer, rhizopodiformis.*

Aspergillus. Die fruchtenden Lufthyphen tragen auf einer kolbigen Anschwellung eine große Anzahl von dichtstehenden Fädchen (Sterigmen), die die Sporen (Conidien) in Ketten abschnüren. Pathogen sind u. a. *Aspergillus fumigatus, niger, flavus.*

Penicillium. Die fruchtenden Lufthyphen sind pinselförmig in Sterigmenäste verzweigt.

Gang der Untersuchung. Mikroskopische Untersuchung von *Zupfpräparaten* von Pilzmassen, von gefärbten *Ausstrichpräparaten* evtl. auch von *histologischen Schnitten* (Fixation z. B. von Stückchen verpilzter Lungenpartie in Formalin 1:10; Färbung mit Hämatoxylin-Eosin).

Kultur. Beimpfung von *Agarplatten.* Oft ist es vorteilhaft, ein kleines Partikelchen des Materials einfach auf eine Agarplatte zu legen oder für sich allein in einer feucht gehaltenen Petrischale zu bebrüten und dann von dem ausgewachsenen Pilzrasen eine Reinkultur anzulegen. Für pathogene Schimmelpilze ist meist rasches Wachstum bei 37° charakteristisch. Die Artbestimmung ist dem Spezialforscher zu überlassen.

Tierversuch. Mit Sporen pathogener Schimmelpilze i. v. gespritzte *Kaninchen* gehen meist in wenigen Tagen zugrunde. Untersuchung speziell der Nieren auf ausgekeimte Pilzfäden; Anlage von Kulturen von bebrüteten Organstückchen. Zur Erzielung von Sporenmaterial beimpfte *Hückel* sterilisiertes (wiederholt auf 150° erhitztes) Brot und schüttelte den nach einigen Tagen gebildeten Pilzflaum mit NaCl-Lösung aus.

Literatur.

Hückel: Otomykose (M. corymbifer). Beitr. path. Anat. **1**, 115 (1886). — Lang u. Grubauer: Lungenmykose (M. corymbifer, Aspergillus). Virchows Arch. **245**, 480 (1923).

Oidium albicans; Soor. Der Soor ruft im allgemeinen nur lokale, oberflächliche Entzündungen von Schleimhäuten mit Bildung *weißlicher Beläge* hervor, kann aber unter Umständen auch über weite Bezirke, z. B. vom Mund aus in die Trachea, die Lungen und in den Darmtractus fortwuchern. Ausnahmsweise dringt er in das Bindegewebe vor und führt dann zu Entzündungen und Eiterungen, bisweilen sogar zu tödlicher Allgemeininfektion.

Der *Soor* kommt hauptsächlich im Munde von Säuglingen und schlecht gepflegten Kleinkindern vor. Bei Erwachsenen tritt er im allgemeinen nur bei Vorliegen begünstigender Momente auf, z. B. bei *Diabetes*. Soorinfektionen sind ferner in der *Vagina* von Graviden, auf den *Brustwarzen* stillender Frauen, bei *Cystitis*, *interdigitaler Mykose* beobachtet worden.

Morphologie. Der Soorpilz wird wegen seiner zweifelhaften systematischen Stellung zu den *Fungi imperfecti* gerechnet; morphologisch-physiologisch gehört er zu den *wilden Hefen, Monilia,* die unter normalen Bedingungen neben Sproßmycel und Hefezellen auch typisches Mycel bilden. Er erscheint sowohl in Ausstrichen von Soorbelägen als auch in der Kultur in Form von *Hefezellen* und als *Mycel.* Die einzelnen Stämme verhalten sich dabei insofern verschieden, als sie vorwiegend oder mehr oder weniger ausschließlich in der einen oder der anderen Form auftreten. Durch das Kulturmedium wird die Wachstumsform weitgehend beeinflußt.

Die *Hefezellen,* die meist etwa $5-6\,\mu$ lang, etwa $4\,\mu$ breit sind, sind von gewöhnlicher Hefe morphologisch nicht zu unterscheiden. Die *Mycelfäden* weisen oft Einschlüsse auf: Vakuolen, Granula, Tröpfchen. Ihre Form ist sehr variabel: Ketten von länglich-ovalen bis stäbchenförmigen Zellen, Fäden, Fäden mit seitlicher Aussprossung von Büscheln in Reihen angeordneter Conidien oder kleiner Gruppen von solchen.

Die Soorpilze stellen wahrscheinlich keine einheitliche Art dar. Außer der gewöhnlichen „großsporigen" Form kommt seltener eine „kleinsporige" vor. Gelatine mit Zusatz von Bierwürze wird teils verflüssigt, teils nicht. In der Praxis kann man vorläufig die gemeinsame Artbezeichnung *Oidium albicans* verwenden.

Kultur. Auf *festen Nährböden* (Bierwürzegelatine, Agar) sind die Kolonien rund, kalottenförmig, unter dem Mikroskop grobgranuliert. Tiefenkolonien sind von unregelmäßig verzweigten Ausläufern umgeben. Die Färbung der Kolonien ist im allgemeinen weißlich, nimmt jedoch bei dunkler Gelatine und Agar später einen leicht bräunlichen Farbton an. In *flüssigen Medien* in den ersten Tagen nur Bodenwachstum. Dextrose, Maltose, Lävulose werden langsam vergoren.

Gang der Untersuchung. In der Regel genügt der mikroskopische Befund. Von den Belägen abgestreiftes Material wird auf dem Objektträger in einem Tropfen Wasser zerzupft und ungefärbt untersucht. Von eingesandten Abstrichen auf gestielten Tupfern stellt man Ausstrichpräparate nach GRAM her. Gewöhnlich finden sich neben den Soorelementen Epithelzellen, Leukocyten und verschiedene Bakterien.

Blastomykosen. Von manchen Autoren wird der Soor zu den durch Sproßpilze hervorgerufenen Infektionen gerechnet. Als *Sproßpilze* werden dabei solche Pilze bezeichnet, die entweder nur in der Sproßform auftreten oder, falls sie auch Mycel bilden, im infizierten Organismus überwiegend in der Sproßform angetroffen werden. Hierher gehören die *Blastomykosen* der *Haut* und der inneren *Organe* und die sogenannte *Gilchristsche Krankheit.*

Entamoeba histolytica; Amöbenruhr.

Die Ruhramöben rufen in der Schleimhaut des *Dickdarms* katarrhalische bis *ulcerative Entzündungen* hervor. Durch Verschleppung von Amöben auf den Lymphwegen kann es zum Auftreten absceßartiger, nekrotischer Herde in der *Leber* kommen, seltener im Gehirn, in den Lungen und anderen Organen. Die akute Erkrankung geht oft in ein jahrelanges Stadium der *chronischen Infektion* mit Ausscheidung infektionstüchtiger *Cysten* über.

Die Amöben werden in zwei verschiedenen Lebensstadien angetroffen: als *vegetative Amöben* oder im Dauerstadium als *Cysten.* Die vegetativen Amöben treten im Stuhl vorwiegend während des *akuten Stadiums* und bei *Rezidiven* auf, um mit dem Abklingen der Symptome allmählich zu verschwinden, wofür dann die für die *latente Infektion* charakteristischen Cysten hervortreten und schließlich allein vorliegen.

Entamoeba histolytica. Die meist 20—30 μ, extrem 40—50 μ große, *vegetative Form* (*tetragena*) weist im Leben bei Bewegung und in Ruhe eine deutliche Sonderung des stark lichtbrechenden homogenen *Ektoplasmas* vom körnigen *Entoplasma* auf; im fixierten Präparat ist sie meist verschwunden. Die Bewegung erfolgt unter ruckartigem Hervorbrechen breiter *Pseudopodien.* Im Entoplasma finden sich außer dem Kern als Nahrungseinschlüsse *rote Blutkörperchen,* Reste von solchen, seltener Leukocyten, Bakteriensporen. Der *Kern* ist kugelig, 4—7 μ groß. Außer in dieser vegetativen kommt die Amöbe auch·in einer kleineren, etwa 8—20 μ

messenden, sogenannten *minuta-Form* vor. Bei dieser sind Ekto- und Entoplasma weniger deutlich gesondert; das Entoplasma ist grob vakuolisiert; rote Blutkörperchen werden nicht in ihm angetroffen, dagegen manchmal vereinzelte Bakterien. Zu erwähnen ist noch das Vorkommen von *Degenerationsformen* mit Kernveränderungen, z. B. Pyknose.

Die kugelige *Cyste* ist 7—20, im Mittel 11—14 μ groß. Ihre Membran umschließt ein fein alveoläres Protoplasma, das von Fremdkörpern frei ist und außer den *Kernen Chromidialkörper* enthält, die mit zunehmendem Alter der Cyste allmählich verschwinden. Bei noch nicht reifen Cysten werden außerdem oft große *Glykogenalveolen* angetroffen. Kennzeichnend für die reife Cyste sind 4 *Kerne*. Cysten mit mehr Kernen kommen nur ausnahmsweise vor.

Gang der Untersuchung. a) *Stuhlproben.* Der zu untersuchende Stuhl muß ganz frisch sein, da sonst die charakteristischen Bewegungen der Amöben fehlen. Vom Stuhl mit schleimigen, schleimig-blutigen Beimengungen sind in erster Linie diese zu untersuchen. Die Untersuchung wird sowohl an frischer Stuhlaufschwemmung als auch am gefärbten Ausstrich vorgenommen.

Frischpräparat. Eine kleine Menge Material wird auf den Objektträger gebracht, evtl. ein Tropfen NaCl-Lösung zugefügt und dann unter dem Deckglas mikroskopiert. Wenn kein heizbarer Mikroskoptisch vorhanden ist, empfiehlt es sich, bei kühler Temperatur den Objektträger vorsichtig zu erwärmen. Die Amöben fallen durch ihre Größe und Bewegungen auf, die Cysten durch ihre runde Form, scharfen Umriß und die Lichtbrechung. Die Kerne der Amöben treten bei Zusatz von etwas Essigsäure deutlich hervor. Zum Nachweis der Cysten in Stuhl von normaler Beschaffenheit schwemmt man eine Probe in NaCl-Lösung auf. Bei Zusatz von etwas Jodlösung (0,5 g Jod $+$ 1 g Jodkali $+$ 75 cm^3 NaCl-Lösung) färben sich die Cysten gelblich, etwaiges Glykogen dunkel, und die Kerne werden deutlicher.

Gefärbter Ausstrich. Fixation mit Sublimat-Alkohol (S. 39); Färbung mit Hämatoxylin nach NÖLLER (S. 40). Eine sogenannte Schnellfärbung hat RIEGEL angegeben.

Betreffend das evtl. hinzuzuziehenden *Kulturverfahren* sei auf VOGEL (Plattenkultur) und CRAIG (Bebrütung einer kleinen Stuhlprobe in 7 Teilen 0,85% iger NaCl-Lösung + 1 Teil inaktives Menschenserum) verwiesen.

In besonderen Fällen kann man noch das *Tierexperiment* hinzuziehen. Junge Katzen, die durch hohe Klysmata von Aufschwemmung amöben- oder cystenhaltigen Stuhls infiziert werden, erkranken nach 5—6 Tagen an tödlich verlaufender, ulcerativer Dickdarmentzündung, bisweilen mit Leberabsceß verbunden.

Saprophytische Darmamöben. Wegen ihrer relativen Häufigkeit ist am wichtigsten

Entamoeba coli. Harmloser Saprophyt des oberen Darmtractus. Größer als histolytica, Sonderung in Ekto- und Entoplasma nur während Bewegung deutlich. Bewegung, Pseudopodienbildung langsamer. Gewöhnlich mit Nahrungseinschlüssen (rote Blutkörperchen nur ausnahmsweise). Deutliche Kernmembran. Die von derber Membran umgebene *Cyste* ist 15—25, im Mittel 16 bis 18 μ groß. Sie weist meist 2 oder 8, selten 4, gelegentlich mehr (12 oder 16) Kerne auf; im letzten Falle ist die Cyste meist größer als normal. Im 1—2kernigen Cystenstadium oft große Glykogenvakuolen.

Wo bei typischen klinischen Erscheinungen viele, bewegliche Amöben festgestellt werden, handelt es sich sehr wahrscheinlich um histolytica. Nach MAYER ist die Unterscheidung der histolytica und coli für den Praktiker nicht so wichtig, wie oft betont wird, da der übrige mikroskopische Befund (oft zahlreiche *Charcot-Leydensche Krystalle* und eosinophile Zellen im Stuhl) und die klinischen Symptome die Diagnose erleichtern.

Leberabsceßinhalt. In frischen Abcessen werden Amöben nie vermißt; in älteren, abheilenden werden sie seltener. Bei *Leichenmaterial* wird vor allem von der Absceßwand abgeschabtes Material untersucht. Evtl. Schnittpräparate.

Literatur.
NÖLLER: Arch. Schiffs- u. Tropenhyg. **25**, 35 (1921). — RIEGEL: Arch. Schiffs- u. Tropenhyg. **22**, 217 (1918). — MAYER: Arch. Schiffs- u. Tropenhyg. **23**, 177 (1919). — VOGEL: Arch. Schiffs- u. Tropenhyg. **31**, 74 (1927). — CRAIG: Amer. J. trop. Med. **6**, 461 (1926).

Lamblia intestinalis.

Zweikerniger *Flagellat* mit 4 Paaren von Geißeln, in der Flächenansicht von birnenförmigem Umriß, mit flach gewölbter Rücken-, schwach konkaver Bauchfläche, im Aussehen an einen Drachen erinnernd; Maße etwa $16 \times 10\,\mu$. Die ovoiden, zwei- bis mehrkernigen Cysten sind etwa 10—$14\,\mu$ lang, 7—$9\,\mu$ breit.

Viel verbreiteter, bei mäßigem Auftreten sicher harmloser Parasit des Dünndarms, der sich mit dem Peristom an das Darmepithel anheftet. Tritt bei verschiedenen Darmstörungen vermehrt, gelegentlich in enormen Mengen auf. Ob er in letztem Falle pathogen wirkt, steht nicht fest, ist aber nicht unwahrscheinlich.

Untersuchung von Stuhlaufschwemmung unter dem Deckglas; evtl. nach Nöller (S. 40) gefärbte Ausstriche.

Trichomonas intestinalis. 5—$15\,\mu$ langer, 2—$5\,\mu$ breiter, birnenförmiger *Flagellat* mit einem Kern, Achsenstab und 4 Geißeln, von denen drei frei am gerundeten Vorderende entspringen, während die vierte, ebenfalls vorn entspringende, aber in eine undulierende Membran einbezogene nach hinten gerichtet ist und mit einem freien Endstück das Hinterende überragt.

Harmloser, bei Darmkatarrhen, nach Abführmitteln oft auch bei Gesunden im Stuhl reichlich auftretender Darmparasit. Wird gelegentlich auch im *Mageninhalt* angetroffen, ein Befund, der auf Anacidität, nicht aber auf eine bestimmte Ursache derselben (Magenca.) hinweist. Die im Magen angetroffenen Trichomonen stammen wahrscheinlich vom Mund her, in dem sie sich bei mangelhafter Zahnpflege nicht selten im Zahnbelag finden.

Dem Trichomonas intestinalis ähnlich und gleichfalls wohl nur harmloser Parasit ist *Chilomonas mesnili*, der sich im frischen Präparat meist schon durch seine langsamere Bewegung von jenem unterscheidet.

Trichomonas vaginalis. Dem Trichomonas intestinalis sehr ähnlich, aber größer (12—$30\,\mu$ lang). *Harmloser Saprophyt* des sauer reagierenden Vaginalschleimes. Gelegentlich in Urethra und Blase vordringend. Auch bei Männern gelegentlich in der Urethra angetroffen, wo sie durch schon bestehende Urethritis begünstigt werden, aber wohl sicher nicht pathogen wirken; Übertragung durch Coitus.

Balantidium coli; Infusoriendysenterie.

Heterotriches *Infusor*; in der Flächenansicht ungefähr eiförmig; Länge und Breite zwischen 25—100 bzw. 25—$70\,\mu$ schwankend, im fixierten Zustand nach SOLOWJEW $65 \times 40\,\mu$ groß. Das am vorderen Ende gelegene Peristom erscheint als dreieckige Trichteröffnung; der Makronucleus ist bohnen- bis hufeisenförmig; im hinteren Abschnitt des Zelleibes befinden sich zwei kontraktile Vakuolen.

Die Balantidien können als harmlose Parasiten im Darm Gesunder vorkommen. Meist werden sie aber bei schweren *Darmkatarrhen* von längerer Dauer festgestellt, bei denen ihnen primäre ätiologische Bedeutung zuzuschreiben ist (Eindringen in die Darmwand, Geschwürbildung).

Untersuchung von frischer Stuhlaufschwemmung unter dem Deckglas und in feucht fixierten Ausstrichpräparaten, die nach NÖLLER (S. 40) oder GIEMSA gefärbt werden. Bei Darmstücken von Leichenmaterial Schnittpräparate.

Literatur.

SOLOWJEW: Zbl. Bakter. **29**, 821 u. 849 (1901).

Malaria.

Das *Malariaplasmodium*, durch den Stich von *Anophelesmücken* auf den Menschen übertragen, macht in seinen Wirten, Mensch und Mücke, folgende Entwicklungszyklen durch:

a) Agamer Zyklus im Menschen. Das Plasmodium dringt in ein rotes Blutkörperchen ein (*Schizont*), wächst in diesem heran und teilt sich schließlich in eine Anzahl von Merozoiten, die eine maulbeerartige Kugel bilden, sich nach Zerfall des Blutkörperchens trennen und als freie Schizonten von neuem in rote Blutkörperchen eindringen. Mit dem Auftreten der Teilungen und der Trennung der Merozoiten fällt der Temperaturanstieg zusammen.

b) Gamogonie im Menschen. Nach einer wechselnden Anzahl von agamen Zyklen bilden sich die in roten Blutkörperchen eingedrungenen Schizonten zu *Geschlechtsformen* aus, den *Mikrogametozyten* und den *Makrogametozyten*. Die letzten können als *Dauerformen* lange Zeit im Organismus bleiben und unter Reduktion des Kernes in Teilung eingehen und wieder Schizonten bilden, die einen neuen agamen Zyklus einleiten (*Rezidiv*).

c) Gelangen die Geschlechtsformen durch den *Saugakt* in die *Mücke*, tritt *Befruchtung* ein, die schließlich zur Bildung zahlreicher *Sporozoiten* führt. In die Speicheldrüse der Mücke eingedrungen und beim Saugen auf den Menschen übertragen, dringen die Sporozoiten, einen neuen agamen Zyklus einleitend, in rote Blutkörperchen ein (*Neuinfektion*).

Mikroskopische Untersuchung. Die zweckmäßig während des Höhepunktes der Fieberanfälle entnommenen Blutproben (Fingerkuppe, Ohrläppchen) werden im lege artis angelegten Blutausstrich oder im sogenannten dicken Tropfen untersucht.

Ausstrichpräparate. Vor der Färbung 10 Minuten Fixierung in einem Gemisch von gleichen Teilen Alkohol + Äther. Für die einfache Feststellung, ob überhaupt Malariaparasiten vorhanden sind, genügt die Färbung nach MANSON (S. 34). Die Stammlösung wird vor dem Gebrauch im Reagensglase so weit mit Aq. dest. verdünnt, bis die Lösung eben durchsichtig wird. Färbung 10 bis 15 Sekunden, Abspülung mit Wasser, trocknen lassen. Die dünnen Ausstriche müssen hellgrün getönt sein. Feinere Einzelheiten werden durch die Färbung nach ROMANOWSKY-GIEMSA (S. 35) dargestellt. Die Ausstriche werden nach der Fixation $^1/_2$ Stunde in verdünnter Giemsa-Lösung (1 Tropfen Stammlösung auf 1 cm^3 absolut reines und säurefreies Aq. dest.) gefärbt, kurz abgespült und trocknen gelassen.

Dicker Tropfen. Schnellere Durchmusterung eines größeren Blutquantums. Man bringt auf einen tadellos reinen Objektträger einen nicht zu kleinen Tropfen Blut, verteilt ihn mit der Platinöse auf eine Fläche von etwa 1 cm^2 und läßt ihn während mehrerer Stunden völlig eintrocknen (nicht nur oberflächlich antrocknen). Darauf wird das Präparat ohne Fixation sogleich in verdünnte Giemsa-Lösung übertragen, $^1/_2$ Stunde gefärbt, leicht abgespült und an der Luft völlig trocknen gelassen. Die Erkennung der Parasiten im dicken Tropfen erfordert einige Übung.

Vielfach wird das Präparat vor der Färbung zwecks Extraktion des Hämoglobins in Aq. dest. gestellt; die Extraktion findet jedoch auch in der verdünnten Farblösung statt. HORVATH empfiehlt zur Erzielung besserer Durchsichtigkeit und festeren Haftens, dem frisch auf den Objektträger gebrachten Bluttropfen sofort 1 Tropfen 2%iger Natr. citr.-Lösung (H. nahm mit NaOH neutral. Acid. citr.) zuzusetzen, mit einem Glasstab zu vermischen, auszubreiten und dann antrocknen zu lassen.

Plasmodium vivax; Febris tertiana. Fieberattacken am 1., 3., 5. usw. Tag. Auf den jüngsten Stadien stellt der Schizont ein kleines Protoplasmaklümpchen dar, das etwa $^1/_8$ bis $^1/_5$ des Erythrozytendurchmessers mißt. Bei fortschreitendem Wachstum (etwa dem Höhepunkt des Fiebers entsprechend) tritt eine ungefähr zentral gelegene Vakuole auf, infolge deren der Schizont das Aussehen eines Ringes bekommt (*kleiner Tertianaring*). Gewöhnlich ist die eine Seite des Ringes — da, wo der Kern liegt — knopfartig verdickt. Da der Schizont lebhafte, amöboide Bewegungen ausführt, wechselt die Form der Ringe; bei schnell fixierten Präparaten kommen oft sehr verzerrte Formen zustande. Im Verlauf des weiteren Wachstums, bei dem die Schizonten die Erythrocyten allmählich fast ganz ausfüllen, nehmen die befallenen Erythrocyten beträchtlich (1,5—2 × normal) an Größe zu. Sie färben sich blasser als normal und weisen eine zunächst sehr zarte, dann grober werdende Tüpfelung mit hellrot (GIEMSA) gefärbten Körnchen auf (*Schüffnersche Tüpfelung*). Etwa 24 Stunden alte Schizonten (*große Tertianaringe*) treten neben der Ringform in unregelmäßigen Formen auf. Sie enthalten im gröber gekörnten Protoplasma dunkelbraune *Pigmentkörner*. Weiterhin verschwinden die Ringformen vollständig, und das Plasmodium füllt den Erythrocyten als kompakter, rundlicher oder unregelmäßig begrenzter, scheibenförmiger Körper mehr oder weniger vollständig aus. Das Pigment ballt sich in Streifen oder Klumpen zusammen. Etwa 40—45 Stunden nach dem Anfall tritt, den Beginn der Teilungen andeutend, Abrundung und Lappung des Schizonten ein; das Pigment ist nun zentral angesammelt.

Die *Gameten*, die sich ebenfalls in Erythrocyten entwickeln, wachsen gleichfalls beträchtlich über deren Größenmaße hinaus. Reife Gameten lassen noch einen schmalen Saum der Wirtzelle erkennen oder sind nach deren Auflösung frei. Sie stellen kompakte, kräftig blau gefärbte, mit reichlichem Pigment durchsetzte Scheiben dar.

Plasmodium malariae; Febris quartana. Fieberanfälle in Intervallen von 72 Stunden. Während der ersten 24 Stunden ist der Parasit vom Tertianaring nicht zu unterscheiden. Später nimmt er gewöhnlich die Form eines sich quer durch den Erythrocyten erstreckenden Bandes an (Chromatin und Pigment oft in Streifen angeordnet), das sich allmählich verbreitert und den Erythrocyten schließlich fast ganz ausfüllt. Die Wirtzelle wird nicht vergrößert;

Tüpfelung fehlt oder ist höchstens schwach angedeutet. Die *Gameten* werden nicht größer als die Erythrocyten.

Plasmodium immaculatum; Febris tropica; F. aestivo-autumnalis. Auf dem jüngsten Stadium erscheint der Parasit als feiner, protoplasmaarmer, durch eine relativ große Vakuole ausgezeichneter Ring, etwa $^1/_6$—$^1/_8$ des Erythrocytendurchmessers groß. Ab und zu finden sich zwei oder mehrere derartige *kleine Tropikaringe* in einer Zelle. Später im Fieberanfall sind die Ringe etwas robuster. Die befallenen Erythrocyten werden nicht vergrößert, eher verkleinert; die Färbung ist normal; bei intensiver Chromatinfärbung treten aber tiefrot gefärbte Fleckchen im Stroma in Erscheinung (*Perniciosa-Fleckung*). Im weiter vorgeschrittenen Stadium verschwinden die Parasiten gewöhnlich aus dem peripheren Blutkreislauf. Kurz vor der Teilung stellen sie kleine, unregelmäßig begrenzte Scheibchen dar, an die Bandformen des *Plasmodium malariae* erinnernd, jedoch wesentlich kleiner. Teilungsformen sind in Blutausstrichen fast nie festzustellen; sie finden sich zahlreich in Ausstrichen von Milz und Knochenmark.

Die zuerst kugeligen, sich aber bald zu bohnen- bis wurstförmiger Gestalt streckenden und dann etwa 1,5 Erythrocytendurchmesser langen Gameten (*Halbmonde*) treten in der Regel erst nach mehreren Fieberanfällen auf. Ihre Enden zeigen gewöhnlich intensivere Färbung. Pigment und Chromatin sind in der Mitte angesammelt. An der konkaven Seite sind oft noch die Konturen des Erythrocyten zu erkennen.

Bei den als *chronische Malaria* bezeichneten Krankheitsbildern verseuchter Länder werden nicht selten nur sehr wenige Parasiten im Blut gefunden, unter denen dann aber die Gameten meist einen relativ hohen Prozentsatz ausmachen.

Das *Blutbild* zeigt bei der Malaria charakteristische Veränderungen. Im akuten Anfall tritt gewöhnlich mäßige Vermehrung der polynucleären Leukocyten ein; später sind die *mononucleären* relativ vermehrt. Bei den nicht befallenen Erythrocyten kommen Polychromatophilie, basophile Körnelung, Poikilocytose, Normoblasten vor.

Die *Bestimmung* der *Anophelesmücken* und ihrer Entwicklungsstadien ist nicht so einfach, wie vielfach angenommen zu werden scheint. Cl. SCHILLING empfiehlt, die Bestimmung durch einen Fachmann vornehmen zu lassen. Nach den Imagines fahndet man bei uns zweckmäßig in Kellern und Ställen, namentlich während der kalten Jahreszeit. Eier und Larven sind hauptsächlich in natürlichen Gewässern (Gräben, Tümpeln usw.) zu suchen; in Regentonnen und ähnlichen Behältern finden sie sich seltener.

Literatur.

Schilling, Cl., u. Hartmann: Die pathogenen Protozoen. Lehrbuch. 1917. — Horvath: Dtsch. med. Wschr. 44, 1331 (1918).

Trypanosoma gambiense et rhodesiense; Schlafkrankheit.

Das *Tr. gambiense*, der Erreger der Schlafkrankheit von Ost- und Westafrika, Kongo usw. ist ein zwischen 13—32 μ langer, 1,4—3 μ breiter, etwa als fischförmig zu bezeichnender Flagellat, der mit endständigem Kern, Blepharoplast und einer undulierenden Membran mit freiem Geißelende ausgestattet ist. Übertragung in der Regel durch Stechfliegen (*Glossina palpalis* und *morsitans*).

Bei dem *Tr. rhodesiense*, der Schlafkrankheit von Nordrhodesia (Übertragung durch *Glossina morsitans*) ist der Körperumriß gedrungener und die Lagebeziehung zwischen Kern und Blepharoplast zum Teil eine andere als beim gambiense.

Die Feststellung der Trypanosomen erfolgt durch

Blutuntersuchung. Da die Trypanosomen gewöhnlich nur in sehr geringer Anzahl im Blut kreisen, sind neben Frisch- und Ausstrichpräparaten nach Giemsa gefärbte sogenannte dicke Tropfen (S. 226) zu untersuchen.

Punktionssaft aus geschwollenen Drüsen, besonders bei Frühstadien mit der pathognomonischen Schwellung von Hals- und Nackendrüsen wichtig.

Zentrifugat vom *Lumbalpunktat* bei cerebralen Störungen.

Literatur.

Kleine, F. K., u. Taute: Arb. ksl. Gesdh.amt 31 (1911). — Schilling, Cl., u. Hartmann: Pathogene Protozoen. Lehrbuch. 1917.

Schizotrypanum cruzi; Chagas-Krankheit.

Der Erreger der in Brasilien heimischen *Chagas-Krankheit* (mit starker Schilddrüsenvergrößerung im chronischen Stadium), das *Schizotrypanum cruzi*, unterscheidet sich von den Trypanosomen hauptsächlich dadurch, daß es in zwei miteinander abwechselnden Formen auftritt: einem *trypanosomenartigen Stadium*, das frei im

Blut erscheint, und einem *intracellulären*, bei dem innerhalb von Cysten auf dem Wege der Schizogonie eine größere Anzahl von Formen entstehen, die der Leishmania ähnlich sind. Das intracelluläre Stadium, das allein der Vermehrung fähig ist, findet sich in der Herzmuskulatur, Lungenendothel, Knochenmark, Lymphdrüsen, Neuroglia, glatter Muskulatur, Subcutis.

Der Überträger ist die Wanze *Conorhinus megistus*.

Literatur.

SCHILLING, CL., u. HARTMANN: Lehrbuch der pathogenen Protozoen. Berlin 1917.

Leishmania donovani; Kala-azar, tropische Splenomegalie und Leishmania infantum; Kindersplenomegalie der Mittelmeerländer.

Die *Leishmanien* finden sich hauptsächlich in großen mononucleären Leukocyten, selten freiliegend, in großen Mengen in der Milz, Knochenmark, Leber, sehr selten im peripheren Blutkreislauf. Sie sind kleine, etwa $3{,}5 \times 1{,}1\,\mu$ messende, ovale Gebilde, die nach GIEMSA gefärbt einen rundlichen Hauptkern mit Karyosom und daneben einen kleinen, stäbchenförmigen Blepharoplast erkennen lassen.

Der *Nachweis* der Leishmanien gelingt am besten im Punktionssaft von der Milz. Die Milzpunktion ist aber nicht unbedenklich und jedenfalls nur vom Geübten auszuführen. Ferner kommen Ausstriche von operativ gewonnenem Knochenmark (z. B. einer Rippe) in Betracht. Die wenig aussichtsreiche Blutuntersuchung ist am sogenannten dicken Tropfen vorzunehmen.

In der *Kultur* (auf Kaninchenblutagar nach NOVY, NICOLLE, MC NEAL; vgl. auch MAYER und WERNER) entwickeln sich begeißelte Flagellaten.

Literatur.

MAYER u. WERNER: Dtsch. med. Wschr. **40**, 67 (1914).

Leishmania tropica oder furunculosa; Orientbeule. Die von der Leishmania donovani im Ausstrichpräparat von Patienten morphologisch nicht unterscheidbare *Leishmania tropica* findet sich in großer Anzahl in den großen Zellen, die die Grundlage der knotigen *Granulationsgeschwülste* der Haut bilden, daneben in Leukocyten und, nach Zerfall der Zellen, frei im Granulationsgewebe. Da sie im eitrigen Sekret der ulcerativ zerfallenen Knoten nicht immer zu finden sind, untersucht man seröses Sekret von dem durch Reinigungsbehandlung freigelegten Granulationsgewebe.

Nahrungsmittelvergiftungen.

Bakterielle Nahrungsmittelvergiftungen kommen zustande, wenn Bakterien, die in Nahrungsmittel gelangt sind, Gelegenheit haben, sich zu vermehren und dabei giftig wirkende Substanzen zu bilden.

Wirksam sind in erster Linie die bei der Aufnahme des Nahrungsmittels in ihm vorhandene *Gifte*. Manche vergiftenden Bakterien sind ausgesprochene *Saprophyten*, die nur durch das Gift, das sie produziert haben, pathogen wirken, aber nicht infektionstüchtig sind. In anderen Fällen spielen dagegen neben den im Nahrungsmittel vorhandenen Giften auch die vergiftenden Bakterien noch eine wichtige Rolle: sie können, in den Magendarmkanal gelangt, noch kürzere oder längere Zeit am Leben bleiben, sich vermehren und dabei weiter Gift produzieren und unter Umständen sogar zu Allgemeininfektionen führen (z. B. Paratyphus).

Paratyphus. Bei den Nahrungsmittelvergiftungen, die unter dem Bilde der *akuten Gastroenteritis* verlaufen, zum Teil auch mit mehr oder weniger ausgesprochenen *nervösen Vergiftungssymptomen* verbunden sind, werden häufig bestimmte Typen der Paratyphusgruppe, die sogenannten *Nahrungsmittel-* oder *Fleischvergifter* (S. 99), als Ursache festgestellt. Sie können sowohl beim *Erkrankten* als auch im *Nahrungsmittel* (Fleischwaren von Vieh, Wild, Geflügel, Fische, Muscheln, Konserven verschiedenster Art, Milch, Speiseeis usw.) angetroffen werden. Als Quelle der Infektion kommen *intravitale Infektionen* beim Schlachttier, *Bacillenträger* und *Kranke* unter dem Personal der Metzgereien, Küchen usw., infizierte *Ratten* und *Mäuse* in Betracht. Sie läßt sich naturgemäß oft nicht feststellen.

Saprophyten. Außer dem auf S. 181 behandelten *Bacillus botulinus* sind hier zu nennen *Proteus-Bacillen, Heubacillen* (z. B. in Milch: Cholera nostras bei Säuglingen), *Bacillus mesentericus, Bacillus peptonificans* und andere.

Gewisse Saprophyten haben weniger als Vergifter Bedeutung als dadurch, daß sie Nahrungsmittel unansehnlich oder übelkeiterregend machen: z. B. *Bacillus syncyaneus* der blauen Milch, *mesentericus*-Arten in Brot, Wurst.

Aus praktischen Gründen seien ferner, obwohl nicht zu den Vergiftungen gehörend, hier noch die durch *infizierte Nahrungsmittel* verursachten *gehäuften Infektionen* erwähnt: z. B. mit *Typhus-* und *Paratyphusbacillen* durch Milch (S. 235); mit Ruhrbacillen (z. B. Shiga-Kruse in Kartoffelsalat, Kruse-Sonne in Käse); mit *Milzbrand* nach Genuß von rohem Fleisch infizierter Tiere, mit *Streptokokken* in der Milch mastitiskranker Kühe (S. 235), mit *Diphtheriebacillen* usw.

Gang der Untersuchung. Um die durch nachträgliche bakterielle Verunreinigungen möglichen Fehldiagnosen zu vermeiden, werden, soweit angängig (z. B. bei Wurst, kompaktem Käse), Oberfläche und zentrale Partien des Materials getrennt verarbeitet.

Ausstrichpräparate. Bei starkem Fettgehalt werden die Präparate nach der Fixation mit Xylol behandelt; Nachspülung mit Alkohol, Wasser. Die Präparate sollen hauptsächlich über den Grad der bakteriellen Durchwucherung Aufschluß geben, wobei jedoch zu berücksichtigen ist, daß die Bakterien bei der Untersuchung des Materials bereits größtenteils der Auflösung verfallen sein können. Die richtige Beurteilung der Präparate setzt eine gewisse Erfahrung betreffend den normalen Bakteriengehalt und die Flora in dem Nahrungsmittel voraus.

Bei der *Anlage der Kulturen* ist die Art der vermuteten Bakterien maßgebend. Bei Verdacht auf Paratyphus werden Drigalski-Platten und Vorkulturen (S. 95) beimpft, bei Botulismus wird nach dem auf S. 183, 184 geschilderten Verfahren vorgegangen, bei Streptokokken werden in erster Linie Blutplatten beimpft. Liegt, wie es oft der Fall ist, kein bestimmter Verdacht vor, werden *verschiedene Nährböden* beimpft und auch *anaerobe Kulturen* angelegt. Ältere, bereits in Fäulnis befindliche Proben enthalten nicht selten *Proteus-Bacillen,* die die Kulturplatten mit einem Rasen überziehen und die Feststellung der eigentlichen Vergifter sehr erschweren oder gar vereiteln können. Man beimpft daher in solchen Fällen neben den gewöhnlichen Platten auch einen Satz Carbolplatten (S. 28).

Tierversuche. Bei Verdacht auf Botulismus werden die auf S. 183, 184 geschilderten Tierversuche, sonst in der Regel zunächst nur ein *Fütterungsversuch* mit weißen Mäusen angesetzt: 1—3 Tiere, die an dem betreffenden Tage noch nicht gefüttert wurden, bekommen eine Probe von dem Nahrungsmittel (Flüssigkeiten, in

einem Stückchen Brot aufgesogen) vorgelegt und werden, nachdem man sich überzeugt hat, daß sie gefressen haben, auf das
Auftreten von Vergiftungssymptomen beobachtet. Die gewöhnlich mit Brot, Hafer und Milch aufgezogenen Mäuse vertragen
jedoch viele menschlichen Nahrungsmittel, z. B. rohes Fleisch,
saure Fischkonserven, schon an sich schlecht und können auf
ihre Verfütterung mit mehr oder weniger schwerer, unter Umständen sogar tödlicher Gastroenteritis reagieren. Dadurch wird
der Wert der Verfütterungsprobe naturgemäß stark beeinträchtigt.

Kommt es bei den gefütterten Mäusen zu *Paratyphus-Sepsis,*
so berechtigt das keineswegs zu der Schlußfolgerung, daß in dem
Nahrungsmittel Paratyphus-Bacillen vorlagen. Mäuse sind gar
nicht selten latent mit Paratyphus infiziert, wodurch es bei Darmstörungen und anderen Schädigungen zu tödlicher Allgemeininfektion kommen kann. Erfahrungsgemäß kommen auch spontane,
tödliche Infektionen vor, die bei der täglichen Versorgung mit
Futter von anderen mit Paratyphus infizierten Mäusen im gleichen
Laboratorium übertragen wurden. Bei den *latenten Infektionen*
handelt es sich vorzugsweise um den *Typus Breslau,* seltener um
Gärtner-Bacillen. Andere Typen haben wir noch nicht festgestellt.
Es würde aber unseres Erachtens gleichwohl nicht angehen, bei
einem Auftreten derselben bei gefütterten Mäusen auf ihre An-
wesenheit im verfütterten Material zu schließen. Der kulturelle
Nachweis von Paratyphusbacillen gelingt im übrigen mit so großer
Sicherheit, daß er einer Ergänzung durch den Tierversuch nicht
bedarf.

Im Hinblick auf die besprochenen Unsicherheiten des Tierversuches könnte es angebracht erscheinen, ihn überhaupt fortfallen zu lassen. Wir haben davon Abstand genommen, weil
er bei kritischer Bewertung seines Ausfalles doch immerhin von
Vorteil ist. Unter anderem bietet er eine Garantie, daß kein Fall
von Botulismus unerkannt durchläuft. Wenn ferner die vergiftenden Bakterien infolge von Autolyse, von Erhitzung beim
Braten usw. abgetötet sind, die Kultur also versagt, kann das
Auftreten von Vergiftungserscheinungen bei den Mäusen doch
einen Hinweis auf das mögliche Vorliegen von Giften geben.

Beurteilung des Befundes. Sie ist im allgemeinen leicht, wenn
bekannte Vergifter nachgewiesen werden, womöglich nicht nur im
Nahrungsmittel, sondern auch bei den Erkrankten. Nicht so

einfach liegen die Verhältnisse, wenn es sich um *Saprophyten* handelt, die zwar erfahrungsgemäß als Vergifter auftreten, aber auch zufällig und ohne Beziehung zu der Vergiftung erst *nachträglich* in das Nahrungsmittel gelangt sein können und, wie z. B. die Proteus-Bacillen, beim Menschen auch schon im normalen Stuhl mehr oder weniger oft angetroffen werden. Hier sind bei der Beurteilung vor allem die festgestellte Menge der Saprophyten, ihr Nachweis in noch unversehrten Anteilen des Nahrungsmittels (bei Konserven evtl. auch in noch nicht geöffneten Dosen der gleichen Fabrikationsnummer), das Alter der Proben, die Möglichkeiten nachträglicher Verunreinigungen usw. zu berücksichtigen, sowie ferner die Menge, in der sich die Keime im Stuhl der Erkrankten, ob nur bei einigen von ihnen oder mehr oder weniger bei allen nachweisen ließen. Ein sicheres Urteil läßt sich keineswegs immer abgeben.

Werden *unbekannte Bakterien* festgestellt und weisen ihre Menge und alleiniges Vorkommen auf eine mögliche ätiologische Bedeutung hin, so bleibt, wenn an der völligen Klärung des Falles gelegen ist, nichts übrig, als ihre Pathogenität und ihr Giftbildungsvermögen im *Tierversuch* zu prüfen: Verfütterung, s. k., i. p. Verimpfung von Reinkulturen, Giftigkeitsprüfung keimfrei filtrierter Bouillonkulturen an Mäusen, Meerschweinchen usw.

Untersuchung von Milch, Butter, Käse auf pathogene Bakterien.

Durch *Milch* verbreitete pathogene Bakterien stammen entweder von einer kranken oder chronisch infizierten *Kuh* oder sind auf dem Wege von der Kuh zum Verbraucher in sie gelangt. Ihr Nachweis stößt zum Teil auf erhebliche Schwierigkeit. Das *Ausstrichpräparat* läßt wegen des Vorkommens ähnlicher Saprophyten oder menschenapathogener Keime meist im Stich. Der *kulturelle Nachweis* wird erschwert, weil in der Milch regelmäßig Saprophyten vorhanden sind, die in ihr einen günstigen Nährboden finden und Erreger überwuchern oder schädigen können. Oder die Erreger werden in den angelegten Kulturen überwuchert. Die zu untersuchenden *Proben* müssen daher *möglichst frisch* sein. Manche Erreger haben die Eigentümlichkeit, sich an der Oberfläche der Fetttröpfchen anzusammeln, und gehen beim Zentrifugieren größtenteils in den Rahm über. Nicht selten bringt erst der Tierversuch Aufklärung.

Typhus- und Paratyphus. In der Milch angetroffene *Typhus-bacillen* stammen gewöhnlich von Bacillenträgern, Kranken oder Genesenden unter dem Personal der Molkereien und Handlungen. Um die gleiche Quelle handelt es sich auch meist bei *Paratyphus Schottmüller*-Befunden; doch können auch Kühe diesen Typus mit der Milch ausscheiden (RIMPAU). Die *Nahrungsmittelvergifter* stammen entweder von den Kühen oder vom Personal.

Zum *Nachweis von Typhus-Bacillen* wird eine Probe der gut durchgeschüttelten Milch mit 0,3% Coffein versetzt, bei 37° bebrütet und nach 4—7 Stunden mehrmals aus verschiedenen Tiefen des Röhrchens auf Drigalski abgeimpft. Zur Feststellung des für die Hemmung des Streptococcus lactis günstigen Alkalitätsgrades werden probeweise 7,5 cm³ Milch + 2,5 cm³ 1,2%ige Coffeinbouillon mit einigen Tropfen 0,5% Phenolphthalein versetzt und 10%ige Sodalösung zugesetzt, bis deutliche Rotfärbung eintritt. Die so ermittelte Menge Sodalösung wird dann dem für den Nachweis bestimmten Röhrchen (Milch + Coffeinbouillon) zugesetzt (WOHLFEIL).

Ferner kommt bei Typhus und Paratyphus die Bebrütung der Milch nach Zusatz von *Brillantgrün* 1:100000 und *Galle* 1:20 oder das Kombinationsverfahren von KAUFFMANN mit Ausimpfungen nach 4—7 und 24 Stunden in Betracht.

Stets ist von der frischen Probe, und zwar nach Zentrifugieren sowohl vom Satz als auch vom Rahm direkt auf Drigalski auszuspateln.

Pathogene Streptokokken. Bei der überwiegenden Mehrzahl der in der Milch anzutreffenden Streptokokken handelt es sich um *Saprophyten* (*Streptococcus lactis*, S. 69) oder den für Menschen apathogenen *Streptococcus agalactiae contagiosae* (S. 69) des *gelben Galtes.* Der in Amerika mehrfach bei Milchepidemien von bösartigen Tonsillitiden sowie bei der Mastitis der betreffenden Kühe als Erreger festgestellte *Streptococcus epidemicus* (S. 68) ist bei uns noch nicht festgestellt worden, doch kommen auch hier durch *Streptococcus pyogenes haemolyticus* oder doch sehr nahe stehende Streptokokken verursachte Mastitiden bei der Kuh wenigstens vereinzelt vor (SEELEMANN und HADENFELDT, DIERNHOFER).

Soll festgestellt werden, ob eine Milchprobe *pathogene Streptokokken* enthält, werden sowohl von der gut durchschüttelten

Gesamtprobe als auch nach dem Zentrifugieren vom *Rahm* und vom *Bodensatz* Blut- und Agarplatten beimpft: 1—2 Tropfen des Materials werden auf eine erste Platte übertragen und ausgespatelt und dann mit einer großen Öse von dieser Platte auf eine zweite der gleichen Art weiter ausgeimpft. Betreffs der Artdiagnose siehe S. 64.

Für die Feststellung, ob die Milch einer bestimmten Kuh *Streptokokken* enthält und Anzeichen für eine Erkrankung des Tieres an *Mastitis* aufweist, müssen *ganz frisch gemolkene Proben* zur Verfügung stehen. Nach Feststellung der allgemeinen Beschaffenheit der Milch wird zentrifugiert und festgestellt, ob und wieviel gelblicher, aus Leukocyten bestehender Bodensatz vorhanden ist. *Trommsdorffsche Zentrifugenmethode*, bei der geeichte Gläschen verwendet werden. Die normale Milch enthält bereits Leukocyten; bei der Mastitis ist ihre Menge erhöht, oft in enormem Grade. Vom Bodensatz werden *Ausstrichpräparate* hergestellt. Liegen zahlreiche Ketten von ovalen Kokken vor, die mit der Breitseite nebeneinander gelagert sind und bei denen die Endkokken kolbig oder kugelig vergrößert sind, handelt es sich wahrscheinlich um den *Streptococcus agalactiae contagiosae* (S. 69); doch können auch andere Streptokokken in dieser Form und der Streptococcus agalactiae contagiosae auch in Form gewöhnlicher Kugelketten auftreten, so daß für die sichere Artdiagnose die kulturellen Methoden nicht zu entbehren sind.

Andere Erreger. Allgemeine Regel ist, daß von Zentrifugensediment und Rahm der möglichst frischen Proben geeignete Nährböden, evtl. auch nach dem anaeroben Verfahren (S. 17, 18), beimpft werden.

Zum Nachweis der in Marktmilch nicht selten angetroffenen *abortus Bang-Bacillen* werden sowohl Agarplatten beimpft (Bebrütungstechnik siehe S. 141) als auch Meerschweinchen i. p. gespritzt.

Tuberkelbacillen haften meist an der Oberfläche der Fetttröpfchen und gehen größtenteils in den Rahm über. Zu ihrer Diagnose bedarf es wegen des Vorkommens säurefester Saprophyten des Tierversuches (s. k. Injektion!).

Butter. In der Regel wird eine kleine Probe in eine Glasperlenflasche gebracht, das etwa 50fache Volumen NaCl-Lösung hinzugefügt und das Ganze im Wasserbad auf 38—40° erwärmt.

Ist die Butter geschmolzen, wird durchschüttelt und von der so gewonnenen feinen Emulsion auf geeignete Kulturplatten ausgespatelt, evtl. auch flüssige Vorkulturen beschickt, bei Bang-Bacillen ein Meerschweinchen i. p., bei Tuberkelbacillen s. k. gespritzt.

Käse, Quark. Herstellung einer Emulsion, dann weiter wie oben. Über Kruse-Sonne(E)-Ruhrbacillen in Käse berichten LEUCHS und HEIM.

Literatur.

RIMPAU: Z. Hyg. **110**, 44 (1929). — WOHLFEIL: Zbl. Bakter. **101**, 311 (1927). — SEELEMANN u. HADENFELDT: Zbl. Bakter. **118**, 331 (1930). — DIERNHOFER: Arch. Tierheilk. **61**, 181 (1930). — LEUCHS u. HEIM: Z. Med.beamte **43**, 587 (1930).

Bakteriologische Untersuchung von Trinkwasser.

Der negative Ausfall der bakteriologischen Untersuchung bietet *in keinem Falle eine Gewähr für einwandfreie Beschaffenheit* eines für den menschlichen Genuß bestimmten Wassers. Sie soll im allgemeinen nur ein Glied einer zusammenhängenden Reihe von Untersuchungen bilden, die auch die chemische Beschaffenheit, meteorologische Abhängigkeit usw. betreffen und vor allem eine eingehende *Besichtigung* der gesamten Anlage *an Ort und Stelle* umfassen.

Die Untersuchung betrifft entweder den direkten Nachweis von pathogenen Erregern oder die Feststellung bestimmter bakteriologischer Anzeichen für den Hinzutritt bedenklicher Zuflüsse. In der letzten Gruppe sind von größerer Bedeutung 1. die *fortlaufende Überwachung* der Anzahl der Bakterien im Wasser zentraler Versorgungsanlagen zwecks Kontrolle der Filter, Unversehrtheit der Rohrleitungen usw. 2. Die *Untersuchung* auf *Colibacillen,* deren Nachweis unter Umständen auf einen Hinzutritt von fäkal verunreinigtem Wasser und damit auf die Möglichkeit eines Auftretens von pathogenen Bakterien hinweist. Ferner ist noch zu nennen die Untersuchung auf bestimmte Keime (z. B. Prodigiosus), die dem Wasser zwecks *Prüfung von Filteranlagen* oberhalb derselben zugesetzt werden.

Das für die Untersuchung bestimmte Wasser ist von einem Sachkundigen unter Beobachtung bestimmter Vorsichtsmaß-regeln, besonders hinsichtlich der Sterilität, in sterilen, reinen, mit Glasstopfen versehenen, im Notfalle mit neuen, sterilen Korken verschlossenen Flaschen in genügender Menge (2—3 l) zu entnehmen. Die Untersuchung der Proben soll möglichst bald erfolgen, bei der Keimzählung sollen die Zählkulturen zweckmäßig sogleich nach der Entnahme an Ort und Stelle angelegt werden. Wo letztes nicht möglich ist, muß für schnellsten Transport der Flaschen in Eispackung Sorge getragen werden. Proben, die längere Zeit unterwegs waren, ergeben bei der Keimzählung durchaus unzuverlässige Werte, und auch der Nachweis bestimmter Bakterien ist in Frage gestellt. Vgl. die vom *Reichsgesundheitsamt* aufgestellte *Vorschrift*, die für Bayern erlassenen amtlichen Anweisungen sowie das *Anweisungsformular* der *Preußischen Landesanstalt* für Wasser-, Boden- und Lufthygiene in Berlin-Dahlem.

a) Untersuchung auf pathogene Keime.

Sie ist im Falle des *Typhus* wenig aussichtsreich. Wenn das Auftreten von Erkrankungen die Untersuchung des Wassers veranlaßt, sind die Bacillen evtl. bereits lange wieder verschwunden. Beim kulturellen Nachweis besteht die Gefahr, daß sie — wohl meist von geringer Anzahl relativ zur Menge des Wassers — in der untersuchten Wasserprobe nicht vorhanden sind, oder daß sie von anderen Bakterien überwuchert werden. Günstiger liegen die Verhältnisse bei der *Cholera:* kurze Inkubationszeit; bessere Anpassung der Vibrionen an das Milieu des Wassers.

Cholera. Untersuchung nach den staatlichen Vorschriften (siehe S. 89).

Bei *Typhus und Paratyphus* wenden wir folgende Verfahren an:

Von der Probe werden mehrmals einige Tropfen auf je 2 bis 3 Drigalski-Platten ausgespatelt und nach Entnahme etwaiger weiterer Proben der Rest des Wassers in der Originalflasche vor Licht geschützt in einen Schrank gestellt. Nach zwei und nochmals nach 4 Tagen werden sowohl von der Oberfläche als auch vom Grunde des Wassers ohne vorheriges Schütteln mit der Pipette kleine Quanten entnommen und auf Drigalski-Platten ausgespatelt.

Elektivverfahren.

Brillantgrün: 1 cm³ Wasser zu 100 cm³ Bouillon $+$ 1 cm³ wässeriger Brillantgrünlösung 1:1000. Ferner 50 cm³ Wasser $+$ 50 cm³ doppelt konzentrierte Bouillon $+$ 1 cm³ Brillantgrünlösung 1:1000. Nach 24 und 48 Stunden 37° Ausimpfung auf Drigalski.

Tetrathionat; Je 1 cm³ Wasser zu 3 Röhrchen mit je 10 cm³ der Lösung. Ausimpfung nach 24 und 48 Stunden 37°.

Evtl. ist auch das *Kombinationsverfahren* von KAUFFMANN anzuwenden (S. 21) oder die Brillantgrünbouillon mit 5% Galle zu versetzen. Es ist vorteilhaft, stets mehrere Kulturen anzusetzen.

Zu Erfolg hat gelegentlich das *Coffeinverfahren* von ROTH, FICKER und HOFFMANN geführt.

Konzentrationsverfahren.

Verfahren nach HESSE: Das Wasser wird nach Zusatz von sterilem Kieselgur durch ein *Berkefeldfilter* filtriert, der Rückstand durch Rückspülung mit der Druckpumpe von der Oberfläche des Filters abgelöst und zum Teil auf eine Anzahl Drigalski-Platten ausgespatelt, zum Teil in Elektivnährböden gebracht.

Verfahren nach MARMANN: Je 5—10 cm³ Wasser werden auf dem in große Petrischalen ausgegossenen Drigalski-Agar im *Warmluftapparat* von FAUST-HEIM zum Verdunsten gebracht.

Verfahren nach FICKER: Zu 2 l Wasser in einem hohen Standzylinder werden 8 cm³ 10%iger Sodalösung und darauf 7 cm³ 10%iger Eisensulfatlösung gesetzt; nach Umrühren 3 Stunden im Eisschrank stehenlassen; dekantieren; Lösung des Satzes mit ¹/₂ Volumen 25%iger Lösung von neutralem, weinsauren Kali; Zusatz von 2 Teilen Bouillon; Beimpfung von Platten und sonstigen Nährböden.

b) Keimzählung.

Abgemessene Wasserquanten werden mit verflüssigter *Gelatine* vermischt, mit dem Gemisch Kulturplatten gegossen und die Anzahl sämtlicher bei 18—22° binnen 48 Stunden gewachsenen Kolonien festgestellt. Dieses Verfahren wird namentlich bei der *laufenden Kontrolle zentraler Versorgungsanlagen* angewandt.

Die als Nährsubstrat verwandte *Gelatine* wird nach einer vom *Reichsgesundheitsamt* für die Zwecke der Wasseruntersuchung angegebenen Anweisung hergestellt (siehe S. 30).

Zur Keimzählung werden zu je einem der Röhrchen, die durch längeres Stehen im Wasser von 35° verflüssigt sind, 1, 0,5, 0,25, 0,1, 0,05, 0,025 bzw. 0,01 cm³ von dem Wasser zugesetzt, durch Hin- und Herneigen der Röhrchen Wasser und Gelatine vermischt und das Gemisch sogleich in sterile Petrischalen gegossen. Zwei Gelatineröhrchen werden zwecks Sterilitätskontrolle ohne Wasserzusatz in Schalen ausgegossen. Bebrütung der Platten 48 Stunden bei 18—22°. Zählung der Kolonien, evtl. unter Zuhilfenahme der Zählplatte von WOLFFHÜGEL, bei dichtem Wachstum auch unter dem Mikroskop.

Für die *Überwachung zentraler Versorgungsanlagen* mit filtriertem Oberflächenwasser ist maßgebend, daß nach den vom *Reichsamt des Innern* (13. Januar 1899) erlassenen *Grundsätzen* ein befriedigendes Filtrat beim Verlassen des Filters in der Regel nicht mehr als 100 Keime in 1 cm³ enthalten soll. (Eine eingehende Arbeit über die bakteriologische Kontrolle liegt von OETTINGER vor.) Für Brunnen und Quellen lassen sich keine bestimmten Grenzzahlen angeben. Die Keimzahl soll möglichst niedrig und vor allem konstant sein, namentlich nach Regenfällen, Schneeschmelze keine deutliche Zunahme zeigen. Größere Schwankungen sind stets verdächtig.

c) Nachweis von Colibacillen.

Folgende Kulturen werden angesetzt:

100 cm³ Wasser + 100 cm³ doppelt konzentrierte Bouillon + 2 g Dextrose.

10 cm³ Wasser + 10 cm³ der gleichen Dextrosebouillon.

1, 0,1 und 0,01 cm³ Wasser + je 10 cm³ 1%iger Dextrosebouillon. Die Kolben bzw. Röhrchen enthalten je ein kleines, mit der Öffnung nach unten stehendes Röhrchen zwecks Auffangung von Gasen. Nach 24 und 48 Stunden 37° Abimpfung auf Drigalskiagar. Etwa verdächtige Kolonien werden in der sogenannten bunten Reihe näher identifiziert.

Für die *Beurteilung* der *Colibefunde* hat WHIPPLE folgende Qualitäten angegeben:

Coli + nur in 100 cm³ Wasser = gesundes Wasser.

Coli + schon in 10 cm³ Wasser = genügend gesundes Wasser.

Coli + schon in 1 cm³ Wasser = fragliches Wasser.

Coli + schon in 0,1 cm³ Wasser = wahrscheinlich ungesundes Wasser.

Coli + schon in 0,01 cm³ Wasser = ungesundes Wasser.

Die Tabelle hat naturgemäß keine absolute Geltung, kann aber im allgemeinen zur Richtschnur genommen werden.

Von der Tatsache ausgehend, daß im Warmblüterkot regelmäßig *thermostabile Gärungserreger* vorkommen, und daß sie in einwandfreiem Wasser zu fehlen pflegen, hat Eijkman empfohlen, die auf Coli angesetzten Kulturen bei 46° zu bebrüten. Er setzt dem Wasser etwa $1/_8$ seines Volumens von einer konzentrierten Peptonlösung (10 g Pepton + 5 g NaCl + 10 g Dextrose + Wasser ad 100) zu, die neutral oder schwach alkalisch sein soll, und bebrütet 48 Stunden bei 46°. Maßgebend ist, ob Wachstum und Gasbildung eintritt. Eijkman hat betont, daß seine Probe keine reine Coliprobe sei, und daß auch andere Kotbakterien von Warmblütern bei 46° vergären. Tatsächlich kommt es aber bei der Probe doch meist auf die Feststellung thermostabiler Colibacillen hinaus.

Als *Thermophilentiter* bezeichnen Petruschky und Pusch das kleinste Quantum einer Wasserprobe, das in Bouillon bei 24 Stunden 37° noch Trübung hervorruft. Er deckt sich vielfach mit dem Colititer. Da gewöhnliche Wasserbakterien bei 37° größtenteils nicht gedeihen, kann die Titerbestimmung für gewisse Zwecke, z. B. Bestimmung der Verunreinigung von Oberflächenwasser, mit Erfolg verwendet werden.

d) Bacillus prodigiosus als Indicator bei Filterprüfungen.

Oberhalb der zu prüfenden Filter werden dem Wasser Prodigiosusbacillen zugesetzt und unterhalb der Filter durch Kultur nachgewiesen, wobei man sich zweckmäßig eines Konzentrationsverfahrens bedient. Die Anzahl der festgestellten Bacillen läßt keine Schlüsse in quantitativer Hinsicht zu (Hilgermann).

Literatur.

Veröff. ksl. Gesdh.amt 108 (1899). — Ficker u. Hoffmann: Arch. f. Hyg. 49, 229 (1904). — Hesse: Z. Hyg. 69, 522 (1911); 70, 311 (1912). — Ficker: Hyg. Rdsch. 7 (1904). — Eijkman: Zbl. Bakter. 37, 742 (1904); II 39, 75 (1913). — Petruschky u. Pusch: Z. Hyg. 43, 304 (1903). — Hilgermann: Arch. f. Hyg. 59, 150 (1906). — Oettinger: Z. Hyg. 71, 1 (1912).

Sterilitätsprüfungen.

Folgende Nährböden werden mit Anteilen des zu prüfenden Materials (z. B. Impfstoffe, Serum, Katgut) beschickt: Bouillon und Traubenzuckerbouillon in Röhrchen (bei Material mit desinfizierenden Zusätzen zwecks deren Verdünnung auch ein größeres

Quantum Bouillon im Kolben), Schrägagarröhrchen, verflüssigter, auf etwa 45° abgekühlter, gewöhnlicher Agar und Traubenzuckeragar (etwa 15 cm³) in Reagensröhrchen, auf die nach dem Erstarren verflüssigte Vaseline aufgegossen wird (anaerobe Kultur). Beobachtung im allgemeinen 5 Tage, teils bei 37°, teils bei Zimmertemperatur. Die Nährböden sind vor der Benutzung nochmals besonders nachzusterilisieren. Platten dürfen keinesfalls verwendet werden. Unbeimpfte Nährböden der gleichen Art müssen als Kontrollen mit bebrütet werden.

Herstellung von Impfstoffen (Vaccinen).

a) **Typhus- und Paratyphus B Schottmüller-Impfstoff.**

1. *Tag:* Mit mehreren (z. B. 8) gut agglutinablen und beweglichen Stämmen wird je 1 Schrägagarröhrchen beimpft.

2. *Tag:* Die Kulturen werden je mit einigen Kubikzentimeter NaCl-Lösung abgeschwemmt, und mit den Abschwemmungen entsprechend dem Bedarf pro Stamm je eine bis mehrere, frisch gegossene, große Agarplatten beimpft. Auftragung einiger Tropfen, Ausspatelung mit Glasspatel.

3. *Tag:* Die bei 37° bebrüteten Agarplatten werden makroskopisch und im Grampräparat auf Verunreinigungen kontrolliert und evtl. ausgeschaltet. Dann werden auf jede Agaroberfläche 10 cm³ NaCl-Lösung aufgegossen und durch Hin- und Herneigen verteilt. Nach 5—10 Minuten werden die Platten zwecks vollständiger Abschwemmung des Bakterienrasens nochmals hin- und hergeneigt und dann schräg gestellt, damit sich die Abschwemmung an der tiefsten Stelle ansammelt. Die Abschwemmungen werden darauf abpipettiert (dabei gleichzeitig ihr Volumen bestimmt) und je Platte in ein eigenes Reagensglas übertragen. Die entsprechend den Platten fortlaufend numerierten Röhrchen werden zwecks Abtötung von innen etwa anhaftender Tröpfchen der Abschwemmung in ihrem oberen Drittel über der Flamme erhitzt und dann für $^5/_4$ Stunden in ein Wasserbad von 56° übertragen, dessen Wasserstand bis in das abgeflammte obere Drittel reichen muß.

Nach dem Wasserbad wird von jedem Röhrchen 1 Tropfen in je 1 Schrägagarröhrchen übertragen und über die Agarfläche laufen gelassen (*Sterilitätsprüfung I*). Darauf wird jedem Röhrchen $^1/_9$ des Volumens der Abschwemmung von einer 5%igen Lösung von Acid. carbol. liquefact. zugesetzt und durch Schwenken verteilt. Die so mit 0,5% Phenol versetzten Röhrchen werden vorläufig in den Eisschrank gestellt. Die Schrägagarröhrchen der Prüfung I werden 48 Stunden bei 37° bebrütet, wobei man nach 24 Stunden die Abschwemmung nochmals über den Agar laufen läßt.

5. *Tag:* Zeigt sich bei einigen Röhrchen Wachstum, werden die entsprechenden Abschwemmungen ausgeschaltet. Sind viele Röhrchen verunreinigt, legt man am besten neue Kulturen an.

Die steril befundenen *Abschwemmungen* werden nunmehr *zusammengegossen*, zweckmäßig unter Verteilung auf mehrere Kölbchen, die je gleiche Anteile von allen Stämmen erhalten. Sogleich nach dem Zusammengießen wird bestimmt, wie stark die Abschwemmungen verdünnt werden müssen, um die richtige *Konzentration des Impfstoffes* zu erhalten, nämlich $^1/_3$ *Öse Kultur je* 1 *cm*³. Das geschieht in der Weise, daß man am Tage vorher von jedem der verwandten 8 Stämme je eine Agarkultur anlegt und nunmehr von jeder dieser 8 Kulturen je 1 Normalöse in 24 cm³ NaCl-Lösung sorgfältig verreibt = *Test.* Aus den Kolben mit den vereinigten Abschwemmungen wird nunmehr je 1 cm³ herausgenommen und in je einem Kolben stufenweise so weit mit NaCl-Lösung verdünnt, bis die Dichte derjenigen des Testes gleich ist (Vergleichung in Reagensgläschen vor dem Fensterkreuz). Der so festgestellte Grad der vorzunehmenden Verdünnung wird notiert. Die Verdünnung selbst kann später vorgenommen werden.

Von den Kolben mit den vereinigten Abschwemmungen werden folgende *Sterilitätskontrollen* angelegt: 1 cm³ in 100 cm³ Bouillon; 2 Tropfen in ein Schrägagarröhrchen; 3 Tropfen in flüssigen, auf 48° abgekühlten Traubenzuckeragar, auf den nach dem Erstarren 2 cm³ verflüssigte Vaseline aufgegossen werden: *Sterilitätsprüfung II.* Beobachtung 72 Stunden bei 37°.

Aus den steril befundenen Aufschwemmungen werden bei Bedarf in Kolben mit 2 l NaCl-Lösung + 0,5% Acid. carbol. liquef. so viele Kubikzentimeter übertragen, daß der früher bestimmte Verdünnungsgrad vorliegt. Von jedem 2 l-Kolben wird eine *Sterilitätsprüfung* angelegt: 2 Tropfen auf ein Schrägagarröhrchen; *Prüfung III.* Der Inhalt der sterilen 2 l-Kolben wird in *Flaschen* von Bedarfsgröße abgefüllt (braunes Glas; Glasstöpsel) und die Flaschen mit Pergamentpapier überbunden, das mit verdünnter

Carbolsäure durchtränkt ist. Von einigen Flaschen werden *Sterilitätskontrollen* wie bei der Prüfung II angestellt. *Kontrolle des Phenolgehaltes:* s. k. Injektion von 0,5 cm³ bei einer Maus von 15 g. Das Tier muß am Leben bleiben, darf höchstens die für die leichte Phenolvergiftung charakteristischen, vorübergehenden Zitterbewegungen zeigen.

Der Impfstoff ist bei kühler Aufbewahrung von der Abschwemmung der Platten ab 9 *Monate benutzbar,* soll aber zweckmäßig innerhalb der ersten 3 Monate erst ablagern.

Die *Schutzimpfung* besteht aus drei in Abständen von je 5—7 Tagen erfolgenden Injektionen: 0,5, 1 und 1 cm³. Bei Kindern werden kleinere Dosen gewählt, von dem mit steriler NaCl-Lösung, z. B. 1:8 verdünnten Impfstoff bei Kindern von 2 bis 6 Jahren 0,25, 0,5 und 0,5 cm³; 6—10 Jahre: 0,5, 1 und 1 cm³; 10—15 Jahre: 1, 2 und 2 cm³.

b) Cholera-Impfstoff.

Das Verfahren ist im ganzen das gleiche wie beim Typhus und Paratyphus. Die Röhrchen werden hier jedoch 1 Stunde bei 56° erhitzt. Ferner ist der Verdünnungsgrad (2 Ösen Kultur auf 1 cm³ des fertigen Impfstoffes) wegen der großen Neigung der Aufschwemmungen zu autolytischer Aufhellung sofort, d. h. am 3. Tage obigen Schemas zu bestimmen. Da in den konzentrierten Aufschwemmungen die Bacillen sich häufig zu zäh-schleimigen, schwer verteilbaren Massen zusammenballen, empfiehlt es sich, die Röhrchen mit den Einzelabschwemmungen nicht in Kolben, sondern in Schüttelflaschen mit Glasperlen zusammenzugießen. Bei der Herstellung der Verdünnungen sind die Flaschen jedoch nur soweit zu schütteln, als es für die Verteilung der Zusammenballungen notwendig ist.

Die Schutzimpfung besteht hier aus 2 Injektionen im Abstand von 5—7 Tagen: 0,5 und 1 cm³. Bei Kindern kleinere Dosen wie beim Typhus.

c) Andere Impfstoffe (Vaccinen).

Nach dem gleichen Prinzip wie beim Typhus usw. werden auch die bei Staphylokokken-, Coli-, Bang- und anderen Infektionen therapeutisch angewandten, sogenannten Vaccinen hergestellt.

Literatur.

UNGERMANN: Arb. ksl. Gesdh.amt **50**, 377 (1917).

Anhang. Parasitische Würmer.

A. Nematoden.

Ungegliederte, runde Würmer mit endständiger Mundöffnung und meist vor dem Schwanzende seitlich mündendem After.

Ascaris lumbricoides; Spulwurm. Länge beim Männchen 15—20 cm, beim Weibchen 25—40 cm; Dicke 3—5 mm. Die etwa 0,05 mm messenden Eier haben eine dicke, konzentrisch gestreifte Schale, der eine höckerige, bräunliche Hülle aufgelagert ist.

Oxyuris vermicularis; Madenwurm. Männchen (Hinterende stumpf) 3—5 mm, Weibchen (Hinterende zugespitzt) 10—12 mm lang. Die erst am Anus abgelegten, im Stuhl selten angetroffenen farblosen, dünnschaligen, durchsichtigen Eier sind längsoval, etwa 0,05 mm lang.

Trichocephalus dispar; Peitschenwurm. 4—5 cm lang; Vorderende unter allmählicher Verjüngung fein ausgezogen, Hinterende stumpf endigend. Die bräunlichen, etwa 0,05 mm großen, ovalen Eier weisen an beiden Polen einen knopfförmigen Ansatz auf.

Ankylostoma duodenale. Aus den mit dem Kot entleerten Eiern entwickeln sich unter geeigneten Bedingungen (*Temperatur 25—30°, Feuchtigkeit, O_2-Zutritt*) binnen wenigen Tagen lebhaft bewegliche Larven, die in Wasser oder feuchter Erde längere Zeit infektionstüchtig bleiben. Gelangen die Larven per os in den Darm, entwickeln sie sich zu geschlechtsreifen Würmern. Die Larven sind auch imstande, durch die unverletzte Haut einzudringen. Die Ankylostomiasis kommt bei uns fast nur als *Berufskrankheit* von *Bergleuten, Tunnel-* und *Ziegeleiarbeitern* vor. In warmen Ländern ist sie stellenweise in großem Maße unter der gesamten Bevölkerung verbreitet.

Morphologie. Die *reifen Würmer* (blaß rötlich, nach dem Absterben graugelblich) sind im männlichen Geschlecht bis etwa 10 mm, im weiblichen bis etwa 13 mm lang und bis zu etwa 0,5 mm dick, nach beiden Enden zu sich schwach verjüngend. Sie werden meist in gekrümmter Haltung angetroffen, wobei das Kopfende seitlich (tatsächlich nach dem Rücken zu) abgebogen ist. Das hintere Ende des Männchens ist zu einer glockenförmigen Bursa copulatrix verbreitert. Beim Weibchen mündet die Vagina etwas hinter der Körpermitte. Die Würmer heften sich mit der zahnbewehrten Mundkapsel an die Dünndarmschleimhaut.

Das Ei ist rundlich-oval, etwa 64—72 μ lang, 36 μ breit, stark lichtbrechend. Zwischen der farblosen, einfach konturierten Schale und dem grauen Inhalt (ungefurchte Eizelle oder Furchungszellen) befindet sich ein farbloser, optisch leerer Zwischenraum. Die *Larven* (bis etwa 0,2 mm lang) sind wurmförmig, am Vorderende unter schwacher Verjüngung rundlich abgeschnitten, am Hinterende unter allmählicher Verjüngung spitz endigend; Mundöffnung im Zentrum des Vorderendes, After seitlich etwas vor dem Schwanzende.

Gang der Untersuchung. Feststellung von Eiern im Stuhl. Im frisch abgelegten Stuhl finden sich niemals Larven. Zwecks besserer Isolation der Eier schüttelt man einige erbsengroße Kotproben in etwa 20 cm³ Wasser, gießt die Aufschwemmung durch ein feines Drahtnetz, zentrifugiert und untersucht das Sediment. Nach Telemann werden 4—5 erbsengroße Kotstückchen in einem Gemisch von je 10 cm³ Äther und reiner Salzsäure geschüttelt, die Aufschwemmung durch ein Drahtnetz gegossen, stark zentrifugiert und das Sediment untersucht. Evtl. ist das *Kulturverfahren* von Loos hinzuzuziehen. Die gesamte Kotprobe wird mit dem gleichen Volumen gepulverter Tierkohle verrieben und das Gemisch 5—6 Tage bei 25—30° bebrütet. Dabei trocknet es oberflächlich an. Dann werden einige Kubikzentimeter vorgewärmtes Wasser aufgegossen, in das die entwickelten Larven nach 10 bis 20 Minuten aus dem Kot herauskriechen. Zum Nachweis derselben wird das Wasser zentrifugiert. *Vorsicht* wegen der *Infektiosität* der Larven!

Literatur.

Bruns: Z. Hyg. **78**, 385 (1914).

Trichinella spiralis; Trichinose. Die Infektion kommt zustande, wenn der Mensch rohes oder ungenügend gekochtes Fleisch von Tieren, besonders von *Schweinen* genießt, die durch Fressen von *Ratten*, den Hauptverbreitern der Trichinose, oder durch Darmtrichinen in Kot infiziert wurden und in ihrem Muskelfleisch die *abgekapselten Dauerstadien* enthalten. Aus den letzten entwickeln sich im Dünndarm die sogenannten *Darmtrichinen*, die im geschlechtsreifen Zustand etwa 1,2—4 mm lang, 0,03 bis 0,06 mm dick sind. Die jungen Larven gelangen in die Lymphspalten der Darmschleimhaut und von da in den Blutkreislauf. Sie werden in der *quergestreiften Muskulatur* abgelagert, wachsen heran und umgeben sich schließlich in zusammengerolltem Zustande mit einer *Kapsel*, die oft mit Kalk inkrustiert ist. Bevorzugt werden *Zwerchfell, Kehlkopf-, Intercostal-, Kau-, Brust-* und *Bauchmuskulatur.* Gewöhnlich wandern die Larven in der Muskulatur in der Faserrichtung, bis sie auf die Sehnenansätze stoßen, wo sie deshalb besonders zahlreich angetroffen werden. Frisch befallene Muskelpartien sind leicht geschwollen und druckempfindlich.

Untersuchung. Zupf- und Quetschpräparate von den bevorzugten Muskeln; intra vitam evtl. von excidierten, streifenförmigen Muskelstückchen. Präparate bei etwa 100facher Vergrößerung durchmustern; Zusatz von Essigsäure. Zum Nachweis der im Blute kreisenden Larven (nicht immer gelingend; geeignetster Zeitpunkt 2—3 Wochen nach der Infektion) wird eine aus der Armvene mit der Spritze entnommene Blutprobe sofort in 3%ige Essigsäure gespritzt, zentrifugiert und der Bodensatz mikroskopisch untersucht. Charakteristisch ist die ausgeprägte *Eosinophilie* bei allgemeiner Leukocytose.

His wies die Trichinose bei etwa einem Drittel seiner Fälle in der Muskulatur nach, und zwar bereits am 8.—12. Tage; zu dieser Zeit lagen die Larven noch ohne Kapsel, gestreckt oder peitschenförmig gebogen, im Sarkolemm.

Literatur.

His: Med. Klin. **13**, 1307 (1917).

Filariosen. Die meist durch stechende Insekten übertragenen *Filarien* sind im geschlechtsreifen Zustand meist mehrere Zentimeter lange, zarte Würmer, die je nach der Art in Lymphgefäßen, Lymphdrüsen oder im Bindegewebe ihren Sitz haben. Die Larven (*Mikrofilarien*) treten bei mehreren Arten im Blut auf, während sie bei *Filaria medinensis* durch die Haut nach außen gelangen.

Wir begnügen uns mit kurzen Angaben zu 3 Arten. Ausführliche Darstellung bei FÜLLEBORN.

Filaria bancrofti. Die gewöhnlich während der Nacht im Blut auftretenden Larven (*Microfilaria nocturna*) sind farblos, transparent, von schlangenähnlicher Form, vorn rundlich, hinten unter allmählicher Verjüngung spitz endigend, etwa 0,3 mm lang und etwa so dick wie der Durchmesser eines roten Blutkörperchens, sehr beweglich und von einer glasklaren Scheide umgeben, in der sie sich hin- und herbewegen. Untersuchung des Blutes im

Frischpräparat und im sogenannten *dicken Tropfen* (siehe S. 226), der hier nach der Extraktion mit Wasser trocknen gelassen und dann 10 Minuten mit Alkohol fixiert wird. Färbung mit Hämatoxylin Böhmer (S. 41) etwa $^1/_4$ Stunde; Abspülen in Wasser, Differenzierung in 0,2% Salzsäure, bis das Präparat fast farblos geworden ist; Abspülen in Aq. dest., darauf längere Zeit in Leitungswasser (FÜLLEBORN).

Die *geschlechtsreifen Würmer* sitzen, unter Umständen als unbemerkt bleibende Parasiten, in *Lymphgefäßen* und *-drüsen*. Sie rufen krankhafte Erscheinungen hervor, wenn sie größere Lymphgefäße verstopfen: *chylöser Ascites, Chylurie, Hämatochylurie, Elephantiasis (E. arabum)*. Bei Chylurie treten oft im Urin Mikrofilarien auf.

Filaria bancrofti kommt in fast allen tropischen und subtropischen Gebieten vor; in Europa vereinzelte Fälle in Spanien und auf Sizilien beobachtet. Die Würmer werden anscheinend ziemlich alt, da krankhafte Erscheinungen bei Personen vorkommen können, die das Gebiet des Vorkommens der Filarien bereits vor Jahren verlassen haben.

Filaria loa (*Loa loa*). West- und Mittelafrika. Die der vorhergehenden Art ähnlichen Mikrofilarien treten während des Tages im Blut auf (*M. diurna*); auch in Urin und Speichel nachgewiesen. Der *geschlechtsreife Wurm* sitzt vorzugsweise im Bindegewebe, besonders der Subcutis an der Streckseite der Extremitäten, und hat die Neigung, im Unterhautbindegewebe zu wandern, wobei seine Bewegungen bisweilen durch die Haut zu fühlen, unter Umständen auch zu sehen sind. An den betreffenden Stellen treten umschriebene, beim Abwandern des Wurmes wieder verschwindende Schwellungen auf: *Kamerun-, Calabarschwellungen*. Auch unterhalb der *Conjunctiva* kann sich der Wurm zeigen. Im ganzen ist *Filaria loa relativ gutartig*. Nicht selten kommen durch sie hervorgerufene Muskelabscesse vor. Die Lebensdauer des Wurmes ist anscheinend lang.

Filaria medinensis; Guinea-, Medinawurm. Arabien, Indien, tropisches Afrika und Amerika. Der bis über 1 m lang werdende (Weibchen), etwa 1,5 mm dicke Wurm wandert im Bindegewebe umher. Bei völliger Reife ruft er in der Haut von Körperstellen, die häufig mit Wasser in Berührung kommen, z. B. bei Wasserträgern an den Füßen, durch nekrotisierende Sekrete eine mit

Flüssigkeit erfüllte Blase hervor, die schließlich platzt. Der im Grunde des so entstandenen Geschwürs sitzende Wurm entleert, mit Wasser in Berührung gekommen, eine milchige Flüssigkeit, die zahllose Mikrofilarien enthält. Im Wasser werden diese von Kopepoden aufgenommen; die Infektion des Menschen erfolgt wahrscheinlich, wenn derartiges Wasser getrunken wird.

Während des Bestehens des Hautgeschwüres treten oft Allgemeinbeschwerden, Urticaria, Fieber auf. Von dem Geschwür geht nicht selten septische Allgemeininfektion aus. Deutliche Eosinophilie.

Literatur.

Fülleborn: Zbl. Bakter. **73**, 427 (1914) (Färbung in dicken Tropfen.) — Fülleborn: K. Kr. U. 3. Aufl. **6**, 1043 (1929).

B. Bandwürmer.

Mund- und darmlose Würmer, meist aus einer großen Anzahl von hintereinander gereihten, zweigeschlechtlichen, flachen Gliedern bestehend, die vom ersten Glied, dem Kopf, abgeschnürt werden. Am Kopf Saugnäpfe und zum Teil auch Hakenkränze. Die mit reifen Eiern versehenen Glieder verlassen den Darm mit den Faeces oder auch spontan (Taenia saginata). Gelangen die Eier in einen passenden Zwischenwirt, so werden die Embryonen frei, durchbohren die Darmwand und entwickeln sich in Organen oder Geweben zu dem meist blasenförmigen Finnenstadium. Gelangen die Finnen mit der Nahrung in den Darm des Hauptwirtes, entwickelt sich aus ihnen wieder der Bandwurm.

Taenia solium. Bis etwa 3 m lang, bis etwa 8 mm breit. Am Kopf 4 Saugnäpfe und Rostellum (Rüssel) mit doppelreihigem Hakenkranz. Die reifen Einzelglieder (Proglottiden) haben einen Uterus, der sich in 7—10 dicke Seitenäste verzweigt; Geschlechtsöffnung seitenständig. Die kugeligen Eier besitzen eine radiär gestreifte Schale. Während der Bandwurm im Menschen lebt, kommt die bis etwa 10 mm große Finne (Cysticercus cellulosae) beim Schwein, gelegentlich jedoch auch beim Menschen vor (Selbstinfektion).

Taenia saginata. 4—10 m lang, bis etwa 15 mm breit. Am Kopf vier schwarz pigmentierte Saugnäpfe; kein Rostellum, kein Hakenkranz. Der Uterus weist 20—35 feine Seitenäste auf; Geschlechtsöffnung seitenständig. Die Eier sind denjenigen der Taenia solium ähnlich. Die Finne kommt beim Rind vor.

Taenia nana. Bis etwa 15 mm lang. Am Kopf vier runde Saugnäpfe und Rostellum mit Hakenkranz. Meist zu mehreren im Darm vorkommend; in Deutschland selten.

Botriocephalus latus. 5—9 m lang. Am abgeflachten Kopf zwei seitliche Furchen. Die Glieder sind breiter als lang. Uterus rosettenförmig um die in der Mittellinie liegende Geschlechtsöffnung angeordnet. Eier oval, etwa 0,05 mm lang. Von einer braunen, an dem einen Pole gedeckelten Schale umgeben. Die Finne kommt in Fischen (Hecht) vor.

Taenia echinococcus. Der nur 3—4 Glieder aufweisende, 2,5—6 mm lange, am Kopf mit 4 Saugnäpfen und doppeltem Hakenkranz versehene *Bandwurm* lebt im *Hundedarm*. Das *Finnenstadium* (Echinokokkenblase) kommt beim *Menschen* vor.

Diagnose vermittels der *Komplementbindungsreaktion*, zu deren Anstellung mehrere Kubikzentimeter Blut in Röhrchen einzusenden sind. Ratsam ist ferner die gleichzeitige Zusendung von *Blutausstrichen* (auf Eosinophilie), sowie nach der Blutentnahme die diagnostische *Intrakutanreaktion* mit Echinokokkentestflüssigkeit. Die letzte ist im Institut Robert Koch, Berlin, erhältlich, wo auch die Komplementbindungsreaktion angestellt wird.

C. Trematoden.

Würmer mit Saugnäpfen und Darm, ohne Afteröffnung.

Schistosomiasis; Bilharzia-, Katayama - Krankheit. Die *Schistosomen* haben ihren Sitz im venösen Blutgefäßsystem, speziell in den Unterleibsvenen. Sie rufen hauptsächlich dadurch Krankheitserscheinungen hervor, daß sie große Mengen von Eiern produzieren, die an den Stellen ihrer Ablagerung (Blase, Leber, Darm usw.) chronische Entzündungen verursachen. Aus den mit Urin oder Kot ins Wasser gelangten Eiern entwickeln sich bewimperte Larven (*Mirazidien*), die in Süßwasserschnecken eindringen und sich zu *Sporozysten* umwandeln. Aus den letzten entwickeln sich wieder freie Larven (*Cercarien*), die in das Wasser gelangen. Die Infektion des Menschen kommt wahrscheinlich dadurch zustande, daß die Cercarien beim Baden usw. durch die Haut eindringen.

Die *Bilharzia-Krankheit* (Ägypten und andere Länder Afrikas, Zypern, Mauritius, Mesopotamien) wird durch *Schistosomum haema-*

tobium hervorgerufen. Pathognomisch sind Blasenbeschwerden, Hämaturie, ausgeprägte Eosinophilie bei Verminderung der polynucleären Leukocyten. Die reifen Eier sind im Mittel etwa $160 \times 40\,\mu$ groß und von spindelförmiger Gestalt, an einem Ende abgerundet, am anderen in eine scharfe Spitze (endständigen Stachel) auslaufend. Im entzündeten Gewebe (Schnittpräparate) ist ihre Schale oft verkalkt. Die dort auch anzutreffenden Eier mit seiten-, richtiger bauchständigem Stachel erscheinen nicht im Urin.

Bei der *japanischen Schistosomiasis* oder Katayama-Krankheit (*Schistosomiasis japonica*) beschränkt sich die Ausscheidung der Eier auf den Darm (Entzündungen in Leber und Dickdarm; Harnwege frei). Eier oval, ohne Stachel, gelegentlich mit kleinem, knopfartigem Ansatz an einem Ende.

Bei der in Zentral- und Südamerika angetroffenen *Schistosomiasis mansoni* erstrecken sich die durch Ansammlung der Eier hervorgerufenen Krankheitsprozesse ebenfalls auf Leber und Darm. Ei oval-spindelförmig, mit seitenständigem Stachel.

Gang der Untersuchung. Mikroskopische Untersuchung von Harnzentrifugat und Kot auf Eier, von Blutausstrichen auf Eosinophilie. Von Sektionsmaterial und operativ entfernten entzündlichen Blasentumoren Schnittpräparate.

Literatur.

Lutz, A., u. G. A. Lutz: K. Kr. U. 3. Aufl. **6**, 873 (1929).

Leberegel. Fasciola (Distomum) hepatica. Infektionen kommen bei verschiedenen *Säugetieren* vor, am häufigsten und schwersten bei *Schafen; menschliche Fälle* sind verhältnismäßig selten und verlaufen auch meist leicht. Die Infektion kommt zustande, wenn die eingekapselten Larven mit rohem Gemüse (Salat, Kresse) aufgenommen werden. *Zwischenwirt* ist die Süßwasserschnecke Limnaea truncatula, in welche die im Wasser umherschwärmenden Wimperlarven (Mirazidien) eindringen und sich zu Sporocysten verwandeln.

Die ausgebildeten Würmer sitzen, oft zu vielen, beim Menschen in der Regel vereinzelt oder zu wenigen, in den *Gallengängen.* Die Eier gelangen mit dem Kot nach außen.

Der *ausgebildete Wurm* ist flach, etwa 2—3 cm lang, 1—1,5 cm breit und erinnert im Umriß an ein kurzgestieltes, längliches Blatt.

Am Vorderende, dem freien Ende des Blattstieles entsprechend, befindet sich innerhalb eines Saugnapfes die Mundöffnung. Ein zweiter Saugnapf liegt, der Basis der Blattspreite entsprechend, auf der Bauchseite. Der Darm ist zunächst hirschgeweihartig und weiter in zahlreiche, zum Körperrand hin verlaufende, blind endigende Äste verzweigt.

Die *Eier* sind längsoval, etwa 1,3—1,4 mm lang, an einem Pol gedeckelt, gelbbraun und von einer stark lichtbrechenden, doppelt konturierten Schale umgeben.

Dicrocoelium (Distomum) lanceolatum. Ebenfalls hauptsächlich bei Schafen vorkommend, beim Menschen sehr selten angetroffen. Der Fasciola hepatica ähnlich, jedoch wesentlich (etwa dreimal) kleiner. Die ovalen *Eier* sind 0,04—0,045 mm lang.

Sachverzeichnis.

Buchdruckerei Otto Regel G. m. b. H., Leipzig.